园林保健植物

周国宁　徐正浩　/ 编著

浙江大学出版社

图书在版编目（CIP）数据

园林保健植物 / 周国宁，徐正浩编著 . —杭州：
浙江大学出版社，2018.10（2019.9 重印）
ISBN 978-7-308-17753-5

Ⅰ.①园… Ⅱ.①周… ②徐… Ⅲ.①药用植物—基
本知识 Ⅳ.①S567

中国版本图书馆 CIP 数据核字（2018）第 000708 号

内容简介

本书介绍了 224 种园林保健植物，包括中文名、学名、中文异名、英文名、分类地位、形态学特征、生物学特性、分布、保健功效、园林应用等相关内容。本书可作为从事园林、植物学、药学等相关专业的研究人员和管理人员的参考用书。

园林保健植物

周国宁　徐正浩　编著

责任编辑　徐素君
文字编辑　陈静毅
责任校对　汪淑芳　梁　容
封面设计　春天书装
出版发行　浙江大学出版社
　　　　　　（杭州市天目山路 148 号　邮政编码 310007）
　　　　　　（网址：http://www.zjupress.com）
排　版　杭州中大图文设计有限公司
印　刷　浙江新华数码印务有限公司
开　本　710mm×1000mm　1/16
印　张　20.5
字　数　325 千
版印次　2018 年 10 月第 1 版　2019 年 9 月第 2 次印刷
书　号　ISBN 978-7-308-17753-5
定　价　59.00 元

国家公益性行为（农业）科研专项（201403030）

浙江省科技计划项目（2016C32083）

浙江省"三农六方"科技协作项目（CTZB-F170623LWZ-SNY1）

浙江省教育厅科研计划项目（Y20124845）

浙江省科技特派员扶贫项目（2014，2015，2016，2017，2018）

浙江省科技计划项目（2008C23010）　　　　　　　　　　　　资助

教育部人文社会科学研究一般项目（06JAZH001）

杭州市科技计划项目（20101032B03，20101032B21，20100933B13，20120433B13）

诸暨市科技计划项目（2011BB7461）

浙江省农业资源与环境重点实验室

污染环境修复与生态健康教育部重点实验室

《园林保健植物》编著委员会

编　著　周国宁　杭州蓝天风景建筑设计研究院有限公司
　　　　徐正浩　浙江大学
　　　　　　　　浙江省常山县辉埠镇人民政府
　　　　　　　　湖州市农业科学研究院

参　编　沈国军　绍兴市农业综合开发办公室
　　　　潘晓东　杭州蓝天风景建筑设计研究院有限公司
　　　　周祎方　杭州蓝天风景建筑设计研究院有限公司
　　　　张宏伟　浙江清凉峰国家级自然保护区管理局
　　　　邓　勇　浙江大学
　　　　代英超　浙江清凉峰国家级自然保护区管理局
　　　　张艺瑶　浙江大学
　　　　顾哲丰　浙江大学
　　　　吕俊飞　浙江大学
　　　　肖忠湘　浙江大学
　　　　陈一君　浙江省种植业管理局

前　言

　　园林保健植物是园林植物中向环境释放活性物质，杀（抑）病菌，驱虫除害，净化空气，提升环境质量，从而促进身心健康的植物。植物向环境中释放化学活性物质，是一种植物化学生态现象。将具抗（杀）菌、抗病毒等功能的保健植物，合理搭配到园林景观植物中，可营造集造景、观赏、愉悦、防病、治疗、益寿、减压等功能于一体的效果，使不同类型的人群，在鉴赏别致景观、植物美景的同时，享受保健植物神秘的养生、健身等功效。

　　植物向环境释放有益于人体健康的化学活性物质，用以预防、治疗、抑制或缓解疾病的历史悠久。古埃及很早就认识到康复花园的疗病、治病效果。意大利较早形成食用芳香植物的饮食文化。我国民间利用苍术（*Atractylodes lancea* （Thunb.） DC.）、艾叶（*Artemisia argyi* H. Lév. & Vaniot）、 菖 蒲（*Acorus calamus* Linn）、 白 芷（*Angelica dahurica* （Fisch. ex Hoffm.） Benth. et Hook. f. ex Franch. et Sav）、芸香（*Ruta graveolens* Linn）熏燃，预防疾病的风俗由来已久。华佗用麝香（*Thymus vulgaris* Linn.）、丁香（*Syzygium aromaticum* （Linn.） Merr. et Perry）、檀香（*Santalum album* Linn.）等制成香囊，治疗肺痨、吐泻。

　　法国化学家R. M. Gattefossé于1936年提出芳香疗法（Aromatherapy）的概念，是近代保健植物疗法的创始人。随后，西欧、美国、日本、俄罗斯等开始流行花香疗病，开设香花医院，利用薰衣草（*Lavandula angustifolia* Mill.）等植物散发的香气，对病人实施治疗。美国、德国、日本等国家还利用森林"氧吧"，以大自然洁净的空气促进养生，使"森林浴"受到青睐。尽管西欧、日本等较早应用园林保健植物，推行芳香植物疗法和森林氧吧养生，但系统阐述园林保健植物的功效的记载相对不足。

我国园林保健植物的现代应用和研究，始于20世纪80年代上海自然疗养院的开设。近40年来，我国学者和园林工作者在园林保健植物资源、园林应用、活性功能分子检测等方面的研究、实践，取得了扎实进展。研究人员提出我国拥有200多种园林保健植物，中山市五桂山有88种保健植物，重庆常见保健植物有56种。对上海、辽宁等地的园林植物的挥发性生态功能分子检测表明，保健植物向环境释放的生态功能分子对人体具有提神醒脑、活血、杀菌等保健功效，为证明园林保健植物释放的生态功能分子的实际疗效，以及探明园林保健植物在不同人群特色景观设计中的作用，迈出了坚实一步。近年来，我国各地学者深入开展了园林保健植物向环境释放的化学活性物质的研究，并延伸至临床研究，园林保健植物的化学活性物质的作用机制，以及对不同受益人群的疗效、健身效果，将会得到深入揭示。

将园林保健植物，特别是其化学活性物质经呼吸道或皮孔进入人体，产生保健功效的园林植物，配置到园林设计中，营造适合不同人群的保健植物景观。随着保健植物神秘的养生、疗病等功能的不断揭示，特别是释放出的化学活性物质的结构、功能的阐明，以及通过人体呼吸、皮孔吸收等途径的实际疗效的科学实证，园林保健植物促进身心健康、养生休息、延年益寿的理念，融入园林设计中，已有很多尝试。"夜花园"、"盲人园"、"儿童保健植物园"、"老年保健植物园"、"成人保健植物园"，以及根据五行学说设计的各类专业园等，在园林设计中的大胆探索，必将推动园林保健植物逐步走向应用，不断完善，不断提升。

园林保健植物既具有优良观赏价值，又具有医学保健功效。因此，它既不同于普通的园林观赏植物，又有别于通常的药用植物。以园林保健植物为重要载体、要素，设计适合不同需求人群、集保健功效和观赏效果于一体的园林景观，是可以实现的。

园林保健植物从医疗功效角度，可分为调节神经类、杀（抑）菌类、辅助心血管类等，其功能分子不尽相同，作用机制也存在差异性，但作用形式主要是气体形态的功能分子。而从人体器官对保健植物的心理、生理等感受，园林保健植物可分为视觉型、听觉型、嗅觉型、触觉型和味觉型5类。根据适宜人群，园林保健植物又可分为儿童适宜型、成人适宜型、老年人适宜型和特殊人群适宜型等。

园林保健植物的相关著作尚未问世，需要系统阐述。作者通过长期的植物学、化学生态学、园林设计、景观生态学等研究和实践，初步领悟了园林保健植物的一些深邃内涵，因而着力撰写本书，目的是为园林设计、植物学、化学生态学、药学、医学等行业提供有益的参考，使园林景观设计、植物造景、化学生态、药理和病理研究行业在实践、科学研究中不断突破，让更多的人群受益于园林保健植物。

由于作者水平有限，编著时间仓促，书中错误在所难免，恳请读者批评指正！

周国宁　徐正浩
2018年5月于杭州

目　　录

第一章　芳香型园林保健植物 ……………………… 1

一、禾本科 Poaceae ……………………………………… 1
1. 柠檬草 *Cymbopogon citratus* (DC.) Stapf …………… 2
2. 香根草 *Chrysopogon zizanioides* (Linn.) Roberty ……… 3

二、莎草科 Cyperaceae …………………………………… 5
1. 香附子 *Cyperus rotundus* Linn. ……………………… 5

三、松科 Pinaceae ………………………………………… 7
1. 湿地松 *Pinus eliottii* Engelm. ……………………… 7
2. 马尾松 *Pinus massoniana* Lamb. …………………… 8
3. 黄山松 *Pinus taiwanensis* Hayata ………………… 10
4. 黑松 *Pinus thunbergii* Parl. ………………………… 11
5. 油松 *Pinus tabuliformis* Carr. ……………………… 13
6. 华山松 *Pinus armandii* Franch. …………………… 14
7. 日本五针松 *Pinus parviflora* Sieb. et Zucc. ……… 16
8. 江南油杉 *Keteleeria cyclolepis* Flous ……………… 17
9. 日本冷杉 *Abies firma* Sieb. et Zucc. ……………… 18
10. 金钱松 *Pseudolarix kaempferi* (Lindl.) Gord. …… 19

四、柏科 Cupressaceae …………………………………… 20
1. 日本柳杉 *Cryptomeria japonica* (Linn. f.) D. Don ……… 21
2. 落羽杉 *Taxodium distichum* (Linn.) Rich. ………… 22
3. 水杉 *Metasequoia glyptostroboides* Hu et W. C. Cheng …… 23
4. 池杉 *Taxodium ascendens* Brongn. ………………… 24

5. 日本扁柏 *Chamaecyparis obtusa* (Sieb. et Zucc.) Endl. ······ 25

6. 圆柏 *Sabina chinensis* (Linn.) Ant. ············ 26

7. 龙柏 *Sabina chinensis* (Linn.) Ant. 'Kaizuca' ············ 27

8. 刺柏 *Juniperus formosana* Hayata ············ 28

五、香蒲科 Typhaceae ············ 29

　　1. 香蒲 *Typha orientalis* C. Presl. ············ 30

六、天南星科 Araceae ············ 31

　　1. 菖蒲 *Acorus calamus* Linn. ············ 32

七、百合科 Liliaceae ············ 33

　　1. 郁金香 *Tulipa gesneriana* Linn. ············ 34

八、石蒜科 Amaryllidaceae ············ 35

　　1. 葱兰 *Zephyranthes candida* (Lindl.) Herb. ············ 35

九、石竹科 Caryophyllaceae ············ 36

　　1. 康乃馨 *Dianthus caryophyllus* Linn. ············ 36

十、木兰科 Magnoliaceae ············ 37

　　1. 凹叶厚朴 *Magnolia officinalis* Rehd. et Wils. subsp. *biloba*

　　　　(Rehd. et Wils.) Law ············ 37

　　2. 紫玉兰 *Magnolia lilliflora* Desr. ············ 38

　　3. 玉兰 *Magnolia denudata* Desr. ············ 39

　　4. 二乔木兰 *Magnolia soulangeana* Soul.-Bod. ············ 40

　　5. 含笑花 *Magnolia figo* (Lour.) DC. ············ 41

十一、蜡梅科 Calycanthaceae ············ 42

　　1. 夏蜡梅 *Calycanthus chinensis* Cheng et S. Y. Chang ········ 43

　　2. 蜡梅 *Chimonanthus praecox* (Linn.) Link ············ 44

十二、樟科 Lauraceae ············ 45

　　1. 樟 *Cinnamomum camphora* (Linn.) Presl ············ 46

　　2. 山鸡椒 *Litsea cubeba* (Lour.) Pers. ············ 47

　　3. 月桂 *Laurus nobilis* Linn. ············ 48

　　4. 山胡椒 *Lindera glauca* (Sieb. et Zucc.) Blume ············ 49

十三、海桐花科 Pittosporaceae ············ 50

1. 海桐 *Pittosporum tobira* (Thunb.) W. T. Aiton ·············· 51

十四、蔷薇科 Rosaceae ·············· 52

　　1. 绣线菊 *Spiraea salicifolia* Linn. ·············· 52

　　2. 火棘 *Pyracantha crenatoserrata* (Hance) Rehder ·············· 54

　　3. 枇杷 *Eriobotrya japonica* (Thunb.) Lindl. ·············· 55

　　4. 玫瑰 *Rosa rugosa* Thunb. ·············· 56

　　5. 月季花 *Rosa chinensis* Jacq. ·············· 58

　　6. 野蔷薇 *Rosa multiflora* Thunb. ·············· 59

　　7. 杏 *Prunus armeniaca* Linn. ·············· 60

　　8. 梅 *Prunus mume* Sieb. et Zucc. ·············· 61

　　9. 李 *Prunus salicina* Lindl. ·············· 63

　　10. 紫叶李 *Prumus cerasifera* Ehrhart cv. Atropurpurea ·············· 64

　　11. 樱桃 *Prunus pseudocerasus* Lindl. ·············· 65

　　12. 东京樱花 *Prunus × yedoensis* Matsum. ·············· 67

　　13. 山樱花 *Prunus serrulata* Lindl. ·············· 68

　　14. 日本晚樱 *Prunus serrulata* Lindl. var. *lannesiana* (Carr.) Makino ··· 69

十五、豆科 Fabaceae ·············· 70

　　1. 香花槐 *Robinia pseudoacacia* cv. Idaho ·············· 70

十六、芸香科 Rutaceae ·············· 71

　　1. 竹叶椒 *Zanthoxylum armatum* DC. ·············· 72

　　2. 枳 *Citrus trifoliata* Linn. ·············· 73

　　3. 柚 *Citrus maxima* Merr. ·············· 74

　　4. 柑橘 *Citrus reticulata* Blanco ·············· 75

十七、楝科 Meliaceae ·············· 76

　　1. 楝树 *Melia azedarach* Linn. ·············· 77

十八、山茶科 Theaceae ·············· 78

　　1. 毛花连蕊茶 *Camellia fraterna* Hance ·············· 78

　　2. 浙江红山茶 *Camellia chekiangoleosa* Hu ·············· 79

　　3. 山茶 *Camellia japonica* Linn. ·············· 80

　　4. 茶 *Camellia sinensis* (Linn.) O. Ktze. ·············· 81

5. 油茶 *Camellia oleifera* Abel. ················· 82

6. 茶梅 *Camellia sasanqua* Thunb. ················· 83

7. 冬红短柱茶 *Camellia hiemalis* Nakai ················· 84

8. 单体红山茶 *Camellia uraku* Kitamura ················· 85

9. 木荷 *Schima superba* Gardn. et Champ. ················· 86

10. 厚皮香 *Ternstroemia gymnanthera* (Wight et Arn.) Beddome ··· 87

11. 红淡比 *Cleyera japonica* Thunb. ················· 88

12. 微毛柃 *Eurya hebeclados* L. K. Ling ················· 89

13. 滨柃 *Eurya emarginata* (Thunb.) Makino ················· 90

十九、瑞香科 Thymelaeaceae ················· 91

1. 结香 *Edgeworthia chrysantha* Sieb. et Zucc. ················· 92

二十、千屈菜科 Lythraceae ················· 93

1. 石榴 *Punica granatum* Linn. ················· 93

2. 重瓣红石榴 *Punica granatum* Linn. cv. Pleniflora ················· 94

二十一、山茱萸科 Cornaceae ················· 95

1. 山茱萸 *Cornus officinalis* Sieb. et Zucc. ················· 95

2. 光皮梾木 *Cornus wilsoniana* Wangerin ················· 97

二十二、杜鹃花科 Ericaceae ················· 98

1. 满山红 *Rhododendron mariesii* Hemsl. et E. H. Wilson ······ 98

2. 杜鹃 *Rhododendron simsii* Planch. ················· 99

3. 锦绣杜鹃 *Rhododendron pulchrum* Sweet ················· 100

二十三、柿科 Ebenaceae ················· 101

1. 老鸦柿 *Diospyros rhombifolia* Hemsl. ················· 102

2. 柿 *Diospyros kaki* Thunb. ················· 103

二十四、安息香科 Styracaceae ················· 105

1. 赛山梅 *Styrax confusus* Hemsl. ················· 106

2. 秤锤树 *Sinojackia xylocarpa* Hu ················· 107

二十五、木樨科 Oleaceae ················· 108

1. 金钟花 *Forsythia viridissima* Lindl. ················· 109

2. 连翘 *Forsythia suspensa* (Thunb.) Vahl ················· 110

3. 木樨 *Osmanthus fragrans* Lour. ·················· 111

4. 丹桂 *Osmanthus fragrans* Lour. cv. Aurantiacus ·········· 112

5. 金桂 *Osmanthus fragrans* Lour. cv. Thunbergii ·········· 112

6. 银桂 *Osmanthus fragrans* Lour. cv. Latifoliu ·········· 113

7. 四季桂 *Osmanthus fragrans* Lour. cv. Semperflorens ········ 113

8. 女贞 *Ligustrum lucidum* W. T. Aiton ·············· 114

9. 小叶女贞 *Ligustrum quihoui* Carr. ·············· 115

10. 金叶女贞 *Ligustrum × vicaryi* Hort. ············ 116

11. 小蜡 *Ligustrum sinense* Lour. ··············· 117

12. 野迎春 *Jasminum mesnyi* Hance ·············· 118

13. 迎春花 *Jasminum nudiforum* Lindl. ············ 119

14. 探春花 *Jasminum floridum* Bunge ············· 120

二十六、夹竹桃科 Apocynaceae ·················· 121

1. 夜来香 *Telosma cordata* (Burm. f.) Merr. ·········· 121

二十七、紫葳科 Bignoniaceae ··················· 122

1. 凌霄 *Campsis grandiflora* (Thunb.) K. Schum. ········ 123

2. 厚萼凌霄 *Campsis radicans* Seem. ············ 124

二十八、茜草科 Rubiaceae ···················· 125

1. 栀子 *Gardenia jasminoides* J. Ellis ············· 125

2. 六月雪 *Serissa jaoponica* (Thunb.) Thunb. ········· 126

二十九、忍冬科 Caprifoliaceae ·················· 127

1. 金银忍冬 *Lonicera maachii* (Rupr.) Maxim. ········ 128

2. 忍冬 *Lonicera japonica* Thunb. ·············· 129

3. 糯米条 *Linnaea chinensis* (R. Br.) A. Braun ex Vatke ···· 130

第二章　居室园林保健植物 ·················· 132

一、百合科 Liliaceae ······················ 132

1. 百合 *Lilium brownii* F. E. Brown ex Miellez var. *viridulum* Baker ··· 132

二、兰科 Orchidaceae ····················· 133

1. 蕙兰 *Cymbidium faberi* Rolfe ⋯⋯⋯⋯⋯⋯⋯⋯ 134

2. 春兰 *Cymbidium goeringii* (Rchb. f.) Rchb. f.⋯⋯⋯⋯ 135

3. 建兰 *Cymbidium ensifolium* (Linn.) Sw. ⋯⋯⋯⋯⋯ 136

三、芍药科 Paeoniaceae ⋯⋯⋯⋯⋯⋯⋯⋯⋯⋯⋯⋯⋯ 138

　　1. 芍药 *Paeonia lactiflora* Pall.⋯⋯⋯⋯⋯⋯⋯⋯⋯⋯ 138

四、芸香科 Rutaceae ⋯⋯⋯⋯⋯⋯⋯⋯⋯⋯⋯⋯⋯⋯⋯ 139

　　1. 柠檬 *Citrus limon* (Linn.) Osbeck ⋯⋯⋯⋯⋯⋯⋯⋯ 139

　　2. 金橘 *Citrus japonica* Thunb. ⋯⋯⋯⋯⋯⋯⋯⋯⋯⋯ 140

　　3. 佛手 *Citrus medica* Linn. var. *sarcodactylis* (Siebold ex Hoola

　　　　van Nooten) Swingle ⋯⋯⋯⋯⋯⋯⋯⋯⋯ 141

五、铁角蕨科 Aspleniaceae ⋯⋯⋯⋯⋯⋯⋯⋯⋯⋯⋯⋯ 142

　　1. 巢蕨 *Asplenium nidus* Linn. ⋯⋯⋯⋯⋯⋯⋯⋯⋯⋯ 142

六、苏铁科 Cycadaceae ⋯⋯⋯⋯⋯⋯⋯⋯⋯⋯⋯⋯⋯⋯ 143

　　1. 苏铁 *Cycas revoluta* Thunb. ⋯⋯⋯⋯⋯⋯⋯⋯⋯⋯ 144

七、棕榈科 Palmae ⋯⋯⋯⋯⋯⋯⋯⋯⋯⋯⋯⋯⋯⋯⋯⋯ 144

　　1. 袖珍椰子 *Chamaedorea elegans* Mart.⋯⋯⋯⋯⋯⋯⋯ 145

　　2. 散尾葵 *Dypsis lutescens* (H. Wendl.) Beentje et Dransf. ⋯ 146

　　3. 江边刺葵 *Phoenix roebelenii* O. Brien ⋯⋯⋯⋯⋯⋯⋯ 147

八、天南星科 Araceae ⋯⋯⋯⋯⋯⋯⋯⋯⋯⋯⋯⋯⋯⋯⋯ 148

　　1. 绿萝 *Epipremnum aureum* (Linden et André) G. S. Bunting ⋯ 148

　　2. 龟背竹 *Monstera deliciosa* Liebm. ⋯⋯⋯⋯⋯⋯⋯⋯ 149

　　3. 白鹤芋 *Spathiphyllum kochii* Engl. et Krause ⋯⋯⋯⋯ 150

　　4. 合果芋 *Syngonium podophyllum* Schott ⋯⋯⋯⋯⋯⋯ 151

九、天门冬科 Asparagaceae⋯⋯⋯⋯⋯⋯⋯⋯⋯⋯⋯⋯⋯ 151

　　1. 文竹 *Asparagus setaceus* (Kunth) Jessop ⋯⋯⋯⋯⋯⋯ 152

　　2. 蜘蛛抱蛋 *Aspidistra elatior* Blume ⋯⋯⋯⋯⋯⋯⋯⋯ 153

　　3. 吊兰 *Chlorophytum comosum* (Thunb.) Baker ⋯⋯⋯⋯ 154

　　4. 富贵竹 *Dracaena braunii* Engl. ⋯⋯⋯⋯⋯⋯⋯⋯⋯ 155

　　5. 虎尾兰 *Sansevieria trifasciata* Prain ⋯⋯⋯⋯⋯⋯⋯⋯ 156

　　6. 巴西铁树 *Dracaena fragrans* (Linn.) Ker Gawl. ⋯⋯⋯⋯ 157

7. 玉簪 *Hosta plantaginea* (Lam.) Aschers. ·················· 158

8. 龙舌兰 *Agave americana* Linn. ··························· 158

9. 万年青 *Rohdea japonica* (Thunb.) Roth ·············· 159

10. 天门冬 *Asparagus cochinchinensis* (Lour.) Merr. ········· 160

十、日光兰科 Asphodelaceae ······························· 161

　1. 芦荟 *Aloe vera* (Linn.) Burm. f. ······················ 162

十一、石蒜科 Amaryllidaceae ······························· 163

　1. 水仙 *Narcissus tazetta* subsp. *chinensis* (M. Roem.)

　　　Masam. et Yanagih. ································· 163

十二、桑科 Moraceae ······································· 164

　1. 印度榕 *Ficus elastica* Roxb. ex Hornem. ·············· 165

　2. 无花果 *Ficus carica* Linn. ·························· 166

十三、猪笼草科 Nepenthaceae ······························· 167

　1. 猪笼草 *Nepenthes mirabilis* (Lour.) Rafarin ·········· 167

十四、五加科 Araliaceae ······························· 168

　1. 洋常春藤 *Hedera helix* Linn. ······················ 169

　2. 鹅掌藤 *Schefflera arboricola* (Hayata) Kanehira ·········· 169

十五、菊科 Asteraceae ······························· 170

　1. 菊花 *Chrysanthemum morifolium* Ramat. ·············· 171

　2. 非洲菊 *Gerbera jamesonii* Bolus ex Hooker f. ·········· 172

　3. 雏菊 *Bellis perennis* Linn. ······················· 173

十六、牻牛儿苗科 Geraniaceae ······························· 174

　1. 天竺葵 *Pelargonium* × *hortorum* L. H. Bailey ·········· 175

　2. 马蹄纹天竺葵 *Pelargonium zonale* (Linn.) L'Hér. ex Aiton ··· 176

　3. 香叶天竺葵 *Pelargonium graveolens* L'Hér. ·············· 177

十七、旱金莲科 Tropaeolaceae ······························· 178

　1. 旱金莲 *Tropaeolum majus* Linn. ···················· 178

十八、景天科 Crassulaceae ······························· 179

　1. 景天树 *Crassula arborescens* (Mill.) Willd. ·············· 180

　2. 长寿花 *Kalanchoe blossfeldiana* Poelln. ·············· 180

十九、报春花科 Primulaceae ·················· 181

　　1. 仙客来 *Cyclamen persicum* Mill. ·················· 181

　　2. 朱砂根 *Ardisia crenata* Sims ·················· 182

二十、秋海棠科 Begoniaceae ·················· 183

　　1. 四季秋海棠 *Begonia semperflorens-cultorum* Hort. ·········· 184

二十一、茄科 Solanaceae ·················· 185

　　1. 珊瑚樱 *Solanum pseudocapsicum* Linn. ·················· 185

二十二、绣球花科 Hydrangeaceae ·················· 186

　　1. 绣球 *Hydrangea macrophylla* (Thunb.) Ser. ·········· 187

二十三、十字花科 Cruciferae ·················· 188

　　1. 紫罗兰 *Matthiola incana* (Linn.) W. T. Aiton ·········· 188

二十四、仙人掌科 Cactaceae ·················· 190

　　1. 单刺仙人掌 *Opuntia monacantha* Haw. ·················· 190

二十五、木樨科 Oleaceae ·················· 192

　　1. 茉莉花 *Jasminum sambac* (Linn.) Ait. ·················· 192

二十六、唇形科 Lamiaceae/Labiatae ·················· 193

　　1. 薰衣草 *Lavandula angustifolia* Mill. ·················· 194

第三章　儿童适宜型园林保健植物 ·················· 196

一、豆科 Fabaceae ·················· 196

　　1. 紫荆 *Cercis chinensis* Bunge ·················· 196

　　2. 紫藤 *Wisteria sinensis* (Sims) Sweet ·················· 197

二、紫茉莉科 Nyctaginaceae ·················· 199

　　1. 紫茉莉 *Mirabilis jalapa* Linn. ·················· 199

三、唇形科 Lamiaceae ·················· 200

　　1. 薄荷 *Mentha canadensis* Linn. ·················· 200

四、芭蕉科 Musaceae ·················· 202

　　1. 地涌金莲 *Ensete lasiocarpa* (Franch.) Cheesman ·········· 202

五、美人蕉科 Cannaceae ·················· 203

1. 蕉芋 *Canna edulus* Ker ⋯⋯⋯⋯⋯⋯⋯⋯⋯⋯⋯⋯ 203

六、蔷薇科 Rosaceae ⋯⋯⋯⋯⋯⋯⋯⋯⋯⋯⋯⋯⋯⋯⋯ 205

1. 皱皮木瓜 *Chaenomeles speciosa* (Sweet) Nakai ⋯⋯⋯ 205

2. 海棠花 *Malus spectabilis* (Aiton) Borkh. ⋯⋯⋯⋯ 206

3. 棣棠花 *Kerria japonica* (Linn.) DC. ⋯⋯⋯⋯⋯⋯ 208

4. 桃 *Prunus persica* (Linn.) Batsch ⋯⋯⋯⋯⋯⋯ 209

5. 千瓣白桃 *Prunus persica* 'Albo-plena' ⋯⋯⋯⋯ 210

6. 碧桃 *Prunus persica* 'Duplex' ⋯⋯⋯⋯⋯⋯⋯ 211

7. 紫叶桃 *Prunus persica* 'Atropurpurea' ⋯⋯⋯⋯ 211

8. 红花碧桃 *Prunus persica* 'Rubro-plena' ⋯⋯⋯⋯ 212

9. 撒金碧桃 *Prunus persica* 'Versicolor' ⋯⋯⋯⋯ 212

10. 绛桃 *Prunus persica* 'Camelliaeflora' ⋯⋯⋯⋯ 213

11. 寿星桃 *Prunus persica* 'Densa' ⋯⋯⋯⋯⋯⋯ 214

12. 绯桃 *Prunus persica* 'Magnifica' ⋯⋯⋯⋯⋯⋯ 214

七、芍药科 Paeoniaceae ⋯⋯⋯⋯⋯⋯⋯⋯⋯⋯⋯⋯⋯ 215

1. 牡丹 *Paeonia suffruticosa* Andr. ⋯⋯⋯⋯⋯⋯⋯ 215

第四章　成人适宜型园林保健植物 ⋯⋯⋯⋯⋯⋯⋯⋯ 217

一、菊科 Asteraceae ⋯⋯⋯⋯⋯⋯⋯⋯⋯⋯⋯⋯⋯⋯⋯ 217

1. 万寿菊 *Tagetes erecta* Linn. ⋯⋯⋯⋯⋯⋯⋯⋯⋯ 217

2. 孔雀草 *Tagetes patula* Linn. ⋯⋯⋯⋯⋯⋯⋯⋯⋯ 218

3. 剑叶金鸡菊 *Coreopsis lanceolata* Linn. ⋯⋯⋯⋯⋯ 219

二、伞形科 Apiaceae ⋯⋯⋯⋯⋯⋯⋯⋯⋯⋯⋯⋯⋯⋯⋯ 220

1. 芫荽 *Coriandrum sativum* Linn. ⋯⋯⋯⋯⋯⋯⋯ 221

第五章　老年人适宜型园林保健植物 ⋯⋯⋯⋯⋯⋯⋯ 223

一、罗汉松科 Podocarpaceae ⋯⋯⋯⋯⋯⋯⋯⋯⋯⋯⋯ 223

1. 罗汉松 *Podocarpus macrophyllus* (Thunb.) Sweet ⋯⋯⋯ 224

二、杨柳科 Salicaceae ···················· 225

    1. 响叶杨 *Populus adenopoda* Maxim. ············ 225

三、石蒜科 Amaryllidaceae ················ 226

    1. 君子兰 *Clivia miniata* (Lindl.) Verschaff. ········ 226

四、松科 Pinaceae ···················· 227

    1. 白皮松 *Pinus bungeana* Zucc. et Endi ········ 227

    2. 雪松 *Cedrus deodara* (Roxb.) G. Don ········ 228

五、柏科 Cupressaceae ················· 230

    1. 柏木 *Cupressus funebris* Endl. ············ 230

    2. 侧柏 *Platycladus orientalis* (Linn.) Franco ······ 231

六、木兰科 Magnoliaceae ················ 232

    1. 荷花玉兰 *Magnolia grandiflora* Linn. ········ 232

七、猕猴桃科 Actinidiaceae ··············· 233

    1. 中华猕猴桃 *Actinidia chinensis* Planch. ······· 234

八、茄科 Solanaceae ·················· 235

    1. 枸杞 *Lycium chinense* Mill. ············· 235

九、石竹科 Caryophyllaceae ·············· 236

    1. 石竹 *Dianthus chinensis* Linn. ··········· 236

第六章　特殊人群适宜型园林保健植物 ········ 238

一、银杏科 Ginkgoaceae ················ 238

    1. 银杏 *Ginkgo biloba* Linn. ·············· 238

二、唇形科 Lamiaceae ················· 240

    1. 迷迭香 *Rosmarinus officinalis* Linn. ········· 240

    2. 五彩苏 *Plectranthus scutellarioides* (Linn.) R. Br. ····· 241

三、豆科 Fabaceae ··················· 242

    1. 含羞草 *Mimosa pudica* Linn. ············ 242

    2. 合欢 *Albizia julibrissin* Durazz. ·········· 243

四、苋科 Amaranthaceae ················ 244

1. 地肤 *Bassia scoparia* (Linn.) A. J. Scott ················ 245

五、冬青科 Aquifoliaceae ···························· 246

1. 枸骨 *Ilex cornuta* Lindl. et Paxt. ··············· 246

2. 无刺枸骨 *Ilex cornuta* Lindl. var. *fortunei* S. Y. Hu ······· 247

3. 龟甲冬青 *Ilex crenata* Thunb. cv. *convexa* Makino ······· 248

六、日光兰科 Asphodelaceae ······················ 249

1. 小萱草 *Hemerocallis dumortieri* Morr. ············ 249

2. 萱草 *Hemerocallis fulva* (Linn.) Linn. ············ 250

七、丝缨花科 Garryaceae ························· 251

1. 花叶青木 *Aucuba japonica* 'Variegata' ·········· 251

八、三尖杉科 Cephalotaxaceae ··················· 252

1. 三尖杉 *Cephalotaxus fortunei* Hook. ············ 252

第七章　其他园林保健植物 ··················· 254

一、莲科 Nelumbonaceae ························· 254

1. 莲 *Nelumbo nucifera* Gaertn. ················· 254

二、睡莲科 Nymphaeaceae ························ 256

1. 白睡莲 *Nymphaea alba* Linn. ················· 256

2. 红睡莲 *Nymphaea rubra* Roxb. ex Andrews ······· 257

三、芭蕉科 Musaceae ··························· 258

1. 芭蕉 *Musa basjoo* Sieb. et Zucc. ex Iinuma ········ 258

四、马齿苋科 Portulacaceae ······················ 259

1. 马齿苋 *Portulaca oleracea* Linn. ··············· 259

五、石蒜科 Amaryllidaceae ······················ 260

1. 洋葱 *Allium cepa* Linn. ···················· 260

2. 葱 *Allium fistulosum* Linn. ·················· 261

3. 蒜 *Allium sativum* Linn. ··················· 262

4. 韭 *Allium tuberosum* Rottl. ex Spreng. ·········· 263

六、姜科 Zingiberaceae ·························· 264

1. 姜 *Zingiber officinale* Roscoe ·················· 265

七、唇形科 Lamiaceae ·················· 265

    1. 紫苏 *Perilla frutescens* (Linn.) Britton·········· 265

八、葫芦科 Cucurbitaceae ·················· 267

    1. 苦瓜 *Momordica charantia* Linn. ·········· 267

九、柳叶菜科 Onagraceae ·················· 268

    1. 月见草 *Oenothera biennis* Linn. ·········· 268

    2. 粉花月见草 *Oenothera rosea* L'Hér. ex Aiton ········· 269

十、伞形科 Apiaceae ·················· 271

    1. 茴香 *Foeniculum vulgare* Mill. ·········· 271

十一、锦葵科 Malvaceae ·················· 272

    1. 梧桐 *Firmiana simplex* (Linn.) W. Wight ········· 272

十二、美人蕉科 Cannaceae ·················· 273

    1. 美人蕉 *Canna indica* Linn. ·········· 273

十三、十字花科 Cruciferae ·················· 274

    1. 荠 *Capsella bursa-pastoris* (Linn.) Medic. ········· 274

十四、车前科 Plantaginaceae ·················· 275

    1. 车前 *Plantago asiatica* Linn.·········· 276

十五、棕榈科 Palmae ·················· 277

    1. 棕榈 *Trachycarpus fortunei* (Hook.) H. Wendl. ········· 277

附　录 ·················· 279

索　引 ·················· 291

第一章　芳香型园林保健植物

芳香型园林保健植物是嗅觉型园林保健植物，其特征是能向环境中释放芳香油类等挥发物，通过呼吸系统和皮肤毛孔等部位进入人体，促进身心健康。"芳香疗法""佩香疗法"等都基于这类植物对人体的作用机理。

芳香型园林保健植物向环境释放的有益于身心健康的挥发性化合物，通常是通过植物的次生代谢途径来实现的。这些挥发物主要包括萜类、烷烃类、烯烃类、醇类、脂类、含羟基和羧基类化合物，而植物体释放的部位可以是叶，也可以是花、果，还可以是树干、树枝、树根等。

全世界芳香植物有 3600 种以上，中国有 900 种以上。芳香型园林保健植物通常集中在几个科中，主要包括木兰科、樟科、芸香科、蔷薇科、木樨科、松科、柏科、百合科、豆科等，涵盖乔木、灌木、地被植物。本章介绍了 105 种芳香型园林保健植物。

一、禾本科 Poaceae

禾本科共有 780 余属，12000 余种，是单子叶植物的第 2 大科；在中国有 200 余属，1500 种以上，隶属 7 亚科，45 余族。草本或木本（主要指竹类和某些高大禾草）。根绝大多数为须根。茎直立或匍匐，稀藤状，常在其基部生出分蘖，通常具节、节间。单叶互生，常具叶鞘、叶舌、叶片。风媒花为主，常无柄，在小穗轴上交互排列为 2 行，形成小穗，组成复合花序。小穗轴为短缩的花序轴，其节处生有苞片和先出叶，若其最下

方数节只生有苞片而无他物，苞片称颖。在上方的各节除有苞片和位于近轴的先出叶外，还在两者之间具备一些花的内容，此时苞片称外稃，先出叶称内稃。两性小花具外稃、内稃、鳞被（浆片）、雄蕊 1~6 枚和雌蕊 1 枚。果实多为颖果，其果皮质薄而与种皮愈合，一般连同包裹它的稃片合称为谷粒。种子常含有丰富淀粉质胚乳及一小形胚体，具种脐和腹沟。

1. 柠檬草 *Cymbopogon citratus* (DC.) Stapf

中文异名：香茅

英文名：lemon grass, oil grass

分类地位：植物界（Plantae）

被子植物门（Angiosperms）

单子叶植物纲（Monocotyledoneae）

莎草目（Poales）

禾本科（Poaceae）

香茅属（*Cymbopogon* Spreng.）

柠檬草（*Cymbopogon citratus* (DC.) Stapf）

形态学特征：多年生密丛型草本。

（1）根：须根系。

（2）茎：粗壮，节下被白色蜡粉。植株高达 2m。

（3）叶：长 30~90cm，宽 5~15mm，顶端长渐尖，平滑或边缘粗糙。通常反卷，内面浅绿色。叶鞘无毛，不向外。叶舌质厚，长 0.5~1.0mm。

（4）花：伪圆锥花序具多次复合分枝，长 40~50cm，疏散，分枝细长，顶端下垂。佛焰苞长 1.5~2.0cm。总状花序不等长，具 3~4 或 5~6 节，长 1.0~1.5cm。总梗无毛。总状花序轴节间及小穗柄长 2.5~4.0mm，边缘疏生柔毛，顶端膨大或具齿裂。无柄小穗线状披针形，长 5~6mm，宽 0.5~0.7mm。第 1 颖背部扁平或下凹成槽，无脉，上部具窄翼，边缘有短纤毛。第 2 外稃狭小，长 2~3mm，先端具 2 个微齿，无芒或具长 0.1~0.2mm 的芒尖。有柄小穗长 4.5~5.0mm。

（5）果实：颖果。

生物学特性：花果期夏季。

保健功效：具香味。挥发油主要成分为香茅醛、香叶醇、柠檬醛、橙花醇和 β-香茅醇等。

园林应用：绿地或地被植物。

参考文献：

[1] 欧阳婷，杨琼梁，颜红，等. 不同产地香茅挥发油的化学成分比较研究. 林产化学与工业，2017，37（1）：141-148.

[2] Campos J, Schmeda-Hirschmann G, Leiva E, et al. Lemon grass (*Cymbopogon citratus* (DC.) Stapf) polyphenols protect human umbilical vein endothelial cell (HUVECs) from oxidative damage induced by high glucose, hydrogen peroxide and oxidized low-density lipoprotein. Food Chemistry, 2014, 151 (4):175-181.

[3] Pinto Z T, Fernández-Sánchez F, Santos A R, et al. Effect of *Cymbopogon citatus* (Poaceae) oil and citral on post-embryonic time of blowflies. Journal of Entomology and Nematology, 2015, 7(6): 54-64.

[4] Blanco M M, Costa C A R A, Freire A O, et al. Neurobehavioral effect of essential oil of *Cymbopogon citratus* in mice. Phytomedecine, 2009, 16 (2/3): 265-270.

2. 香根草 *Chrysopogon zizanioides* (Linn.) Roberty

中文异名：岩兰草、培地茅

英文名：vetiver

分类地位：植物界（Plantae）

　　　　　　　被子植物门（Angiosperms）

　　　　　　　　单子叶植物纲（Monocotyledoneae）

　　　　　　　　　莎草目（Poales）

　　　　　　　　　　禾本科（Poaceae）

　　　　　　　　　　　金须茅属（*Chrysopogon* Trin.）

　　　　　　　　　　　　香根草（*Chrysopogon zizanioides* (Linn.) Roberty)

形态学特征：多年生外来草本。为典型的热带 C_4 植物。

（1）根：根系发达，形成网状根，纵深根系可达 2m 以上，径 0.5~0.7mm。

（2）茎：直立，中空，横断面呈扁圆形，径 5mm。茎秆有节，节间被叶鞘包裹。植株高 1.0~2.5m。

（3）叶：线形，长 25~75cm，宽 6~8mm，下面无毛，上面粗糙，扁平，下部对折，边缘有锯齿状突起，顶生叶较小。叶鞘质硬，无毛，对折，具背脊。叶舌短，边缘具纤毛。

（4）花：圆锥花序大型，顶生。主轴粗壮，各节具多数轮生的分枝，分枝细长上举。总状花序轴节间与小穗柄无毛。无柄小穗线状披针形，长 4~5mm，基盘无毛。第 1 颖革质，边缘稍内折，近两侧扁压，背部圆形，5 条脉不明显，生有疣基刺毛。第 2 颖脊上粗糙或具刺毛。第 1 外稃边缘具丝状毛。第 2 外稃较短，具 1 条脉，顶端齿间有 1 个小突起。鳞被 2 片，顶端截平，具多条脉。雄蕊 3 枚，柱头 2 个，帚状。小穗和雄蕊由小花梗连接。有柄小穗背部扁平，等长或稍短于无柄小穗。

（5）果实：椭圆形，顶端稍斜。

生物学特性： 根有香味。花果期 8—10 月。在自然条件下很少结实，或不开花或"华而不实"。根、茎、叶有发达的通气组织，具有旱生、水生植物结构特点。生于山坡、路旁、河岸、湿地等，多用作绿化景观植物。

分布： 中国江苏、浙江、福建、台湾、广东、海南、四川等地有分布。非洲、印度、斯里兰卡、泰国、缅甸、印度尼西亚、马来西亚等广泛种植。被世界上 100 多个国家和地区列为理想的保持水土植物。

保健功效： 须根含挥发性浓郁香气。香精油属紫罗兰香型。香根草油的主要成分有 γ-杜松萜烯、丁香萜烯、α-紫穗槐烯、香树素、桧萜烯、岩兰草醇、表蓝桉醇、客素醇、糠醛、α-岩兰草酮、β-岩兰草酮以及客素酮等。香根草精油能镇静和抚慰神经系统，有助于缓解急躁情绪、压力和紧张心情。香根草精油还可活血通络，消除疲劳，减轻疼痛，有利于睡眠。

园林应用： 景观植物。

参考文献：

[1] 张广伦，肖正春，张卫明，等.香根草的研究与利用.中国野生植物资源，2015，34（2）：70-74.

二、莎草科 Cyperaceae

莎草科共有90余属，5500余种；在中国有28属，500余种，广布全国。多年生或一年生草本。具根状茎，有的还具块茎。常具三棱形秆。叶基生和秆生，一般具闭合的叶鞘和狭长的叶片，或有时仅有鞘而无叶片。花序为穗状花序、总状花序、圆锥花序、头状花序或长侧枝聚伞花序。小穗单生，簇生或排列成穗状或头状，具2朵至多朵花，或退化为1朵花。花两性或单性，雌雄同株，少有雌雄异株，着生于鳞片（颖片）腋间，鳞片复瓦状螺旋排列或排成2列，无花被或花被退化成下位鳞片或下位刚毛，有时雌花为先出叶所形成的果囊所包裹。雄蕊3枚，稀1~2枚，花丝线形，花药底着。子房1室，具1个胚珠。花柱单一。柱头2~3个。果实为小坚果，三棱形、双凸状、平凸状或球形。

1. 香附子 *Cyperus rotundus* Linn.

中文异名：莎草、香头草

英文名：nutgrass flatsedge, nut grass, coco-grass, Java grass, purple nut sedge, red nut sedge

分类地位：植物界（Plantae）

　　　　　　被子植物门（Angiosperms）

　　　　　　　单子叶植物纲（Monocotyledoneae）

　　　　　　　　莎草目（Poales）

　　　　　　　　　莎草科（Cyperaceae）

　　　　　　　　　　莎草属（*Cyperus* Linn.）

　　　　　　　　　　　香附子（*Cyperus rotundus* Linn.）

形态学特征：多年生草本。

（1）根：根系纤维状。根状茎匍匐，细长，在地表可形成椭圆形的

基生球茎或块茎，产生芽、根和根状茎。根状茎也可形成地下块茎，贮存淀粉，能产生根状茎和新植株。

（2）茎：锐三棱形，散生直立。植株高15~60cm。

（3）叶：丛生于茎基部，比茎短，窄线形，宽2~5mm，先端尖，全缘，具平行脉，主脉于背面隆起，质硬。叶鞘棕色，老时常裂成纤维状。

（4）花：苞片叶状，3~5片，通常长于花序。聚伞花序简单或复出，有3~6个开展的辐射枝，辐射枝末端穗状花序有小穗3~10个。小穗斜展开，线状披针形，长1~3cm，宽1.5~2mm，压扁，具花10~30朵。小穗轴有白色透明宽翅。鳞片密覆瓦状排列，卵形或长圆状卵形，长2~3mm，膜质，先端钝，中间绿色，两侧紫红色或红棕色，具5~7条脉。雄蕊3枚，花药线形，暗血红色，药隔突出于花药顶端。花柱细长，柱头3个，伸出鳞片外。

（5）果实：小坚果三棱状长圆形，表面灰褐色，具细点，果脐圆形至长圆形，黄色。

生物学特性：花果期5—10月。实生苗发生期较晚，当年只长叶不抽茎。喜潮湿，怕水淹。生于荒地、路边、沟边、旱地等。

分布：广布于世界各地。

保健功效：香根植物。

园林应用：旱地及湿地的地被植物。

参考文献：

[1] Angiosperm Phylogeny Group. An update of the Angiosperm Phylogeny Group classification for the orders and families of flowering plants: APG Ⅲ. Botanical Journal of the Linnean Society, 2009, 161 (2): 105-121.

[2] 徐正浩，戚航英，陆永良，等. 杂草识别与防治. 杭州：浙江大学出版社，2014.

三、松科 Pinaceae

松科共有11属，220~250种，多产于北半球；在中国有10属，113种。常绿或落叶乔木。枝常为长枝，短枝明显。叶条形或针形。条形叶扁平，长枝上螺旋状散生，短枝上簇生状。针形叶成束，常2~5个针，稀1个针，生于短枝顶端，基部叶鞘包裹。花单性，雌雄同株。雄球花腋生或单生于枝顶，或多数集生于短枝顶端，具多数螺旋状着生的雄蕊，每雄蕊具2个花药，花粉有气囊或无气囊，或具退化气囊。雌球花由多数螺旋状着生的珠鳞与苞鳞所组成，花期时珠鳞小于苞鳞，稀珠鳞较苞鳞大，每珠鳞的腹面具2个倒生胚珠，背面的苞鳞与珠鳞分离，仅基部合生，花后珠鳞增大发育成种鳞。球果直立或下垂，当年或次年稀第三年成熟，熟时张开；种鳞背腹面扁平，木质或革质，宿存或熟后脱落；苞鳞与种鳞离生，仅基部合生，较长而露出或不露出，或短小而位于种鳞的基部；种鳞的腹面基部有2粒种子，种子通常上端具1个膜质翅，稀无翅。胚具2~16片子叶，发芽时出土或不出土。

1. 湿地松 *Pinus eliottii* Engelm.

英文名：slash pine

分类地位：植物界（Plantae）

　　　　　　松柏门（Pinophyta）

　　　　　　　松柏纲（Pinopsida）

　　　　　　　　松目（Pinales）

　　　　　　　　　松科（Pinaceae）

　　　　　　　　　　松属（*Pinus* Linn.）

　　　　　　　　　　　湿地松（*Pinus eliottii* Engelm.）

形态学特征：乔木。

（1）茎：树皮灰褐色或暗红褐色，纵裂成鳞状块片剥落。枝条每年生长3~4轮，春季生长的节间较长，夏秋生长的节间较短，小枝粗壮，橙褐色，后变为褐色至灰褐色，鳞叶上部披针形，淡褐色，边缘有睫毛，

干枯后宿存，数年不落，故小枝粗糙。冬芽圆柱形，上部渐窄，无树脂，芽鳞淡灰色。在原产地高达 30m，胸径 90cm。

（2）叶：针叶 2~3 针一束，长 18~25cm，径 1~2mm，刚硬，深绿色，有气孔线，边缘有锯齿。树脂道 2~11 个，多内生。叶鞘长 1.0~1.2cm。

（3）球果：圆锥形或窄卵圆形，长 6.5~13.0cm，径 3~5cm，有梗，种鳞张开后径 5~7cm，成熟后至第二年夏季脱落。种鳞的鳞盾近斜方形，肥厚，有锐横脊，鳞脐瘤状，宽 5~6mm，先端急尖，长不及 1mm，直伸或微向上弯。

（4）种子：卵圆形，微具 3 棱，长 6mm，黑色，有灰色斑点，种翅长 0.8~3.3cm，易脱落。

生物学特性：适生于低山丘陵地带，耐水湿，生长势常比同地区的马尾松或黑松好，很少受松毛虫危害。

保健功效：观赏保健型植物与芳香油挥发植物。树皮、木材和枝叶含有精油。富含树脂。具驱风湿、舒筋、通经保健作用。挥发出的胡萝卜素、维生素 C，α-莰烯（α-camphene）可通经活络，增强器官生化功能。松针中挥发油的主要成分有 β-蒎烯、大根香叶烯、α-蒎烯、β-石竹烯、3-蒈烯、γ-依兰油醇、杜松烯、α-杜松烯、γ-榄香烯和 α-石竹烯等。松针具有镇痛、抗炎、镇咳、祛痰、抗突变、降血脂、降血压和抑菌等功效。

园林应用：丛植或孤植或与其他园林植物混植。

参考文献：

[1] 谢济运，陈小鹏，李志荣，等．水蒸气蒸馏法提取湿地松松针中挥发油和莽草酸的研究．高校化学工程学报，2011，25（5）：897-903.

2. 马尾松 *Pinus massoniana* Lamb.

中文异名：青松、山松、枞松

英文名：Masson's pine, Chinese red pine, horsetail pine

分类地位：植物界（Plantae）

　　　　　　松柏门（Pinophyta）

松柏纲（Pinopsida）

松目（Pinales）

松科（Pinaceae）

松属（*Pinus* Linn.）

马尾松（*Pinus massoniana* Lamb.）

形态学特征：常绿乔木。

（1）茎：树皮红褐色，下部灰褐色，裂成不规则的鳞状块片。枝平展或斜展，树冠宽塔形或伞形，枝条每年生长一轮，但在广东南部则通常生长两轮，淡黄褐色，无白粉，稀有白粉，无毛。冬芽卵状圆柱形或圆柱形，褐色，顶端尖，芽鳞边缘丝状，先端尖或成渐尖的长尖头，微反曲。高达 45m，胸径 1.5m。

（2）叶：针叶 2 针一束，稀 3 针一束，长 12~20cm，细柔，微扭曲，两面有气孔线，边缘有细锯齿。横切面皮下层细胞单型，第一层连续排列，第二层由个别细胞断续排列而成，树脂道约 4~8 个，在背面边生，或腹面也有 2 个边生。叶鞘初呈褐色，后渐变成灰黑色，宿存。

（3）花：雄球花淡红褐色，圆柱形，弯垂，长 1.0~1.5cm，聚生于新枝下部苞腋，穗状，长 6~15cm。雌球花单生或 2~4 个聚生于新枝近顶端，淡紫红色。

（4）球果：一年生小球果圆球形或卵圆形，径 1~2cm，褐色或紫褐色，上部珠鳞的鳞脐具向上直立的短刺，下部珠鳞的鳞脐平钝无刺。球果卵圆形或圆锥状卵圆形，长 4~7cm，径 2.5~4.0cm，有短梗，下垂，成熟前绿色，熟时栗褐色，陆续脱落。中部种鳞近矩圆状倒卵形，或近长方形，长 2~3cm。鳞盾菱形，微隆起或平，横脊微明显，鳞脐微凹，无刺，生于干燥环境者常具极短的刺。

（5）种子：长卵圆形，长 4~6mm，连翅长 2.0~2.7cm。子叶 5~8 片，长 1.2~2.4cm。初生叶条形，长 2.5~3.6cm，叶缘具疏生刺毛状锯齿。

生物学特性：花期 4—5 月，球果第二年 10—12 月成熟。喜光、深根性树种，不耐庇荫，喜温暖湿润气候，能生于干旱、瘠薄的红壤、石砾土及沙质土，或生于岩石缝中，为荒山绿化的先锋树种。常组成次生纯林或与栎类、山槐、黄檀等阔叶树混生。在肥润、深厚的沙壤土上生

长迅速，在钙质土上生长不良或不能生长，不耐盐碱。

保健功效：观赏保健型植物与芳香油挥发植物。具驱风湿、舒筋、通经保健作用。松针可提取芳香油及胡萝卜素。树皮、木材和枝叶含有精油。成年树可采割松脂。挥发出的胡萝卜素、维生素 C，α - 莰烯（α-camphene），能通经活络，增强器官生化功能。松针主要化学成分为单萜和倍半萜。

园林应用：丛植或孤植或与其他园林植物混植。

参考文献：

[1] 胡永建，任琴，金幼菊，等. 马尾松 (*Pinus massoniana*)、湿地松 (*Pinus elliottii*) 挥发性化学物质的昼夜节律释放. 生态学报，2007，27（2）：565-570.
[2] 刘力恒，王立升，冯丹丹，等. 马尾松和湿地松松针挥发性成分的提取及 GC-MS 比较分析. 分析试验室，2008，27（11）：75-80.

3. 黄山松 *Pinus taiwanensis* Hayata

中文异名：台湾松、长穗松、台湾二针松
分类地位：植物界（Plantae）
　　　　　　　松柏门（Pinophyta）
　　　　　　　　松柏纲（Pinopsida）
　　　　　　　　　松目（Pinales）
　　　　　　　　　　松科（Pinaceae）
　　　　　　　　　　　松属（*Pinus* Linn.）
　　　　　　　　　　　　黄山松（*Pinus taiwanensis* Hayata）

形态学特征：常绿乔木。

（1）茎：树皮深灰褐色，裂成不规则鳞状厚块片或薄片。枝平展，老树树冠平顶。一年生枝淡黄褐色或暗红褐色，无毛，不被白粉。冬芽深褐色，卵圆形或长卵圆形，顶端尖，微有树脂，芽鳞先端尖，边缘薄有细缺裂。植株高达 30m，胸径 80cm。

（2）叶：针叶 2 针一束，稍硬直，长 5~12cm，边缘有细锯齿，两面有气孔线。横切面半圆形，单层皮下层细胞，稀出现 1~3 个细胞宽的

第二层，树脂道 3~9 个，中生，叶鞘初呈淡褐色或褐色，后呈暗褐色或暗灰褐色，宿存。

（3）花：雄球花圆柱形，淡红褐色，长 1.0~1.5cm，聚生于新枝下部呈短穗状。

（4）球果：卵圆形，长 3~5cm，径 3~4cm，几无梗，向下弯垂，成熟前绿色，熟时褐色或暗褐色，后渐变呈暗灰褐色，常宿存。中部种鳞近矩圆形，长 1.5~2.0cm，宽 1.0~1.2cm，近鳞盾下部稍窄，基部楔形，鳞盾稍肥厚隆起，近扁菱形，横脊显著，鳞脐具短刺。

（5）种子：倒卵状椭圆形，具不规则的红褐色斑纹，长 4~6mm，连翅长 1.4~1.8cm。子叶 6~7 片，长 2.8~4.5cm，下面无气孔线。初生叶条形，长 2~4cm，两面中脉隆起，边缘有尖锯齿。

生物学特性：花期4—5月，球果第二年10月成熟。喜光、深根性树种，喜凉润、空中相对湿度较大的高山气候。耐瘠薄。

分布：中国特有树种。中国台湾、福建、浙江、安徽、江西、湖南东南部及西南部、湖北东部、河南南部等地有分布。

保健功效：观赏保健型植物与芳香油挥发植物。针叶挥发油的主要成分为 1-石竹烯，乙酸冰片酯，β-蒎烯、3-亚甲基-6-（1-甲基乙基）环己烯、α-蒎烯和大根香叶烯。具抗肿瘤、消炎和抑菌等功效。

园林应用：丛植或孤植或与其他园林植物混植。

参考文献：

[1] 徐丽珊，张姚杰，林颖，等.黄山松松针挥发油提取、GC-MS 及与湿地松挥发油的比较.浙江师范大学学报（自然科学版），2016，39（2）：187-192.

4. 黑松 *Pinus thunbergii* Parl.

中文异名：日本黑松

英文名：black pine, Japanese black pine, Japanese pine

分类地位：植物界（Plantae）

　　　　　　松柏门（Pinophyta）

　　　　　　松柏纲（Pinopsida）

松目（Pinales）

松科（Pinaceae）

松属（*Pinus* Linn.）

黑松（*Pinus thunbergii* Parl.）

形态学特征：常绿乔木。

（1）茎：幼树树皮暗灰色，老则灰黑色，粗厚，裂成块片脱落。枝条开展，树冠宽圆锥状或伞形。一年生枝淡褐黄色，无毛。冬芽银白色，圆柱状椭圆形或圆柱形，顶端尖，芽鳞披针形或条状披针形，边缘白色丝状。高达30m，胸径可达2m。

（2）叶：针叶2针一束，深绿色，有光泽，粗硬，长6~12cm，径1.5~2.0mm，边缘有细锯齿，背腹面均有气孔线。横切面皮下层细胞1~2层、连续排列，两角上2~4层，树脂道6~11个，中生。

（3）花：雄球花淡红褐色，圆柱形，长1.5~2.0cm，聚生于新枝下部。雌球花单生或2~3个聚生于新枝近顶端，直立，有梗，卵圆形，淡紫红色或淡褐红色。

（4）球果：成熟前绿色，熟时褐色，圆锥状卵圆形或卵圆形，长4~6cm，径3~4cm，有短梗，向下弯垂。中部种鳞卵状椭圆形，鳞盾微肥厚，横脊显著，鳞脐微凹，有短刺。

（5）种子：倒卵状椭圆形，长5~7mm，径2.0~3.5mm，连翅长1.5~1.8cm，种翅灰褐色，有深色条纹。子叶5~10片，长2~4cm。初生叶条形，长1.5~2.0cm，叶缘具疏生短刺毛，或近全缘。

生物学特性：花期4—5月，种子第二年10月成熟。

分布：原产于日本和朝鲜。

保健功效：观赏保健型植物与芳香油挥发植物。富含树脂。具驱风湿、舒筋、通经保健作用。松果中含萜类、黄酮、脂肪酸等活性成分。挥发出的胡萝卜素、维生素C、α-莰烯（α-camphene）能通经活络，增强器官生化功能。球果中的挥发油主要成分为β-蒎烯、石竹烯、α-蒎烯和长叶烯等。

园林应用：丛植或孤植或与其他园林植物混植。

参考文献：

[1] 梁洁，孙正伊，朱小勇，等. 超临界 CO_2 流体萃取法与水蒸气蒸馏法提取黑松松塔挥发油化学成分的研究. 医药导报，2013，32（4）：510-513.

5. 油松 *Pinus tabuliformis* Carr.

中文异名： 短叶松、红皮松、短叶马尾松、东北黑松、紫翅油松、巨果油松

英文名： Manchurian red pine, Southern Chinese pine, Chinese red pine

分类地位： 植物界（Plantae）

　　　　　　松柏门（Pinophyta）

　　　　　　　松柏纲（Pinopsida）

　　　　　　　　松目（Pinales）

　　　　　　　　　松科（Pinaceae）

　　　　　　　　　　松属（*Pinus* Linn.）

　　　　　　　　　　　油松（*Pinus tabuliformis* Carr.）

形态学特征： 常绿乔木。

（1）茎：树皮灰褐色，裂成不规则较厚的鳞状块片，裂缝及上部树皮红褐色。枝平展或向下斜展，老树树冠平顶，小枝较粗，褐黄色，无毛，幼时微被白粉。冬芽矩圆形，顶端尖，微具树脂，芽鳞红褐色，边缘有丝状缺裂。植株高达 25m，胸径可达 1m 以上。

（2）叶：针叶 2 针一束，深绿色，粗硬，长 10~15cm，径 1.0~1.5mm，边缘有细锯齿，两面具气孔线。横切面半圆形，树脂道 5~8 个或更多，边生，多数生于背面，腹面有 1~2 个，稀角部有 1~2 个中生树脂道，叶鞘初呈淡褐色，后呈淡黑褐色。

（3）花：雄球花圆柱形，长 1.2~1.8cm，在新枝下部聚生成穗状。

（4）球果：球果卵形或圆卵形，长 4~9cm，有短梗，向下弯垂，成熟前绿色，熟时淡黄色或淡褐黄色，常宿存。中部种鳞近矩圆状倒卵形，长 1.6~2.0cm，宽 1.0~1.5cm，鳞盾肥厚、隆起或微隆起，扁菱形或菱状多角形，横脊显著，鳞脐凸起有尖刺。

（5）种子：卵圆形或长卵圆形，淡褐色，有斑纹，长 6~8mm，径 4~5mm，连翅长 1.5~1.8cm。子叶 8~12 片，长 3.5~5.5cm。初生叶窄条形，长 3.5~4.5cm，先端尖，边缘有细锯齿。

生物学特性：花期 4—5 月，球果第二年 10 月成熟。喜光、深根性树种，喜干冷气候。

分布：中国特有树种。中国吉林南部、辽宁、河北、河南、山东、山西、内蒙古、陕西、甘肃、宁夏、青海及四川等地有分布。

保健功效：观赏保健型植物与芳香油挥发植物。释放的单萜烯化合物主要有 2-蒈烯、α-水芹烯、α-蒎烯、莰烯、β-蒎烯、β-月桂烯、D-柠檬烯和萜品油烯等。具有安定、平喘、镇咳、消炎等功效。

园林应用：丛植或孤植或与其他园林植物混植。

参考文献：

[1] 吕迪，王得祥，谢小洋，等.油松释放萜烯类挥发性成分研究.西北林学院学报，2016，31(1)；231-237.
[2] 谢小洋，冯永忠，王得祥，等.我国西北地区夏季油松挥发物成分日变化及其影响因子研究.西北农林科技大学学报（自然科学版），2016，44（8）：111-118.

6. 华山松 *Pinus armandii* Franch.

中文异名：白松、五须松、果松、青松、五叶松

英文名：Armand pine, Chinese white pine

分类地位：植物界（Plantae）

　　　　松柏门（Pinophyta）

　　　　松柏纲（Pinopsida）

　　　　松目（Pinales）

　　　　松科（Pinaceae）

　　　　松属（*Pinus* Linn.）

　　　　华山松（*Pinus armandii* Franch.）

形态学特征：常绿乔木。

（1）茎：幼树树皮灰绿色或淡灰色，平滑，老则呈灰色，裂成方形或长方形厚块片固着于树干上，或脱落。枝条平展，形成圆锥形或柱状塔形树冠。一年生枝绿色或灰绿色（干后褐色），无毛，微被白粉。冬芽近圆柱形，褐色，微具树脂，芽鳞排列疏松。植株高达35m，胸径1m。

（2）叶：针叶5针一束，稀6~7针一束，长8~15cm，径1.0~1.5mm，边缘具细锯齿，仅腹面两侧各具4~8条白色气孔线。横切面三角形，单层皮下层细胞，树脂道通常3个，中生或背面2个边生、腹面1个中生，稀具4~7个树脂道，则中生与边生兼有。叶鞘早落。

（3）花：雄球花黄色，卵状圆柱形，长1.0~1.4cm，基部围有近10片卵状匙形的鳞片，多数集生于新枝下部呈穗状，排列较疏松。

（4）球果：球果圆锥状长卵圆形，长10~20cm，径5~8cm，幼时绿色，成熟时黄色或褐黄色，种鳞张开，种子脱落，果梗长2~3cm。中部种鳞近斜方状倒卵形，长3~4cm，宽2.5~3.0cm，鳞盾近斜方形或宽三角状斜方形，不具纵脊，先端钝圆或微尖，不反曲或微反曲，鳞脐不明显。

（5）种子：黄褐色、暗褐色或黑色，倒卵圆形，长1.0~1.5cm，径6~10mm，无翅或两侧及顶端具棱脊，稀具极短的木质翅。子叶10~15片，针形，横切面三角形，长4.0~6.5cm，径0.5~1.0mm，先端渐尖，全缘或上部棱脊微具细齿。初生叶条形，长3.5~4.5cm，宽0.5~1.0mm，上下两面均有气孔线，边缘有细锯齿。

生物学特性：花期4—5月，球果第二年9—10月成熟。耐干燥、瘠薄。

分布：中国山西南部、河南西南部及嵩山、陕西南部、甘肃南部、四川、湖北西部、贵州中部及西北部、云南及西藏等地有分布。

保健功效：观赏保健型植物与芳香油挥发植物。挥发性化合物主要成分为 α-蒎烯、莰烯、β-蒎烯、月桂烯、D-柠檬烯和萜品油烯等。

园林应用：丛植或孤植或与其他园林植物混植。

参考文献：

[1] 来雨晴，王美仙，解莹然，等.华山松冬季挥发物检测分析.浙江农业学报，

2016，28（2）：284-290.

[2] 霍燕，陈辉. 秦岭华山松单萜类挥发物的动态变化. 西北林学院学报，2010，25（5）：96-101.

7. 日本五针松 *Pinus parviflora* Sieb. et Zucc.

中文异名：五须松、五针松、五钗松、日本五须松

英文名：five-needle pine, Ulleungdo white pine, Japanese white pine

分类地位：植物界（Plantae）

　　　　　　松柏门（Pinophyta）

　　　　　　　松柏纲（Pinopsida）

　　　　　　　　松目（Pinales）

　　　　　　　　　松科（Pinaceae）

　　　　　　　　　　松属（*Pinus* Linn.）

　　　　　　　　　　　日本五针松（*Pinus parviflora* Sieb. et Zucc.）

形态学特征：常绿乔木或灌木。

（1）茎：幼树树皮淡灰色，平滑；大树树皮暗灰色，裂成鳞状块片脱落。枝平展，树冠圆锥形。一年生枝幼嫩时绿色，后呈黄褐色，密生淡黄色柔毛。冬芽卵圆形，无树脂。原产地植株高达 25m，胸径 1m。

（2）叶：针叶 5 针一束，微弯曲，长 3.5~5.5cm，径不及 1mm。边缘具细锯齿，背面暗绿色，无气孔线，腹面每侧有 3~6 条灰白色气孔线。横切面三角形，单层皮下层细胞，背面有 2 个边生树脂道，腹面 1 个中生或无树脂道。叶鞘早落。

（3）球果：卵圆形或卵状椭圆形，几无梗，熟时种鳞张开，长 4.0~7.5cm，径 3.5~4.5cm。中部种鳞宽倒卵状斜方形或长方状倒卵形，长 2~3cm，宽 1.8~2.0cm，鳞盾淡褐色或暗灰褐色，近斜方形，先端圆，鳞脐凹下，微内曲，边缘薄，两侧边向外弯，下部底边宽楔形。

（4）种子：不规则倒卵圆形，近褐色，具黑色斑纹，长 8~10mm，径 5~7mm，种翅宽 6~8mm，连种子长 1.8~2.0cm。

生物学特性：能耐阴，忌湿畏热，不耐寒，生长慢。结实不正常，

常用嫁接繁殖。

保健功效：观赏保健型植物与芳香油挥发植物。挥发性化合物以萜烯类为主。

园林应用：珍贵园林树种，特适宜做盆景和假山树林。

参考文献：

[1] 徐正浩，周国宁，顾哲丰，等.浙大校园树木.杭州：浙江大学出版社，2017.

8. 江南油杉 *Keteleeria cyclolepis* Flous

中文异名：浙江油杉

分类地位：植物界（Plantae）

　　　　　　松柏门（Pinophyta）

　　　　　　松柏纲（Pinopsida）

　　　　　　松目（Pinales）

　　　　　　松科（Pinaceae）

　　　　　　油杉属（*Keteleeria* Carr.）

　　　　　　江南油杉（*Keteleeria cyclolepis* Flous）

形态学特征：常绿乔木。

（1）茎：高达20m，胸径60cm。树皮灰褐色，不规则纵裂。冬芽圆球形或卵圆形。一年生枝干呈红褐色、褐色或淡紫褐色，常有或多或少的毛，稀无毛。二、三年生枝淡褐黄色、淡灰褐色或灰色。

（2）叶：条形，在侧枝上排成2列，长1.5~4.0cm，宽2~4cm，先端圆钝或微凹，稀微急尖，边缘多少卷曲或不反卷。上面光绿色，通常无气孔线，稀沿中脉两侧每边有1~5条粉白色气孔线，或仅先端或中上部有少数气孔线。下面色较浅，沿中脉两侧每边有气孔线10~20条，被白粉或白粉不明显。横切面上面有1层连续排列的皮下层细胞，稀在其中部还有少数皮下层细胞，两端角部1~2层，下面两侧边缘及中部1层。幼树及萌生枝有密毛，叶较长，宽达4.5mm，先端刺状渐尖。

（3）球果：圆柱形或椭圆状圆柱形，顶端或上部渐窄，长7~15cm，径3.5~6.0cm，中部的种鳞常呈斜方形或斜方状圆形，稀近圆形或上部宽圆，长1.8~3.0cm，宽与长近相等，上部圆或微窄，稀宽圆而中央微凹，边缘微向内曲，稀微向外曲，鳞背露出部分无毛或近无毛。苞鳞中部窄，下部稍宽，上部圆形或卵圆形，先端3裂，中裂窄长，先端渐尖，侧裂钝圆或微尖，边缘有细缺齿。

（4）种子：种翅中部或中下部较宽。

生物学特性： 种子10月成熟。

分布： 中国特有树种。中国云南、贵州、广西、广东、湖南、江西、浙江等地有分布。

保健功效： 观赏保健型植物与芳香油挥发植物。

园林应用： 庭院、绿地等树种。孤植、对植、列植或丛植。

9. 日本冷杉 *Abies firma* Sieb. et Zucc.

英文名： momi fir

分类地位： 植物界（Plantae）

松柏门（Pinophyta）

松柏纲（Pinopsida）

松目（Pinales）

松科（Pinaceae）

冷杉属（*Abies* Mill.）

日本冷杉（*Abies firma* Sieb. et Zucc.）

形态学特征： 常绿乔木。

（1）茎：树皮暗灰色或暗灰黑色，粗糙，成鳞片状开裂。大枝通常平展，树冠塔形。一年生枝淡灰黄色，凹槽中有细毛或无毛，二、三年生枝淡灰色或淡黄灰色。冬芽卵圆形，有少量树脂。原产地植株高达50m，胸径达2m。

（2）叶：条形，直或微弯，长2.0~3.5cm，稀达5cm，宽3~4mm，近于辐射伸展，或枝条上面的叶向上直伸或斜展，枝条两侧及下面的叶排成 2 列，先端钝而微凹（幼树叶在枝上排成 2 列，先端 2 裂）。上面光绿色，下面有 2 条灰白色气孔带。横切面上面皮下层细胞 2 层，外层不连续排列，内层仅有数个皮下层细胞，两端边缘有 1 层连续排列的皮下层细胞，下面中部 1 层，或有数枚疏生的皮下层细胞形成第 2 层。壮龄树及果枝之叶的树脂道 4 个（2 个中生，2 个边生）或仅有 2 个中生树脂道，幼树之叶有 2 个边生的树脂道，稍大的树上之叶有 2 个中生的树脂道。

（3）花：球花单生于叶腋。

（4）球果：圆柱形，长 12~15cm，基部较宽，成熟前绿色，熟时黄褐色或灰褐色。中部种鳞扇状四方形，长 1.2~2.2cm，宽 1.7~2.8cm。苞鳞外露，通常较种鳞为长，先端有骤凸的尖头。种翅楔状长方形，较种子为长。子叶 3~5（多为 4）片，条形，长 1.8~2.5cm，宽 2mm，先端钝或微凹，初生叶长 1.2~1.8cm，宽 1.5~2.0mm，先端钝尖，微缺或 2 裂。

（5）种子：具较长的翅。

生物学特性：花期 4—5 月，球果 10 月成熟。

分布：原产于日本。

保健功效：观赏保健型植物与芳香油挥发植物。

园林应用：庭院观赏树种。孤植、对植、列植或丛植。

10. 金钱松 *Pseudolarix kaempferi* (Lindl.) Gord.

中文异名：水树、金松

英文名：golden larch

分类地位：植物界（Plantae）

　　　　　　松柏门（Pinophyta）

　　　　　　松柏纲（Pinopsida）

　　　　　　松目（Pinales）

　　　　　　松科（Pinaceae）

　　　　　　金钱松属（*Pseudolarix* Gord.）

　　　　　　金钱松（*Pseudolarix kaempferi* (Lindl.) Gord.）

形态学特征：落叶乔木。

（1）茎：树干通直，树皮粗糙，灰褐色，裂成不规则的鳞片状块片。枝平展，树冠宽塔形。一年生长枝淡红褐色或淡红黄色，无毛，有光泽。二、三年生枝淡黄灰色或淡褐灰色，稀淡紫褐色，老枝及短枝呈灰色、暗灰色或淡褐灰色。矩状短枝生长极慢，有密集成环节状的叶枕。植株高达 40m，胸径达 1.5m。

（2）叶：条形，柔软，镰状或直，上部稍宽，长 2.0~5.5cm，宽 1.5~4.0mm（幼树及萌生枝的叶长达 7cm，宽 5mm），先端锐尖或尖。上面绿色，中脉微明显。下面蓝绿色，中脉明显，每边有 5~14 条气孔线，气孔带较中脉带宽或近于等宽。长枝之叶辐射伸展，短枝之叶簇状密生，平展成圆盘形，秋后叶呈金黄色。

（3）花：雄球花黄色，圆柱状，下垂，长 5~8mm，梗长 4~7mm。雌球花紫红色，直立，椭圆形，长 1.3cm，有短梗。

（4）球果：卵圆形或倒卵圆形，长 6.0~7.5cm，径 4~5cm，成熟前绿色或淡黄绿色，熟时淡红褐色，有短梗。中部的种鳞卵状披针形，长 2.8~3.5cm，基部宽 1.7cm，两侧耳状，先端钝有凹缺，腹面种翅痕之间有纵脊凸起，脊上密生短柔毛，鳞背光滑无毛。苞鳞长为种鳞的 1/4~1/3，卵状披针形，边缘有细齿。

（5）种子：卵圆形，白色，长 6mm，种翅三角状披针形，淡黄色或淡褐黄色，上面有光泽，连同种子几乎与种鳞等长。

生物学特性：花期 4 月，球果 10 月成熟。

分布：中国华东、华中、西南等地有分布。

保健功效：观赏保健型植物与芳香油挥发植物。

园林应用：世界 5 大公园树种之一。孤植或丛植。可作行道树，也可与其他常绿树混植。

四、柏科 Cupressaceae

按被子植物种系发生学组（Angiosperm Phylogeny Group, APG）分类系统，柏科含 8 个亚科，分别为密叶杉亚科（Athrotaxidoideae）、柏松亚科

（Callitroideae）、杉亚科（Cunninghamioideae）、柏木亚科（Cupressoideae）、红杉亚科（Sequoioideae）、台湾杉亚科（Taiwanioideae）、柳杉亚科（Taxodioideae）和未定位的亚科（incertae sedis），共 28~30 属。

1. 日本柳杉 *Cryptomeria japonica* (Linn. f.) D. Don

中文异名：柳杉、长叶孔雀松

英文名：Japanese sugi pine, Japanese red-cedar

分类地位：植物界（Plantae）

　　　　　　松柏门（Pinophyta）

　　　　　　松柏纲（Pinopsida）

　　　　　　松目（Pinales）

　　　　　　柏科（Cupressaceae）

　　　　　　柳杉属（*Cryptomeria* D. Don）

　　　　　　日本柳杉（*Cryptomeria japonica* (Linn. f.) D. Don）

形态学特征：常绿乔木。

（1）茎：树皮红棕色，纤维状，裂成长条片脱落。大枝近轮生，平展或斜展。小枝细长，常下垂，绿色，枝条中部的叶较长，常向两端逐渐变短。植株高达 40m，胸径可达 2m。

（2）叶：钻形，略向内弯曲，先端内曲，四边有气孔线，长 1.0~1.5cm，果枝的叶通常较短，有时长不及 1cm，幼树及萌芽枝的叶长达 2.4cm。

（3）花：雄球花单生于叶腋，长椭圆形，长 5~7mm，集生于小枝上部，呈短穗状。雌球花顶生于短枝上。

（4）球果：圆球形或扁球形，径 1~2cm。种鳞 15~20 个，上部有 4~5 个短三角形裂齿，齿长 2~4mm，基部宽 1~2mm，鳞背中部或中下部有一个三角状分离的苞鳞尖头，尖头长 3~5mm，基部宽 3~14mm，能育的种鳞有 2 粒种子。

（5）种子：褐色，近椭圆形，扁平，长 4.0~6.5mm，宽 2.0~3.5mm，边缘有窄翅。

生物学特性：花期 4 月，球果 10 月成熟。

分布：原产于日本。孑遗植物。

保健功效：挥发油含萜类、醇类等化学成分。

园林应用：树形优美，适宜公园、庭院、住宅区等观赏栽培。

2. 落羽杉 *Taxodium distichum* (Linn.) Rich.

中文异名：落羽松

英文名：bald cypress, baldcypress, bald-cypress, cypress, southern-cypress, white-cypress, tidewater red-cypress, Gulf-cypress, red-cypress, swamp cypress

分类地位：植物界（Plantae）

松柏门（Pinophyta）

松柏纲（Pinopsida）

松目（Pinales）

柏科（Cupressaceae）

落羽杉属（*Taxodium* Rich.）

落羽杉（*Taxodium distichum* (Linn.) Rich.）

形态学特征：落叶或半落叶乔木。

（1）茎：在原产地高达 50m，胸径可达 2m。树干尖削度大，干基通常膨大，树皮棕色，裂成长条片脱落，枝条水平开展，幼树树冠圆锥形，老则呈宽圆锥状。

（2）叶：条形，扁平，基部扭转在小枝上排成 2 列，羽状，长 1.0~1.5cm，宽 0.5~1.0mm，先端尖，叶面中脉凹下，淡绿色，叶背黄绿色或灰绿色，中脉隆起。

（3）花：雄球花卵圆形，有短梗，在小枝顶端排列成总状花序或圆锥花序。

（4）球果：球形或卵圆形，有短梗，向下斜垂，熟时淡褐黄色，有白粉，径 2.0~2.5cm。种鳞木质，盾形，顶部有明显或微明显的纵槽。

（5）种子：不规则三角形，有锐棱，长 1.2~1.8cm，褐色。

生物学特性：球果 10 月成熟。

分布：原产于北美洲及墨西哥。孑遗植物。中国长江以南地区广泛引种栽培。

保健功效：芳香植物。香气成分主要为烯烃类、醇类等化合物。落羽杉枝叶挥发性化合物主要有 β - 蒎烯、柠檬烯、水芹烯、莰烯和石竹烯。挥发物可以缓解抑郁情绪、镇痛抗炎。

园林应用：优美的庭院、道路绿化树种。

参考文献：

[1] 殷倩，俞益武，高岩，等. 3 种杉科植物挥发性有机化合物成分. 东北林业大学学报，2013，41（6）：23-26.

[2] 尚兵兵，俞益武，殷倩，等. 落羽杉挥发性有机化合物日动态变化分析. 江苏农业科学，2013，41（9）：285-287.

3. 水杉 *Metasequoia glyptostroboides* Hu et W. C. Cheng

中文异名：活化石、梳子杉

英文名：dawn redwood

分类地位：植物界（Plantae）

　　　　　　松柏门（Pinophyta）

　　　　　　松柏纲（Pinopsida）

　　　　　　松目（Pinales）

　　　　　　柏科（Cupressaceae）

　　　　　　水杉属（*Metasequoia* Miki ex Hu et Cheng）

　　　　　　水杉（*Metasequoia glyptostroboides* Hu et W. C. Cheng）

形态学特征：落叶乔木。

（1）茎：树皮灰色、灰褐色或暗灰色，幼树裂成薄片脱落，大树裂成长条状脱落。枝斜展，小枝下垂，幼树树冠尖塔形，老树树冠广圆形，枝叶稀疏。植株高达 35m，胸径达 2.5m。

（2）叶：条形，长 0.8~3.5cm，宽 1.0~2.5mm。叶面淡绿色，叶背色较淡，在侧生小枝上排成 2 列，羽状。

（3）花：雌雄同株。

（4）球果：下垂，近四棱状球形或矩圆状球形，成熟前绿色，熟时深褐色，长 1.8~2.5cm，径 1.6~2.5cm，梗长 2~4cm。

（5）种子：扁平，倒卵形，间或圆形或矩圆形，周围有翅，先端有凹缺，长 3.5~5.0mm，径 3~4mm。

生物学特性：花期 2 月下旬，球果 11 月成熟。

分布：原产于中国。孑遗植物。

保健功效：挥发性化合物的主要成分有 β-蒎烯、水芹烯、柠檬烯、3-蒈烯、α-蒎烯。

园林应用：庭院观赏、道路绿化和防护林树种。

4. 池杉 *Taxodium ascendens* Brongn.

中文异名：沼落羽松、池柏、沼衫
英文名：pond cypress
分类地位：植物界（Plantae）

　　　　　　　松柏门（Pinophyta）

　　　　　　　　松柏纲（Pinopsida）

　　　　　　　　　松目（Pinales）

　　　　　　　　　　柏科（Cupressaceae）

　　　　　　　　　　　落羽杉属（*Taxodium* Rich.）

　　　　　　　　　　　　池杉（*Taxodium ascendens* Brongn.）

形态学特征：落叶乔木。

（1）茎：树干基部膨大，树皮褐色，纵裂成长条片脱落，枝条向上伸展，树冠较窄，呈尖塔形。原产地植株高达 25m。

（2）叶：钻形，微内曲，在枝上螺旋状伸展，上部微向外伸展或近直展，下部通常贴近小枝，基部下延，长 4~10mm，宽 0.5~1.0mm，向上渐窄，先端有渐尖的锐尖头，叶背有棱脊，叶面中脉微隆起。

（3）花：雄球花呈总状花序。

（4）球果：圆球形或矩圆状球形，有短梗，向下斜垂，熟时褐黄色，长 2~4cm，径 1.8~3.0cm。种鳞木质，盾形，中部种鳞高 1.5~2.0cm。

（5）种子：不规则三角形，微扁，红褐色，长 1.3~1.8cm，宽 0.5~1.1cm，边缘有锐脊。

生物学特性：花期 3—4 月，球果 10 月成熟。耐水湿，生于沼泽地区及湿地上。

分布：原产于北美洲南部。

保健功效：挥发性化合物的主要成分有 β-蒎烯、水芹烯、柠檬烯、石竹烯和顺-3-己烯醇。

园林应用：绿化造林树种。庭院观赏、道路绿化、防护林和水网地带树种。

5. 日本扁柏 *Chamaecyparis obtusa* (Sieb. et Zucc.) Endl.

中文异名：扁柏、钝叶扁柏、白柏

英文名：Japanese cypress, hinoki cypress, hinoki

分类地位：植物界（Plantae）

　　　　　松柏门（Pinophyta）

　　　　　松柏纲（Pinopsida）

　　　　　松目（Pinales）

　　　　　柏科（Cupressaceae）

　　　　　扁柏属（*Chamaecyparis* Spach）

　　　　　日本扁柏（*Chamaecyparis obtusa* (Sieb. et Zucc.) Endl.）

形态学特征：常绿乔木。

（1）茎：树冠尖塔形。树皮红褐色，光滑，裂成薄片脱落。生鳞叶的小枝条扁平，排成一平面。原产地植株高达 40m。

（2）叶：鳞叶肥厚，先端钝，小枝上面中央的叶露出部分近方形，长 1.0~1.5mm，绿色，背部具纵脊，通常无腺点，侧面的叶对折呈倒卵状菱形，长 2~3mm，小枝下面的叶微被白粉。

（3）花：雄球花椭圆形，长 2~3mm，雄蕊 6 对，花药黄色。

（4）球果：圆球形，径 8~10mm，熟时红褐色。种鳞 4 对，顶部五角形，平或中央稍凹，有小尖头。

（5）种子：近圆形，长 2.5~3.0mm，两侧有窄翅。

生物学特性：花期 4 月，球果 10—11 月成熟。耐阴，喜温暖湿润气候，耐 −20℃低温。

保健功效：挥发油中有 α-蒎烯、β-蒎烯和 β-石竹烯等，而 3-苧酮含量较多。

园林应用：行道树、庭院树、绿篱或草地树种。

参考文献：

[1] 蒋继宏，李晓储，高甜慧，等. 几种柏科植物挥发物质及抗肿瘤活性初步研究. 福建林业科技，2006，33（2）：52-57.

[2] 吴章文，吴楚材，陈奕洪，等. 8 种柏科植物的精气成分及其生理功效分析. 中南林业科技大学学报，2010，30（10）：1-9.

[3] 林立，岑佳乐，金华玖，等. 五种柏科植物挥发油成分的 GC-MS 分析. 广西植物，2015，35（4）：580-585.

6. 圆柏 *Sabina chinensis* (Linn.) Ant.

中文异名：桧柏、珍珠柏、红心柏、刺柏、桧
分类地位：植物界（Plantae）

松柏门（Pinophyta）

松柏纲（Pinopsida）

松目（Pinales）

柏科（Cupressaceae）

圆柏属（*Sabina* Mill.）

圆柏（*Sabina chinensis* (Linn.) Ant.）

形态学特征：常绿乔木。

（1）茎：树皮深灰色，纵裂成条片。幼树的枝条通常斜上伸展，形成尖塔形树冠，老则下部大枝平展，形成广圆形的树冠。树皮灰褐色，纵裂，裂成不规则的薄片脱落。小枝通常直或稍呈弧状弯曲，生鳞叶的小枝近圆柱形或近四棱形，径 1.0~1.2mm。植株高达 20m，胸径达 3.5m。

（2）叶：叶二型，即刺叶及鳞叶。刺叶生于幼树之上，老龄树则全为鳞叶，壮龄树兼有刺叶与鳞叶。生于一年生小枝的一回分枝的鳞叶三叶轮生，直伸而紧密，近披针形，先端微渐尖，长 2.5~5.0mm，背面近中部有椭圆形微凹的腺体。刺叶三叶交互轮生，斜展，疏松，披针形，先端渐尖，长 6~12mm，上面微凹，有两条白粉带。

（3）花：雌雄异株，稀同株。雄球花黄色，椭圆形，长 2.5~3.5mm，雄蕊 5~7 对，常有 3~4 个花药。

（4）球果：近圆球形，径 6~8mm，两年成熟，熟时暗褐色，被白粉或白粉脱落，有 1~4 粒种子。

（5）种子：卵圆形，扁，顶端钝，有棱脊及少数树脂槽。子叶 2 片，出土，条形，长 1.3~1.5cm，宽 0.5~1.0mm，先端锐尖，下面有两条白色气孔带，上面则不明显。

生物学特性：喜光树种。喜温凉、温暖气候及湿润土壤。

分布：中国华北、华南、西南以及陕西、甘肃等地有分布。日本和朝鲜也有分布。

保健功效：挥发油多为萜烯类化合物，而 2-菠醇-乙酸酯含量较多。

园林应用：行道树、庭院树、绿篱或草地树种。

7. 龙柏 *Sabina chinensis* (Linn.) Ant. 'Kaizuca'

中文异名：铺地龙柏

分类地位：植物界（Plantae）

　　　　　　松柏门（Pinophyta）

　　　　　　松柏纲（Pinopsida）

　　　　　　松目（Pinales）

柏科（Cupressaceae）

圆柏属（*Sabina* Mill.）

龙柏（*Sabina chinensis* (Linn.) Ant. 'Kaizuca'）

形态学特征：常绿乔木。

（1）茎：树皮深灰色，纵裂成条片。幼树的枝条通常斜上伸展，形成尖塔形树冠，老树则下部大枝平展，形成广圆形的树冠。树皮灰褐色，纵裂，裂成不规则的薄片脱落。小枝通常直或稍成弧状弯曲，生鳞叶的小枝近圆柱形或近四棱形，径 1.0~1.2mm。植株高达 20m，胸径达 3.5m。

（2）叶：叶二型，即刺叶及鳞叶。刺叶生于幼树之上，老龄树则全为鳞叶，壮龄树兼有刺叶与鳞叶。生于一年生小枝的一回分枝的鳞叶三叶轮生，直伸而紧密，近披针形，先端微渐尖，长 2.5~5.0mm，背面近中部有椭圆形微凹的腺体。刺叶三叶交互轮生，斜展，疏松，披针形，先端渐尖，长 6~12mm，上面微凹，有两条白粉带。

（3）花：雌雄异株，稀同株。雄球花黄色，椭圆形，长 2.5~3.5mm，雄蕊 5~7 对，常有 3~4 个花药。

（4）球果：近圆球形，径 6~8mm，两年成熟，熟时暗褐色，被白粉或白粉脱落，有 1~4 粒种子。

（5）种子：卵圆形，扁，顶端钝，有棱脊及少数树脂槽。子叶 2 片，出土，条形，长 1.3~1.5cm，宽 0.5~1.0mm，先端锐尖，下面有两条白色气孔带，上面则不明显。

生物学特性：喜光树种，喜温凉、温暖气候及湿润土壤。圆柏的栽培种。

保健功效：挥发油种类多。2-菠醇-乙酸酯、榄香醇和 β-桉叶油醇含量较多。

园林应用：园林绿化树种。

8. 刺柏 *Juniperus formosana* Hayata

中文异名：台湾柏、刺松、矮柏木、山杉、台桧、山刺柏

英文名：Chinese juniper

分类地位：植物界（Plantae）

松柏门（Pinophyta）

松柏纲（Pinopsida）

松目（Pinales）

柏科（Cupressaceae）

刺柏属（*Juniperus* Linn.）

刺柏（*Juniperus formosana* Hayata）

形态学特征：常绿乔木。

（1）茎：树皮褐色，纵裂成长条薄片脱落，枝条斜展或直展，树冠塔形或圆柱形，小枝下垂，三棱形。植株高达 12m。

（2）叶：3 叶轮生，条状披针形或条状刺形，长 1.2~2.0cm，很少长达 3.2cm，宽 1.2~2.0mm，先端渐尖具锐尖头，叶面稍凹，中脉微隆起，绿色。

（3）花：雄球花圆球形或椭圆形，长 4~6mm，药隔先端渐尖，背有纵脊。

（4）球果：近球形或宽卵圆形，长 6~10mm，径 6~9mm，熟时淡红褐色，被白粉或白粉脱落。

（5）种子：半月圆形，具 3~4 条棱脊，顶端尖。

生物学特性：花期 4—5 月，果期 10—11 月。

分布：中国华东、华中、西南和华南等地有分布。

保健功效：挥发油中 γ-杜松醇和 α-杜松醇含量较多。

园林应用：园林绿化树种。

五、香蒲科 Typhaceae

香蒲科只有香蒲属（*Typha* Linn.）1 属，16 种，分布于热带至温带，主要分布于欧洲、亚洲和北美洲，大洋洲有 3 种。我国有 11 种，南北广泛分布，以温带地区种类较多。多年生沼生、水生或湿生草本。根状茎横走，须根多。地上茎直立，粗壮或细弱。叶 2 列，互生。鞘状叶很短，基生，先端尖；条形叶直立，或斜上，全缘，边缘微向上隆起，先端钝圆至渐尖，中部以下腹面渐凹，背面平突至龙骨状凸起，横切面呈新月形、半圆形或三角形，叶脉平行，中脉背面隆起或否，叶鞘长，边缘膜质，抱茎，或松散。花单性，雌雄同株，花序穗状。雄花序生于上部至顶端，花期时比雌花序粗壮，花序轴具柔毛，或无毛。雌性花序位于下部，与雄花序紧密相接，或相互远离。苞片叶状，着生于雌雄花序基部，亦见于雄花序中。雄花无被，通常由1~3枚雄蕊组成，花药矩圆形或条形，2室，纵裂，花粉粒单体，或四合体，纹饰多样。雌花无被，具小苞片，或无，子房柄基部至下部具白色丝状毛。孕性雌花柱头单侧，条形、披针形、匙形，子房上位，1室，胚珠1个，倒生。不孕雌花柱头不发育，无花柱，子房柄不等长，果实纺锤形、椭圆形，果皮膜质，透明，或灰褐色，具条形或圆形斑点。种子椭圆形，褐色或黄褐色，光滑或具突起，含1个肉质或粉状的内胚乳，胚轴直，胚根肥厚。

1. 香蒲 *Typha orientalis* C. Presl.

中文异名：东方香蒲

英文名：bulrush, bullrush, cumbungi

分类地位：植物界（Plantae）

被子植物门（Angiosperms）

单子叶植物纲（Monocotyledoneae）

莎草目（Poales）

香蒲科（Typhaceae）

香蒲属（*Typha* Linn.）

香蒲（*Typha orientalis* C. Presl.）

形态学特征：多年生草本。

（1）根：根状茎粗壮，乳白色。

（2）茎：地上茎粗壮，向上渐细。植株高1~2m。

（3）叶：扁平线形或条形，长40~70cm，宽0.4~0.9cm，先端渐尖稍钝头，基部扩大成抱茎的鞘，鞘口边缘膜质，直出平行脉多而密。光滑无毛，叶鞘抱茎。

（4）花：穗状花序圆柱状，雌雄花序紧密连接。雄花序长 3~8cm，花序轴具白色弯曲柔毛，自基部向上具 1~3 片叶状苞片，花后脱落。雌花序长 5~12cm，果时径 2cm，基部具 1 片叶状苞片，花后脱落。雄花通常由 3 枚雄蕊组成，有时 2 枚，或 4 枚雄蕊合生，花药长 3mm，2 室，条形，花粉粒单体，不聚合成四合花粉，花丝很短，基部合生成短柄。雌花无小苞片，孕性雌花柱头匙形，外弯，长 0.5~0.8mm，花柱长 1.2~2.0mm，子房纺锤形至披针形，子房柄细弱，长 2.5mm，不孕雌花子房长 1.2mm，近于圆锥形，先端呈圆形，不发育柱头宿存，白色丝状毛通常单生，有时几个基部合生，稍长于花柱，短于柱头。

（5）果实：小坚果椭圆形至长椭圆形，长 1mm，果皮具长形褐色斑点，表面具 1 个纵沟。

（6）种子：褐色，微弯。

生物学特性：花期 6—7 月，果期 8—10 月。

分布：中国华东、华中、华北、西北、东北等地有分布。日本、菲律宾、俄罗斯等地也有分布。生于沟塘浅水处、河边、湖边浅水、湖中静水、沼泽地、沼泽浅水等。

保健功效：芳香草本植物。花粉具有活血化瘀、止血镇痛、通淋的功效，还具有镇痛、抗凝促凝、促进血液循环、降低血脂、防止动脉硬化、保护高脂血症所致的血管内皮损伤、兴奋收缩子宫、增强免疫力等作用，促进肠蠕动、抗炎、抗低压低氧、抗微生物等药理作用。

园林应用：景观植物。为重金属污染土壤或水域的修复植物，生长快，生物量大，富集能力强，也可用于废水处理和富营养化水体净化。

六、天南星科　Araceae

天南星科具 114 属，3750 余种。分布于热带、亚热带和温带地区。草本植物，具块茎或伸长的根茎，稀为攀缘灌木或附生藤本，富含苦味水汁或乳汁。叶单一或少数，有时花后出现，通常基生，如茎生则为互生，2 列或螺旋状排列，叶柄基部或一部分鞘状。叶片全缘时多为箭形、戟形，或掌状、鸟足状、羽状或放射状分裂，大都具网状脉，稀具平行脉。花小或微小，常极臭，排列为肉穗花序。花序外面有佛焰苞包围。花两性或单性。花单性时雌雄同株或异株。雌雄同序者雌花居于花序的下部，雄花居于雌花群之上。两性花有花被或否。花被如存在则为2轮，花被片2片或3片，覆瓦状排列，常倒卵形，先端拱形内弯，稀合生成坛状。雄蕊通常与花被片同数且与之对生、分离。在无花被的花中，雄蕊2~8枚或多数，分离或合生为雄蕊柱。花药2室，药室对生或近对生，室孔纵长。花粉分离或集成条状，花粉粒头状椭圆形或长圆形，光滑。假雄蕊常存在，在雌花序中围绕雌蕊，有时单一，位于雌蕊下部；在雌雄同序的情况下，有时多数，位于雌花群之上，或常合生成假雄蕊柱，但经常完全退废，这时全部假雄蕊合生且与肉穗花序轴的上部形成海绵质的附属器。子房上位或稀陷入肉穗花序轴内，1室至多室，基底胎座、顶生胎座、中轴胎座或侧膜胎座。胚珠直生、横生或倒生，1个至多个，内珠被之外常有外珠被，后者常于珠孔附近作流苏状（菖蒲属），珠柄长或短。花柱不明显，或伸长成线形或圆锥形，宿存或脱落。柱头各式，全缘或分裂。果为浆果，极稀紧密结合而为聚合果。种子1粒至多粒，圆形、椭圆形或肾形，外种皮肉质，有的上部流苏状。内种皮光滑，有窝孔，具疣或肋状条纹，种脐扁平或隆起，短或长。胚乳厚，肉质。

1. 菖蒲 *Acorus calamus* Linn.

中文异名：臭草、大菖蒲、剑菖蒲、家菖蒲、土菖蒲、大叶菖蒲、剑叶菖蒲、水菖蒲、白菖蒲、十香和、凌水挡、水剑草、山菖蒲、石菖蒲、野枇杷、溪菖蒲、臭菖蒲、野菖蒲、香蒲、泥菖蒲、臭蒲

英文名：sweet flag, calamus, bitter pepper root, calamus root, flag root, myrtle flag, myrtle grass, myrtle root, myrtle sedge, pine root, rat root, sea sedge, sweet cane, sweet cinnamon, sweet grass, sweet myrtle, sweet root, sweet rush, sweet sedge

分类地位：植物界（Plantae）

被子植物门（Angiosperms）

单子叶植物纲（Monocotyledoneae）

菖蒲目（Acorales）

天南星科（Araceae）

菖蒲属（*Acorus* Linn.）

菖蒲（*Acorus calamus* Linn.）

形态学特征：多年生草本。

（1）根：根状茎粗壮，径达 1.5cm。

（2）茎：植株高 30~100cm。

（3）叶：剑形，长 50~80cm，宽 6~15mm，具明显突起的中脉，基部具叶鞘折，有膜质边缘。

（4）花：花葶基出，短于叶片，稍压扁。佛焰苞叶状，长 30~40cm，宽 5~10mm。肉穗花序圆柱形，长 4~7cm，径 6~10mm。花两性，花被片 6 片，顶平截而内弯。雄蕊 6 枚，花丝扁平，等长于花被，花药淡黄色，稍伸出于花被。子房顶端圆锥状，花柱短，3 室，每室具数个胚珠。

（5）果实：果紧密靠合，红色，果期花序粗达 16mm。

生物学特性：花期 6—9 月。

分布：中国北起东北，西至新疆，东至江苏、台湾，南至广东，西南至云南都有分布。西伯利亚地区至北美洲也有分布。

保健功效：根状茎入药，为芳香健胃剂。

园林应用：水域或湿地景观植物。

七、百合科 Liliaceae

按 APG 分类系统，百合科具 15 属，705 种，主要分布于北半球的温带地区。通常为具根状茎、块茎或鳞茎的多年生草本。叶基生或茎生，常具弧形平行脉，极少具网状脉。花两性，常辐射对称。花被片常 6 片，稀 4 片或多数，离生或合生。雄蕊通常与花被片同数，花丝离生或贴生于花被筒上。花药基着或丁字状着生。药室 2 个，纵裂，较少汇合成一室而为横缝开裂。心皮合生或离生。子房上位，极少半下位，常 3 室，

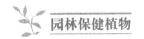

中轴胎座。每室具1个至多个倒生胚珠。果实为蒴果或浆果，较少为坚果。种子具丰富的胚乳，胚小。

1. 郁金香 *Tulipa gesneriana* Linn.

中文异名：洋荷花、草麝香、郁香、荷兰花

英文名：Didier' s tulip, garden tulip

分类地位：植物界（Plantae）

　　　　　被子植物门（Angiosperms）

　　　　　　单子叶植物纲（Monocotyledoneae）

　　　　　　　百合目（Liliales）

　　　　　　　　百合科（Liliaceae）

　　　　　　　　　郁金香属（*Tulipa* Linn.）

　　　　　　　　　　郁金香（*Tulipa gesneriana* Linn.）

形态学特征：多年生草本。

（1）根：鳞茎卵形，径2~3cm。鳞茎皮纸质，内面顶端和基部有少数伏毛。

（2）茎：高20~50cm。

（3）叶：3~5片，条状披针形至卵状披针形。

（4）花：单朵顶生。花被片红色或杂有白色和黄色，有时为白色或黄色，长5~7cm，宽2~4cm。雄蕊6枚，等长，花丝无毛。无花柱，柱头增大呈鸡冠状。

（5）果实：蒴果。背室开裂。

（6）种子：扁平。

生物学特性：花期4—5月。

分布：原产于地中海沿岸及中亚细亚和土耳其等地。中国多地引种栽培。

保健功效：对枯草杆菌、金黄色葡萄球菌有抗菌作用。

园林应用：地被花卉。

八、石蒜科 Amaryllidaceae

按 APG 分类系统，石蒜科具 75 属，1600 余种。多年生草本，具鳞茎。叶多数基生，线形、宽线形、带状至披针形。花两性，辐射对称，常在顶端排列成伞形花序。花被片 6 片，2 轮，不同程度合生，稀离生。雄蕊 6 枚，花丝离生，花药背着。子房下位，3 室，中轴胎座，每室具多数或少数胚珠，花柱细长，柱头头状或 3 裂。蒴果，室背开裂。种子含胚乳。

1. 葱兰 *Zephyranthes candida* (Lindl.) Herb.

中文异名：葱莲、玉帘

分类地位：植物界（Plantae）

　　　　　　被子植物门（Angiosperms）

　　　　　　　单子叶植物纲（Monocotyledoneae）

　　　　　　　天门冬目（Asparagales）

　　　　　　　石蒜科（Amaryllidaceae）

　　　　　　　葱莲属（*Zephyranthes* Herb.）

　　　　　　　　葱兰（*Zephyranthes candida* (Lindl.) Herb.）

形态学特征：多年生草本。外来植物。

（1）根：鳞茎卵形，径 2.5cm，具有明显的颈部，颈长 2.5~5.0cm。

（2）茎：株高 15~30cm。

（3）叶：狭线形，肥厚，亮绿色，长 20~30cm，宽 2~4mm。

（4）花：花茎中空。花单生于花茎顶端，下有带褐红色的佛焰苞状总苞，总苞片顶端 2 裂。花梗长 1cm。花白色，外面常带淡红色。几无花被管，花被片 6 片，长 3~5cm，顶端钝或具短尖头，宽 1cm，近喉部常有很小的鳞片。雄蕊 6 枚，长为花被的 1/2。花柱细长，柱头不明显 3 裂。

（5）果实：蒴果近球形，径 1.2cm，3 瓣开裂。

（6）种子：黑色，扁平。

生物学特性：花期 8—11 月。喜光，却耐半阴。喜温暖，也耐寒；喜湿润，耐低湿。喜排水良好、肥沃而略黏质的土壤。

生境特性：花境植物。

分布：原产于南美洲。

保健功效：植株含石蒜碱、多花水仙碱、尼润碱等生物碱，花瓣含云香甙。

园林应用：地被植物，用于花坛、林下或盆栽。

九、石竹科 Caryophyllaceae

石竹科具 70 余属，2000 余种。世界广布，主要分布于北半球的温带和暖温带，而地中海地区为分布中心。我国有 30 属，388 余种，几遍布全国，北部和西部分布最多。一年生或多年生草本，稀亚灌木。茎节通常膨大，具关节。单叶对生，稀互生或轮生，全缘，基部多少连合。托叶膜质，或缺。花辐射对称，两性，稀单性，常排列成聚伞花序或聚伞圆锥花序。萼片 5 片，稀 4 片。花瓣 5 片，稀 4 片，无爪或具爪，瓣片全缘或分裂，爪和瓣片之间常具 2 片状或鳞片状副花冠片，稀缺花瓣。雄蕊 10 枚，2 轮排列，稀 5 枚或 2 枚。雌蕊 1 枚，由 2~5 个合生心皮构成，子房上位，3 室或基部 1 室，上部 3~5 室，特立中央胎座或基底胎座，具 1 个至多个胚珠。花柱 1~5 个，有时基部合生，稀合生成单花柱。蒴果长椭圆形、圆柱形、卵形或圆球形。种子弯生，多数或少数，稀 1 粒，肾形、卵形、圆盾形或圆形，微扁。种脐通常位于种子凹陷处，稀盾状着生。胚乳粉质。

1. 康乃馨 *Dianthus caryophyllus* Linn.

中文异名：大花石竹、麝香石竹、狮头石竹

英文名：carnation, clove pink

分类地位：植物界（Plantae）

被子植物门（Angiosperms）

双子叶植物纲（Dicotyledoneae）

石竹目（Caryophyllales）

石竹科（Caryophyllaceae）

石竹属（*Dianthus* Linn.）

康乃馨（*Dianthus caryophyllus* Linn.）

形态学特征：多年生草本，高 40~70cm，全株无毛，粉绿色

（1）茎：丛生，直立，基部木质化，上部稀疏分枝。

（2）叶：线状披针形，长 4~14cm，宽 2~4mm，顶端长渐尖，基部稍成短鞘，中脉明显，上面下凹，下面稍凸起。

（3）花：花常单生于枝端，有时 2 朵或 3 朵，有香气，粉红、紫红或白色。花梗短于花萼。苞片 4 ~6 片，宽卵形，顶端短凸尖，长达花萼的 1/4。花萼圆筒形，长 2.5~3.0cm，萼齿披针形，边缘膜质。瓣片倒卵形，顶缘具不整齐齿。雄蕊长达喉部。花柱伸出花外。

（4）果实：蒴果卵球形，稍短于宿存萼。

生物学特性：花期 5—8 月，果期 8—9 月。

分布：原产于地中海地区。

保健功效：芳香保健植物。花朵含丁香酚等物质。

园林应用：观赏花卉。

十、木兰科 Magnoliaceae

木兰科具 2 属，219 种。主要分布于亚洲东南部、南部，北美东南部、中美、南美北部及中部较少。木本。叶互生、簇生或近轮生，单叶不分裂，罕分裂。花顶生、腋生，稀为 2~3 朵的聚伞花序。花被片通常花瓣状。雄蕊多数。子房上位，心皮多数，离生，稀合生。胚珠着生于腹缝线，胚小，胚乳丰富。

1. 凹叶厚朴 *Magnolia officinalis* Rehd. et Wils. subsp. *biloba* (Rehd. et Wils.) Law

分类地位：植物界（Plantae）

被子植物门（Angiosperms）

双子叶植物纲（Dicotyledoneae）

木兰目（Magnoliales）

木兰科（Magnoliaceae）

木兰属（*Magnolia* Linn.）

凹叶厚朴（*Magnolia officinalis* Rehd. et Wils. subsp. *biloba* (Rehd. et Wils.) Law）

形态学特征：多年生落叶乔木。

（1）茎：树皮厚，褐色，不开裂。小枝粗壮，淡黄色或灰黄色，幼时有绢毛。顶芽大，狭卵状圆锥形，无毛。植株高达 20m。

（2）叶：近革质，7~9 片聚生于枝端，长圆状倒卵形，长 22~45cm，宽 10~24cm，先端凹缺，呈 2 片钝圆的浅裂片，但幼苗之叶先端钝圆，并不凹缺，基部楔形，全缘而微波状。叶面绿色，无毛，叶背灰绿色，被灰色柔毛，有白粉。叶柄粗壮，长 2.5~4.0cm，托叶痕长为叶柄的 2/3。

（3）花：白色，径 10~15cm。花梗粗短，被长柔毛，离花被片下 1cm 处具苞片脱落痕。花被片 9~17 片，厚肉质，外轮 3 片淡绿色，长圆状倒卵形，长 8~10cm，宽 4~5cm，盛开时常向外反卷；内 2 轮白色，倒卵状匙形，长 8.0~8.5cm，宽 3.0~4.5cm，基部具爪；最内轮长 7.0~8.5cm，花盛开时中内轮直立。雄蕊 72 枚，长 2~3cm，花药长 1.2~1.5cm，内向开裂，花丝长 4~12mm，红色。雌蕊群椭圆状卵圆形，长 2.5~3.0cm。

（4）果实：聚合果基部较窄。

（5）种子：三角状倒卵形，长 0.8~1.0cm。

生物学特性：花期 4—5 月，果期 10 月。

分布：中国东南沿海、华中、华北等地有分布。

保健功效：花芳香。挥发物含萜烯类化合物，具杀菌、抑菌功效。

园林应用：园林观赏树木。

2. 紫玉兰 *Magnolia lilliflora* Desr.

中文异名：辛夷

英文名：mulan magnolia, purple magnolia, red magnolia, lily magnolia, tulip magnolia, Jane magnolia, woody-orchid, Japanese magnolia

分类地位： 植物界（Plantae）

被子植物门（Angiosperms）

双子叶植物纲（Dicotyledoneae）

木兰目（Magnoliales）

木兰科（Magnoliaceae）

木兰属（*Magnolia* Linn.）

紫玉兰（*Magnolia lilliflora* Desr.）

形态学特征： 多年生落叶灌木。

（1）茎：常丛生，树皮灰褐色，小枝绿紫色或淡褐紫色。植株高达 3m。

（2）叶：椭圆状倒卵形或倒卵形，长 8~18cm，宽 3~10cm，先端急尖或渐尖，基部渐狭沿叶柄下延至托叶痕，上面深绿色，幼嫩时疏生短柔毛，下面灰绿色，沿脉有短柔毛。侧脉每边 8~10 条。叶柄长 8~20mm，托叶痕长约为叶柄长的 1/2。

（3）花：花蕾卵圆形，被淡黄色绢毛。花、叶同时开放，瓶形，直立于粗壮、被毛的花梗上，稍有香气。花被片 9~12 枚，外轮 3 片萼片状，紫绿色，披针形，长 2.0~3.5cm，常早落，内两轮肉质，外面紫色或紫红色，内面带白色，花瓣状，椭圆状倒卵形，长 8~10cm，宽 3.0~4.5cm。雄蕊紫红色，长 8~10mm，花药长 5~7mm，侧向开裂，药隔伸出呈短尖头。雌蕊群长 1.0~1.5cm，淡紫色，无毛。

（4）果实：聚合果深紫褐色，变褐色，圆柱形，长 7~10cm。成熟蓇葖近圆球形，顶端具短喙。

生物学特性： 花期 3—4 月，果期 8—9 月。

分布： 原产于中国东南部。

保健功效： 花芳香。挥发物中含萜烯类化合物，具杀菌、抑菌等功效。

园林应用： 观赏树木。孤植或群植。

3. 玉兰 *Magnolia denudata* Desr.

中文异名： 白玉兰、木兰、玉兰花

英文名：Lilytree

分类地位：植物界（Plantae）

被子植物门（Angiosperms）

双子叶植物纲（Dicotyledoneae）

木兰目（Magnoliales）

木兰科（Magnoliaceae）

木兰属（*Magnolia* Linn.）

玉兰（*Magnolia denudata* Desr.）

形态学特征：落叶乔木。

（1）茎：树皮深灰色，老则不规则块状剥落，呈粗糙开裂。小枝淡灰褐色。冬芽密被淡灰绿色、开展的长柔毛。

（2）叶：互生，革质。宽倒卵形或倒卵状椭圆形，长8~18cm，宽6~10cm，先端宽圆或平截，有短突尖，基部楔形，全缘。叶表面有光泽，叶背面被柔毛。柄长1.0~2.5cm。

（3）花：先于叶开放，花径12~15cm，大而显著。花直立，钟状，芳香，碧白色，有时基部带红晕。花被片9枚，长圆状倒卵形，长9~11cm，宽3.5~4.5cm。花被片内3片稍小。雄蕊花药室侧向开裂。雌蕊群无毛。

（4）果实：聚合果不规则圆柱形，长8~17cm，部分心皮不发育，菁葵木质，具白色皮孔。

（5）种子：心脏形，黑色。

生物学特性：花期3月，果期9—10月。喜温暖，常生长于向阳、湿润而排水良好的生境。耐寒力强，在−20℃的条件下可安全越冬。

分布：中国华东、华中、华南、西南等地有分布。

保健功效：花芳香。挥发物中含萜烯类化合物，具杀菌、抑菌等功效。

园林应用：庭院观赏树。

4. 二乔木兰 *Magnolia soulangeana* Soul.-Bod.

中文异名：朱砂玉兰、紫砂玉兰、苏郎木兰

英文名：saucer magnolia

分类地位：植物界（Plantae）

被子植物门（Angiosperms）

双子叶植物纲（Dicotyledoneae）

木兰目（Magnoliales）

木兰科（Magnoliaceae）

木兰属（*Magnolia* Linn.）

二乔木兰（*Magnolia soulangeana* Soul.-Bod.）

形态学特征：落叶小乔木，为玉兰和紫玉兰的杂交种。

（1）茎：分枝低，小枝紫褐色，无毛。花芽窄卵形，密被灰黄绿色长绢毛。托叶芽鳞 2 片。

（2）叶：倒卵形、宽倒卵形，长 6~15cm，宽 4~8cm，先端短急尖，基部楔形。表面中脉基部常有毛，背面多少被柔毛，侧脉 7~9 对，干时网脉两面突起。叶柄被柔毛。托叶叶痕长为叶柄的 1/3。

（3）花：先于叶开放。花外面淡紫色，里面白色，有香气。花钟状。花萼 3 枚，片状，绿色。花被片 6~9 枚，外轮 3 片常较短，淡紫红色，内侧面白色。雄蕊花药室侧向开裂。雌蕊群无毛。

（4）果实：聚合蓇葖果长约 8cm，径 3cm，蓇葖卵形，熟时黑色，具白色皮孔。

生物学特性：花期 3 月，果期 9—10 月。

分布：中国华东、华南等地有分布。

保健功效：花具香气。挥发性物质含萜烯类化合物，具杀菌、抑菌等功效。

园林应用：二乔木兰花大、色艳、芳香，观赏价值高，为庭院绿化的优良花木，广泛用于公园、绿地和庭院等孤植观赏。

5. 含笑花 *Magnolia figo* (Lour.) DC.

中文异名：含笑

英文名：banana shrub, port wine magnolia

分类地位：植物界（Plantae）

被子植物门（Angiosperms）

双子叶植物纲（Dicotyledoneae）

木兰目（Magnoliales）

木兰科（Magnoliaceae）

木兰属（*Magnolia* Linn.）

含笑（*Magnolia figo* (Lour.) DC.）

形态学特征：多年生常绿灌木。

（1）茎：树皮灰褐色，分枝繁密。芽、嫩枝、叶柄、花梗均密被黄褐色茸毛。植株高 2~3m。

（2）叶：革质，狭椭圆形或倒卵状椭圆形，长 4~10cm，宽 1.8~4.5cm，先端钝短尖，基部楔形或阔楔形，上面有光泽，无毛，下面中脉上留有褐色平伏毛，余脱落无毛。叶柄长 2~4mm，托叶痕长达叶柄顶端。

（3）花：直立，长 12~20mm，宽 6~11mm，淡黄色而边缘有时红色或紫色。具甜浓的芳香。花被片 6 片，肉质，较肥厚，长椭圆形，长 12~20mm，宽 6~11mm。雄蕊长 7~8mm，药隔伸出呈急尖头，雌蕊群无毛，长 5~7mm，超出雄蕊群。雌蕊群柄长 4~6mm，被淡黄色茸毛。

（4）果实：聚合果长 2.0~3.5cm。蓇葖卵圆形或球形，顶端有短尖的喙。

生物学特性：花期 3—5 月，果期 7—8 月。

分布：原产于中国华南。

保健功效：花芳香。可使人清新、安神。

园林应用：园林绿化灌木。

十一、蜡梅科 Calycanthaceae

蜡梅科具 3 属，10 种。分布于亚洲东部和美洲北部的暖温带和热带地区。我国有 2 属，4 种。落叶或常绿灌木。小枝四方形至近圆柱形。鳞芽或芽无鳞片而被叶柄的基部所包围。单叶对生，全缘或近全缘，羽状脉，有叶柄，无托叶。花两性，辐射对称，单生于侧枝的顶端或腋生，常芳香，呈黄色、黄白色、褐红色或粉红白色，先于叶开放。花梗短。花被片多数，未明显地分化成花萼和花瓣，呈螺旋状着生于杯状的花托外围，花被片形状各式，最外轮的似苞片，内轮的呈花瓣状。雄蕊两轮，外轮的能发育，内轮的败育，发育的雄蕊5~30枚，螺旋状着生于杯状的花托顶端，花丝短而离生，药室外向，2室，纵裂，药隔伸长或短尖，退化雄蕊5~25枚，线形至线状披针形，被短柔毛。心皮少数至多数，离生，着生于中空的杯状花托内面，每心皮有胚珠2个，或1个不发育，倒生。花柱丝状，伸长。花托杯状。聚合瘦果着生于坛状的果托之中，瘦果内有种子1粒。种子无胚乳，胚大，子叶叶状，席卷。

1. 夏蜡梅 *Calycanthus chinensis* Cheng et S. Y. Chang

中文异名：黄梅花、蜡木、大叶柴、牡丹木、夏梅

分类地位：植物界（Plantae）

被子植物门（Angiosperms）

双子叶植物纲（Dicotyledoneae）

樟目（Laurales）

蜡梅科（Calycanthaceae）

夏蜡梅属（*Calycanthus* Linn.）

夏蜡梅（*Calycanthus chinensis* Cheng et
S. Y. Chang）

形态学特征：多年生落叶灌木。

（1）茎：树皮灰白色或灰褐色，皮孔凸起。小枝对生，无毛或幼时被疏微毛。芽藏于叶柄基部之内。高1~3m。

（2）叶：宽卵状椭圆形、卵圆形或倒卵形，长11~26cm，宽8~16cm，基部两侧略不对称，叶缘全缘或有不规则的细齿，叶面有光泽，略粗糙，无毛，叶背幼时沿脉上被褐色硬毛，老渐无毛。柄长1.2~1.8cm，被黄色硬毛，后变无毛。

（3）花：无香气，直径4.5~7.0cm。花梗长2.0~2.5cm，有时达4.5cm，着生苞片5~7片，苞片早落，落后有疤痕。花被片螺旋状着生于杯状

或坛状的花托上。外面的花被片 12~14 片，倒卵形或倒卵状匙形，长 1.4~3.6cm，宽 1.2~2.6cm，白色，边缘淡紫红色，有脉纹；内面的花被片 9~12 片，向上直立，顶端内弯，椭圆形，长 1.1~1.7cm，宽 9~13mm，中部以上淡黄色，中部以下白色，内面基部有淡紫红色斑纹。雄蕊 18~19 枚，长约 8mm，花药密被短柔毛，药隔短尖。退化雄蕊 11~12 枚，被微毛。心皮 11~12 个，着生于杯状或坛状的花托之内，被绢毛，花柱丝状伸长。

（4）果实：果托钟状或近顶口紧缩，长 3.0~4.5cm，直径 1.5~3.0cm，密被柔毛，顶端有 14~16 个披针状钻形的附生物。瘦果长圆形，长 1.0~1.6cm，直径 5~8mm，被绢毛。

（5）种子：1 粒。无胚乳。胚大。子叶叶状，席卷。

生物学特性：花期 5 月中、下旬，果期 10 月上旬。生于山地沟边、林下或东北向山坡。喜排水良好、湿润的沙壤土。

分布：产于中国浙江昌化、天台。

保健功效：芳香植物。

园林应用：花大、美丽，可供观赏。庭院观赏灌木。

2. 蜡梅 *Chimonanthus praecox* (Linn.) Link

中文异名：石凉茶、黄金茶、黄梅花

分类地位：植物界（Plantae）

　　　　　　被子植物门（Angiosperms）

　　　　　　双子叶植物纲（Dicotyledoneae）

　　　　　　樟目（Laurales）

　　　　　　蜡梅科（Calycanthaceae）

　　　　　　蜡梅属（*Chimonanthus* Lindl.）

　　　　　　蜡梅（*Chimonanthus praecox*（Linn.）Link）

形态学特征：多年生落叶灌木。

（1）茎：幼枝四方形，老枝近圆柱形，灰褐色，无毛或被疏微毛，有皮孔。鳞芽通常着生于第二年生的枝条叶腋内，芽鳞片近圆形，覆瓦

状排列，外面被短柔毛。植株高达 4m。

（2）叶：纸质至近革质，卵圆形、椭圆形、宽椭圆形至卵状椭圆形，有时长圆状披针形，长 5~25cm，宽 2~8cm，顶端急尖至渐尖，有时具尾尖，基部急尖至圆形，除叶背脉上被疏微毛外无毛。

（3）花：着生于第二年生枝条叶腋内。先于叶开放。芳香。径 2~4cm。花被片圆形、长圆形、倒卵形、椭圆形或匙形，长 5~20mm，宽 5~15mm，无毛，内部花被片比外部花被片短，基部有爪。雄蕊长 3~4mm，花丝比花药长或等长，花药向内弯，无毛，药隔顶端短尖，退化雄蕊长 2~3mm。心皮基部被疏硬毛，花柱长达子房 3 倍，基部被毛。

（4）果实：果托近木质化，坛状或倒卵状椭圆形，长 2~5cm，径 1.0~2.5cm，口部收缩，并具有钻状披针形的被毛附生物。

生物学特性： 花期 11 月至翌年 3 月，果期 4—11 月。喜光、耐旱，忌水湿。

分布： 原产于陕西秦岭南坡。

保健功效： 芳香植物。

园林应用： 观赏灌木。

十二、樟科 Lauraceae

樟科具 45 属，2850 种，主要分布于暖温带和热带地区。常绿或落叶，乔木或灌木。树皮通常芳香；木材十分坚硬，细密，通常黄色。鳞芽或裸芽。叶互生、对生、近对生或轮生，具柄，通常革质，有时为膜质或坚纸质，全缘，极少有分裂，羽状脉，三出脉或离基三出脉，小脉常为密网状，脉网通常在鲜时不甚明显，在干时常十分明显，上面具光泽，下面常为粉绿色。无托叶。花序常有限，或为圆锥状、总状或小头状，开或为假伞形花序。花通常小，白或绿白色，有时黄色，有时淡红而花后转红，通常芳香，花被片开花时平展或常近闭合。花两性或由于败育而成单性，雌雄同株或异株，辐射对称，通常 3 基数，亦有 2 基数。花被筒辐状，漏斗形或坛形，花被裂片 6 片或 4 片，呈 2 轮排列，或为 9 片而呈 3 轮排列。雄蕊着生于花被筒喉部，周位或上位，数目一定，通常排列呈 4 轮，每轮 2~4 枚，稀第 1、2 轮雄蕊亦为败育，第 3 轮雄蕊通常能育，极稀为不育的。花丝存在或花药无柄。花粉简单，球形或近球形，无萌发孔，外壁薄，表面常具小刺或小刺状突起。子房通常为上位。胚珠单一，下垂，倒向。花柱明显。柱头盘状，扩大或开裂。果为浆果或核果。假种皮有时存在，包被胚珠顶部。种子无胚乳，有薄的种皮，子叶大，平凸状，紧抱，胚近盾形，胚芽十分发达，具 2~8 片叶，常被疏柔毛。

1. 樟 *Cinnamomum camphora* (Linn.) Presl

中文异名：樟树、香樟

英文名：camphor tree, camphorwood, camphor laurel

分类地位：植物界（Plantae）

　　　　　　被子植物门（Angiosperms）

　　　　　　　双子叶植物纲（Dicotyledoneae）

　　　　　　　樟目（Laurales）

　　　　　　　　樟科（Lauraceae）

　　　　　　　　　樟属（*Cinnamomum* Trew）

　　　　　　　　　　樟（*Cinnamomum camphora* (Linn.) Presl）

形态学特征：常绿乔木。亚热带常绿阔叶林的代表树种，为亚热带地区重要的材用和特种经济树种。

（1）根：主根发达，深根性。

（2）茎：幼时绿色，平滑，老时渐变为黄褐色或灰褐色纵裂。冬芽卵圆形。

（3）叶：互生，薄革质，卵形或椭圆状卵形，长 5~10cm，宽 3.5~5.5cm，先端急尖，基部宽楔形至近圆形，边缘微波状起伏。叶上面绿色至黄绿色，有光泽，下面灰绿色，薄被白粉，两面无毛或下面幼时略被微柔毛。离基三出脉，近叶基的第 1 对或第 2 对侧脉长而显著，侧脉及支脉在上面显著隆起，在下面有明显腺窝，窝内常被柔毛，脉腋有腺点。叶柄细，长 2~3cm，无毛。

（4）花：圆锥花序生于当年生枝叶腋，长 3.5~7.0cm，无毛或在节上被灰白色至黄褐色微柔毛。花淡黄绿色，长 3mm。花梗长 1~2mm，无毛。花被裂片椭圆形，长 2mm，外面无毛，里面密被短柔毛。

（5）果实：球形的小果实成熟后为黑紫色，直径 0.5cm。果托杯状，长 2mm，顶端平截，直径 4mm。

生物学特性：花期 4—5 月，果期 8—11 月。喜光，稍耐阴。耐寒性不强，对土壤要求不严，耐水湿。

分布：中国南方等地有分布。常生于山坡或沟谷。越南、朝鲜、日本也有分布。其他各国常引种栽培。

保健功效：挥发油中含 α-茨烯、α-樟脑烯等活性成分，具祛风除湿、行血气、暖肠胃等功效。有通窍、止痛、避秽、舒骨等疗效。耐烟尘，抗有毒气体，并能吸收多种有毒气体。

园林应用：树龄可达千年，为重要园林绿化树木，为国家重点保护 Ⅱ 类植物。树形巨大如伞，能遮阴避凉。有很强的吸烟滞尘、涵养水源、固土防沙和美化环境的能力。

2. 山鸡椒 *Litsea cubeba* (Lour.) Pers.

中文异名：山姜子、木姜子

英文名：aromatic litsea, may chang

分类地位：植物界（Plantae）

　　　　　　被子植物门（Angiosperms）

　　　　　　双子叶植物纲（Dicotyledoneae）

　　　　　　樟目（Laurales）

　　　　　　樟科（Lauraceae）

　　　　　　木姜子属（*Litsea* Lam.）

　　　　　　山鸡椒（*Litsea cubeba* (Lour.) Pers.）

形态学特征：多年生落叶灌木或小乔木。

（1）茎：幼树树皮黄绿色，光滑，老树树皮灰褐色。小枝细长，绿色，无毛，枝、叶具芳香味。顶芽圆锥形，外面具柔毛。植株高达 8~10m。

（2）叶：互生，披针形或长圆形，长 4~11cm，宽 1.1~2.4cm，先端渐尖，基部楔形，纸质，上面深绿色，下面粉绿色，两面均无毛，羽状脉，侧脉每边 6~10 条，纤细，中脉、侧脉在两面均突起；叶柄长 6~20mm，纤细，无毛。

（3）花：伞形花序单生或簇生，总梗细长，长 6~10mm。苞片边缘有睫毛。每一花序有花 4~6 朵，先于叶开放或与叶同时开放。花被裂片 6 片，宽卵形。能育雄蕊 9 枚，花丝中下部有毛，第 3 轮基部的腺体具短柄。退化雌蕊无毛。雌花中退化雄蕊中下部具柔毛。子房卵形。花柱短。柱头头状。

（4）果实：近球形，径 3~5mm，无毛，幼时绿色，成熟时黑色，果梗长 2~4mm，先端稍增粗。

生物学特性：花期 2—3 月，果期 7—8 月。生于向阳的山地、灌丛、疏林或林中路旁、水边。

分布：中国华东、华中、华南、西南等地有分布。东南亚各国也有分布。

保健功效：芳香植物。

园林应用：园林观赏树木。

3. 月桂 *Laurus nobilis* Linn.

中文异名：香叶

英文名：bay laurel, sweet bay, bay, true laurel, Grecian laurel, laurel tree, laurel

分类地位：植物界（Plantae）

被子植物门（Angiosperms）

双子叶植物纲（Dicotyledoneae）

樟目（Laurales）

樟科（Lauraceae）

月桂属（*Laurus* Linn.）

月桂（*Laurus nobilis* Linn.）

形态学特征：常绿小乔木或灌木状。

（1）茎：树皮黑褐色。小枝圆柱形，具纵向细条纹，幼嫩部分略被微柔毛或近无毛。植株高可达 12m。

（2）叶：革质，互生，长圆形或长圆状披针形，长 5.5~12.0cm，宽 1.8~3.2cm，先端锐尖或渐尖，基部楔形，边缘细波状。上面暗绿色，下面稍淡，两面无毛，羽状脉，中脉及侧脉两面凸起，侧脉每边 10~12 条，末端近叶缘处弧形联结，细脉网结，两面多少明显，呈蜂窝状。叶柄长 0.7~1.0cm，鲜时紫红色，略被微柔毛或近无毛，腹面具槽。

（3）花：雌雄异株。伞形花序，腋生，1~3 个呈簇状或短总状排列，开花前由 4 片交互对生的总苞片所包裹，呈球形。总苞片近圆形，外面无毛，内面被绢毛，总梗长达 7mm，略被微柔毛或近无毛。雄花：每一伞形花序有花 5 朵；花小，黄绿色，花梗长 1~2mm，被疏柔毛，花被筒短，外面密被疏柔毛，花被裂片 4 片，宽倒卵圆形或近圆形，两面被贴生柔毛；能育雄蕊通常 12 枚，排成 3 轮，第 1 轮花丝无腺体，第 2、3 轮花丝中部有一对无柄的肾形腺体，花药椭圆形，2 室，室内向；子房不育。雌花：通常有退化雄蕊 4 枚，与花被片互生，花丝顶端有成对无柄的腺体，其间延伸有一披针形舌状体；子房 1 室，花柱短，柱头稍增大，钝三棱形。

（4）果实：卵珠形，熟时暗紫色。

生物学特性：花期 3—5 月，果期 6—9 月。

分布：原产于地中海地区。

保健功效：芳香油主要成分为芳樟醇、丁香酚、香叶醇及桉叶油素。

园林应用：园林观赏树木。

4. 山胡椒 *Lindera glauca* (Sieb. et Zucc.) Blume

中文异名：牛筋树、假死柴

分类地位：植物界（Plantae）

　　　　　　被子植物门（Angiosperms）

　　　　　　　双子叶植物纲（Dicotyledoneae）

　　　　　　　　樟目（Laurales）

　　　　　　　　　樟科（Lauraceae）

山胡椒属（*Lindera* Thunb.）

山胡椒（*Lindera glauca* (Sieb. et Zucc.) Blume）

形态学特征：落叶灌木或小乔木。

（1）茎：树皮灰白色至灰色，平滑。小枝灰白色，幼时被褐色柔毛，后变无毛。混合芽，冬芽呈红色，芽鳞无脊。植株高达 8m。

（2）叶：互生，纸质，椭圆形、宽椭圆形至倒卵形，长 4~9cm，宽 2~4cm，先端急尖，基部楔形，上面深绿色，下面粉绿色，被灰白色柔毛，羽状脉，侧脉 5~6 对。柄长 3~6mm，几无毛，枯叶常滞留至翌年发新叶时脱落。

（3）花：伞形花序腋生于新枝下部，与叶同时开发。总梗短或不明显，与花梗、花被片同被柔毛。每花序具 3~8 朵花。花梗长约 1.0~1.2cm。花被片黄色，椭圆形至倒卵形。

（4）果实：球形，径 6~7mm，熟时紫黑色，有光泽。果梗长 1.2~1.5cm。

生物学特性：花期 3—4 月，果期 7—8 月。

分布：中国长江流域及其以南各地有分布。生于海拔 900m 以下山坡灌丛或杂木林中。

保健功效：果、叶含芳香油，可提香精。根、树皮、果及叶入药，可治胃痛、气喘、风湿痹痛等。

园林应用：园林观赏树木。

十三、海桐花科 Pittosporaceae

海桐花科共有 9 属，200~240 种，主要分布于热带和亚热带地区。中国仅有 1 属。常绿乔木或灌木，秃净或被毛，偶或有刺。叶互生或偶为对生，多数革质，全缘，稀有齿或分裂，无托叶。花通常两性，有时杂性，辐射对称，稀为左右对称，除子房外。花为 5 基数。单生或为伞形花序、伞房花序或圆锥花序，有苞片及小苞片。萼片常分离，或略连合。花瓣分离或连合，白色、黄色、蓝色或红色。雄蕊与萼片对生，花丝线形，花药基部或背部着生，2 室，纵裂或孔开。子房上位，子房柄存在或缺，心皮2~3个，有时5个，通常1室或不完全2~5室，倒生胚珠通常多个，侧膜胎座、中轴胎座或基生胎座。花柱短，简单或2~5裂，宿存或脱落。蒴果沿腹缝裂开，或为浆果。种子常多数，常有黏质或油质包在外面，种皮薄，胚乳发达，胚小。

1. 海桐 *Pittosporum tobira* (Thunb.) W. T. Aiton

英文名：Australian laurel, Japanese pittosporum, mock orange, Japanese cheesewood

分类地位：植物界（Plantae）

被子植物门（Angiosperms）

双子叶植物纲（Dicotyledoneae）

伞形目（Apiales）

海桐花科（Pittosporaceae）

海桐花属（*Pittosporum* A. Cunn. ex Putt.）

海桐（*Pittosporum tobira*（Thunb.）W. T. Aiton）

形态学特征：常绿灌木或小乔木。

（1）茎：嫩枝被褐色柔毛，有皮孔。植株高达6m。

（2）叶：聚生于枝顶，二年生，革质，嫩时上下两面有柔毛，以后变秃净。倒卵形或倒卵状披针形，长4~9cm，宽1.5~4.0cm，上面深绿色，发亮、干后暗晦无光，先端圆形或钝，常微凹入或为微心形，基部窄楔形。侧脉6~8对，在靠近边缘处相结合，有时因侧脉间的支脉较明显而呈多脉状，网脉稍明显，网眼细小。全缘，干后反卷。叶柄长达2cm。

（3）花：伞形花序或伞房状伞形花序顶生或近顶生，密被黄褐色柔毛，花梗长1~2cm。苞片披针形，长4~5mm。小苞片长2~3mm，均被褐毛。花白色，有芳香，后变黄色。萼片卵形，长3~4mm，被柔毛。花瓣倒披针形，长1.0~1.2cm，离生。雄蕊二型，退化雄蕊的花丝长2~3mm，花药近于不育。正常雄蕊的花丝长5~6mm，花药长圆形，长2mm，黄色。子房长卵形，密被柔毛，侧膜胎座3个。胚珠多个，2列着生于胎座中段。

（4）果实：蒴果圆球形，有棱或呈三角形，径 1.0~1.2cm，多少有毛。子房柄长 1~2mm，3 片裂开，果片木质，厚 1.5mm，内侧黄褐色，有光泽，具横格。

（5）种子：多数，长 3~4mm，多角形，红色，种柄长 2mm。

生物学特性：花期 4—6 月，果期 9—12 月。

分布：中国西南、东南、华东等地有分布。日本、韩国也有分布。

保健功效：挥发物以萜烯和醇类物质为主。含芳樟醇等花香物质，富含石竹烯、大蒜新素。

园林应用：绿化及观赏树种。

参考文献：

1. 梁珍海，刘海燕，周玉开，等. 南京紫金山主要植物挥发物成分与含量分析. 南京农业大学学报（自然科学版），2010，34（1）：48-52.

十四、蔷薇科 Rosaceae

蔷薇科具 91 属，4828 种。世界广布，以北温带种类较多。草本、灌木或乔木，落叶或常绿，有刺或无刺。冬芽常具数个鳞片，有时仅具 2 个。叶互生，稀对生，单叶或复叶，有明显托叶，稀无托叶。花两性，稀单性。周位花或上位花。花轴上端发育成碟状、钟状、杯状、坛状或圆筒状的花托，在花托边缘着生萼片、花瓣和雄蕊。萼片和花瓣同数，通常 4~5 片，覆瓦状排列，萼片有时具副萼。雄蕊常 5 枚至多枚，花丝离生，稀合生。心皮 1 个至多个，离生或合生，有时与花托连合，每心皮有 1 个至数个直立的或悬垂的倒生胚珠。花柱与心皮同数，有时连合，顶生、侧生或基生。果实为蓇葖果、瘦果、梨果或核果，稀蒴果。种子通常不含胚乳，极稀具少量胚乳。子叶为肉质，背部隆起，稀对褶或呈席卷状。

1. 绣线菊 *Spiraea salicifolia* Linn.

中文异名：马尿溲、空心柳、珍珠梅、柳叶绣线菊、红花绣线菊

英文名：bridewort, willowleaf meadowsweet

分类地位：植物界（Plantae）

被子植物门（Angiosperms）

双子叶植物纲（Dicotyledoneae）

蔷薇目（Rosales）

蔷薇科（Rosaceae）

绣线菊属（*Spiraea* Linn.）

绣线菊（*Spiraea salicifolia* Linn.）

形态学特征：多年生直立灌木。

（1）茎：枝条密集，小枝稍有棱角，黄褐色，嫩枝具短柔毛，老时脱落。冬芽卵形或长圆卵形，先端急尖，有数个褐色外露鳞片，外被稀疏细短柔毛。植株高 1~2m。

（2）叶：长圆披针形至披针形，长 4~8cm，宽 1.0~2.5cm，先端急尖或渐尖，基部楔形，边缘密生锐锯齿，有时为钝锯齿，两面无毛。叶柄长 1~4mm，无毛。

（3）花：花序为长圆形或金字塔形的圆锥花序，长 6~13cm，径 3~5cm，被细短柔毛，花朵密集。花梗长 4~7mm。苞片披针形至线状披针形，全缘或有少数锯齿，微被细短柔毛。花径 5~7mm。萼筒钟状。萼片三角形，内面微被短柔毛。花瓣卵形，先端通常圆钝，长 2~3mm，宽 2.0~2.5mm，粉红色。雄蕊 50 枚，长于花瓣 2 倍。花盘圆环形，裂片呈细圆锯齿状。子房有稀疏短柔毛，花柱短于雄蕊。

（4）果实：蓇葖果直立，无毛或沿腹缝有短柔毛，花柱顶生，倾斜开展，常具反折萼片。

生物学特性：花期 6—8 月，果期 8—9 月。

分布：中国黑龙江、吉林、辽宁、内蒙古、河北有分布。朝鲜、蒙古、日本、俄罗斯也有分布。生于河流沿岸、湿草原和山沟。

保健功能：种子含油量约 26%。具清热解毒功效。

园林应用：观赏灌木。庭院、绿地、路旁观赏植物。

2. 火棘 *Pyracantha crenatoserrata* (Hance) Rehder

中文异名：赤阳子、红子、火把果

分类地位：植物界（Plantae）

　　　　　　被子植物门（Angiosperms）

　　　　　　　双子叶植物纲（Dicotyledoneae）

　　　　　　　　蔷薇目（Rosales）

　　　　　　　　蔷薇科（Rosaceae）

　　　　　　　　　火棘属（*Pyracantha* M. Roem.）

　　　　　　　　　火棘（*Pyracantha crenatoserrata* (Hance)

　　　　　　　　　Rehder）

形态学特征：常绿灌木。

（1）茎：侧枝短，先端成刺状，嫩枝外被锈色短柔毛，老枝暗褐色，无毛。芽小，外被短柔毛。高达 3m。

（2）叶：倒卵形或倒卵状长圆形，长 1.5~6.0cm，宽 0.5~2.0cm，先端圆钝或微凹，有时具短尖头，基部楔形，下延连于叶柄，边缘有钝锯齿，齿尖向内弯，近基部全缘，两面皆无毛。叶柄短，无毛或嫩时有柔毛。

（3）花：集成复伞房花序，径 3~4cm。花梗和总花梗近于无毛，花梗长 1cm。花径 0.8~1.2cm。萼筒钟状，无毛。萼片三角卵形，先端钝。花瓣白色，近圆形，长 3~4mm，宽 2~3mm。雄蕊 20 枚，花丝长 3~4mm，花药黄色。花柱 5 个，离生，与雄蕊等长，子房上部密生白色柔毛。

（4）果实：近球形，径 3~5mm，橘红色或深红色。

生物学特性：花期 3—5 月，果期 8—11 月。生于山地、丘陵地、阳坡、灌丛、草地及河沟路旁。

分布：中国华东、华中、西南以及陕西等地有分布。

保健功能：芳香植物。

园林应用：观赏树木或作绿篱。

3. 枇杷 *Eriobotrya japonica* (Thunb.) Lindl.

中文异名：卢橘、金丸

英文名：loquat

分类地位：植物界（Plantae）

　　　　　　被子植物门（Angiosperms）

　　　　　　双子叶植物纲（Dicotyledoneae）

　　　　　　蔷薇目（Rosales）

　　　　　　蔷薇科（Rosaceae）

　　　　　　枇杷属（*Eriobotrya* Lindl.）

　　　　　　枇杷（*Eriobotrya japonica* (Thunb.) Lindl.）

形态学特征：常绿小乔木。

（1）茎：小枝粗壮，黄褐色，密生锈色或灰棕色茸毛。植株高可达10m。

（2）叶：革质，披针形、倒披针形、倒卵形或椭圆状长圆形，长12~30cm，宽3~9cm，先端急尖或渐尖，基部楔形或渐狭成叶柄，上部边缘有疏锯齿，基部全缘。上面光亮，多皱，下面密生灰棕色茸毛，侧脉11~21对。柄短或几无柄，长6~10mm，有灰棕色茸毛。托叶钻形，长1.0~1.5cm，先端急尖，有毛。

（3）花：圆锥花序顶生，长10~19cm，具多朵花。总花梗和花梗密生锈色茸毛。花梗长2~8mm。苞片钻形，长2~5mm，密生锈色茸毛。花径12~20mm。萼筒浅杯状，长4~5mm，萼片三角卵形，长2~3mm，先端急尖，萼筒及萼片外面有锈色茸毛。花瓣白色，长圆形或卵形，长5~9mm，宽4~6mm，基部具爪，有锈色茸毛。雄蕊20枚，远短于花瓣，花丝基部扩展。花柱5个，离生，柱头头状，无毛，子房顶端有锈色柔毛，5室，每室有2个胚珠。

（4）果实：球形或长圆形，径2~5cm，黄色或橘黄色，外有锈色柔毛，不久脱落。内含1~5粒种子。

（5）种子：球形或扁球形，径1.0~1.5cm，褐色，光亮，种皮纸质。

生物学特性：花期 10—12 月，果期 5—6 月。

分布：中国湖北、四川有野生。

保健功能：花含科罗索酸、熊果酸和齐墩果酸等三萜类化合物。鲜果皮中检测到 35 种挥发性成分，主要是醛、酯、酮，其中己醛、反-2-己烯醛为主要挥发性成分。鲜果皮热风干燥增加了挥发性成分的种类，共检测到 73 种挥发性成分，主要是醛、酯、酮，与新鲜果皮共有的成分有 21 种，其中壬醛为干果皮的主要挥发性成分，其他相对含量较高的成分为 β-环柠檬醛、β-紫罗酮、二氢猕猴桃内酯、癸醛等，这些成分共同构成干燥果皮的特有香气。

园林应用：庭院观赏或果树。

参考文献：

[1] 姜帆，高慧颖，陈秀萍，等.枇杷花中三萜类物质的分析与评价.热带亚热带植物学报，2016，24(2)：233-240.

[2] 张巧，顾欣哲，吴永进，等.枇杷果皮热风干燥前后功能性成分含量变化与挥发性成分分析.食品科学，2016，37（16）：117-122.

4. 玫瑰 *Rosa rugosa* Thunb.

中文异名：滨茄子、滨梨、海棠花、刺玫

英文名：rugosa rose, beach rose, Japanese rose

分类地位：植物界（Plantae）

　　　　　　被子植物门（Angiosperms）

　　　　　　双子叶植物纲（Dicotyledoneae）

　　　　　　蔷薇目（Rosales）

　　　　　　蔷薇科（Rosaceae）

　　　　　　蔷薇属（*Rosa* Linn.）

　　　　　　玫瑰（*Rosa rugosa* Thunb.）

形态学特征：直立灌木。

（1）茎：茎粗壮，丛生。小枝密被茸毛，并有针刺和腺毛，有直立或弯曲、淡黄色的皮刺，皮刺外被茸毛。植株高可达 2m。

（2）叶：小叶 5~9 片，连叶柄长 5~13cm。小叶片椭圆形或椭圆状倒卵形，长 1.5~4.5cm，宽 1.0~2.5cm，先端急尖或圆钝，基部圆形或宽楔形，边缘有尖锐锯齿。上面深绿色，无毛，叶脉下陷，有褶皱；下面灰绿色，中脉突起，网脉明显，密被茸毛和腺毛，有时腺毛不明显。叶柄和叶轴密被茸毛和腺毛。托叶大部分贴生于叶柄，离生部分卵形，边缘有带腺锯齿，下面被茸毛。

（3）花：单生于叶腋，或数朵簇生。苞片卵形，边缘有腺毛，外被茸毛。花梗长 5~25mm，密被茸毛和腺毛。花径 4.0~5.5cm。萼片卵状披针形，先端尾状渐尖，常由羽状裂片而扩展成叶状，上面有稀疏柔毛，下面密被柔毛和腺毛。花瓣倒卵形，重瓣至半重瓣，芳香，紫红色至白色。花柱离生，被毛，稍伸出萼筒口外，比雄蕊短很多。

（4）果实：扁球形，径 2.0~2.5cm，砖红色，肉质，平滑，萼片宿存。

生物学特性：花期 5—6 月，果期 8—9 月。

分布：中国、日本和朝鲜有分布。

保健功能：芳香植物。玫瑰叶片中含有芳香成分，大部分品种主要芳香成分种类、相对含量及芳香成分种类数在卷叶期和展叶期差异较小，但上述两时期与老叶期相比差异较大。玫瑰的不同品种间存在一定差异。紫枝玫瑰在卷叶期、展叶期，醇类是主要芳香成分，含量较多的是乙醇，在老叶期，萜烯类化合物是主要芳香成分，含量较多的是大根香叶烯 D、β-蒈烯；紫芙蓉在卷叶期、展叶期，萜烯类化合物是主要芳香成分，含量较多的是旷蒎烯、乙醇、β-蒎烯，在老叶期，醇类是主要芳香成分，含量较多的是乙醇、旷蒎烯；赛西子在卷叶期，萜烯类化合物是主要芳香成分，含量较多的是乙醇、大根香叶烯 D、旷荜澄茄油烯、α-古芸烯，在展叶期醇类物质含量稍多，含量较多的有乙醇、大根香叶烯 D、旷荜澄茄油烯，在老叶期，醇类是主要芳香成分，含量较多的是乙醇；西子在卷叶期、展叶期，萜烯类化合物是主要芳香成分，含量较多的是旷蒎烯、β-蒎烯，在老叶期，萜烯类化合物是主要芳香成分，含量较多的是旷蒎烯、大根香叶烯 D；朱龙游空在卷叶期、展叶期，萜烯类化合物是主要芳香成分，含量较多的是 α-蒎烯、β-蒎烯，在老叶期则以醇类为主要芳香成分，含量较多的是乙醇。玫瑰鲜花的芳香成分以醇类为主，

含量较多的芳香成分是苯乙醇、香茅醇、乙醇。玫瑰鲜花挥发物对细菌、真菌生长有抑制作用。玫瑰花细胞液挥发油的化学成分主要为苯乙醇，占 70％，其次为苯甲醇、香茅醇、丁子香酚和甲基丁子香酚。

园林应用：园林观赏灌木。

参考文献：

[1] 徐艳. 玫瑰叶片、鲜花芳香成分及花瓣抑菌性初探. 泰安：山东农业大学，2012.

[2] 徐艳，丰震，赵兰勇. 玫瑰鲜花抑菌能力的品种差异及动态变化研究. 北方园艺，2012（10）：78-81.

[3] 郭永来，刘泗明，张海云，等. 玫瑰花细胞液中挥发油成分的分析. 香料香精化妆品，2008（1）：4-6.

5. 月季花 *Rosa chinensis* Jacq.

中文异名：月月花、月月红、月季
英文名：Chinese rose
分类地位：植物界（Plantae）
　　　　　　　被子植物门（Angiosperms）
　　　　　　　　双子叶植物纲（Dicotyledoneae）
　　　　　　　　　蔷薇目（Rosales）
　　　　　　　　　　蔷薇科（Rosaceae）
　　　　　　　　　　　蔷薇属（*Rosa* Linn.）
　　　　　　　　　　　　月季花（*Rosa chinensis* Jacq.）

形态学特征：直立灌木。

（1）茎：小枝粗壮，圆柱形，近无毛，有短粗的钩状皮刺或无刺。植株高 1~2m。

（2）叶：小叶 3~5 片，稀 7 片。连叶柄长 5~11cm，小叶片宽卵形至卵状长圆形，长 2.5~6.0cm，宽 1~3cm，先端长渐尖或渐尖，基部近圆形或宽楔形，边缘有锐锯齿。两面近无毛，上面暗绿色，常带光泽，下面颜色较浅。顶生小叶片有柄，侧生小叶片近无柄，总叶柄较长，有散生皮刺和腺毛。托叶大部分贴生于叶柄，仅顶端分离部分成耳状，边缘常有腺毛。

（3）花：数朵集生，稀单生，径 4~5cm。花梗长 2.5~6.0cm，近无毛或有腺毛。萼片卵形，先端尾状渐尖，有时呈叶状，边缘常有羽状裂片，稀全缘，外面无毛，内面密被长柔毛。花瓣重瓣至半重瓣，红色、粉红色至白色，倒卵形，先端有凹缺，基部楔形。花柱离生，伸出萼筒口外，与雄蕊等长。

（4）果实：卵球形或梨形，长 1~2cm，红色，萼片脱落。

生物学特性：花期 4—9 月，果期 6—11 月。

分布：原产于中国。

保健功能：月季花中具有 1,1- 二苯基 -2- 三硝基苯肼，具有清除自由基的功效。月季花挥发物中柠檬烯、β- 蒎烯含量较高。

园林应用：园林景观灌木。

参考文献：

[1] 王蕾，符玲，敬林林，等. 月季花抗氧化活性成分研究. 高等学校化学学报，2012，33（11）：2457-2461.

6. 野蔷薇 *Rosa multiflora* Thunb.

中文异名：多花蔷薇、营实墙蘼、刺花、墙蘼、白花蔷薇

英文名：multiflora rose, baby rose, Japanese rose, many-flowered rose, seven-sisters rose, Eijitsu rose

分类地位：植物界（Plantae）

被子植物门（Angiosperms）

双子叶植物纲（Dicotyledoneae）

蔷薇目（Rosales）

蔷薇科（Rosaceae）

蔷薇属（*Rosa* Linn.）

野蔷薇（*Rosa multiflora* Thunb.）

形态学特征：攀缘灌木。

（1）茎：小枝圆柱形，通常无毛，有短、粗稍弯曲皮束。

（2）叶：小叶 5~9 片，近花序的小叶有时 3 片。连叶柄长 5~10cm。小叶片倒卵形、长圆形或卵形，长 1.5~5.0cm，宽 8~28mm，先端急尖或圆钝，基部近圆形或楔形，边缘有尖锐单锯齿，稀混有重锯齿。上面无毛，下面有柔毛。小叶柄和叶轴有柔毛或无毛，有散生腺毛。托叶篦齿状，大部分贴生于叶柄，边缘有或无腺毛。

（3）花：多朵，排成圆锥状花序。花梗长 1.5~2.5cm，无毛或有腺毛，有时基部有篦齿状小苞片。花径 1.5~2.0cm。萼片披针形，有时中部具 2 个线形裂片，外面无毛，内面有柔毛。花瓣白色，宽倒卵形，先端微凹，基部楔形。花柱结合成束，无毛，比雄蕊稍长。

（4）果实：近球形，径 6~8mm，红褐色或紫褐色，有光泽，无毛，萼片脱落。

生物学特性：花期 4—9 月，果期 6—11 月。多生于山坡、灌丛或河边等。

分布：中国华东、华中、华南以及甘肃、陕西等地有分布。

保健功能：野蔷薇果提取物对肿瘤细胞生长具有抑制作用。

园林应用：园林观赏灌木。

参考文献：

1. 肖辉，张月明，朱功兵，等.野蔷薇果提取物对不同肿瘤细胞抑制作用.中国公共卫生，2010，26（7）：858-859.

7. 杏 *Prunus armeniaca* Linn.

中文异名：归勒斯、杏花、杏树

英文名：ansu apricot, Siberian apricot, Tibetan apricot

分类地位：植物界（Plantae）

被子植物门（Angiosperms）

双子叶植物纲（Dicotyledoneae）

蔷薇目（Rosales）

蔷薇科（Rosaceae）

李属（*Prunus* Linn.）

杏（*Prunus armeniaca* Linn.）

形态学特征：多年生乔木。

（1）茎：树冠圆形、扁圆形或长圆形。树皮灰褐色，纵裂。多年生枝浅褐色，皮孔大而横生，一年生枝浅红褐色，有光泽，无毛，具多数小皮孔。植株高 5~12m。

（2）叶：宽卵形或圆卵形，长 5~9cm，宽 4~8cm，先端急尖至短渐尖，基部圆形至近心形，叶边有圆钝锯齿。两面无毛或下面脉腋间具柔毛。叶柄长 2.0~3.5cm，无毛，基部常具 1~6 个腺体。

（3）花：单生。径 2~3cm。先于叶开放。花梗短，长 1~3mm，被短柔毛。花萼紫绿色。萼筒圆筒形，外面基部被短柔毛。萼片卵形至卵状长圆形，先端急尖或圆钝，花后反折。花瓣圆形至倒卵形，白色或带红色，具短爪。雄蕊 20~45 枚，稍短于花瓣。子房被短柔毛，花柱稍长或几与雄蕊等长，下部具柔毛。

（4）果实：球形，稀倒卵形，径 2.5cm 以上，白色、黄色至黄红色，常具红晕，微被短柔毛。果肉多汁，成熟时不开裂。

（5）种子：核卵形或椭圆形，两侧扁平，顶端圆钝，基部对称，稀不对称，表面稍粗糙或平滑，腹棱较圆，常稍钝，背棱较直，腹面具龙骨状棱。种仁味苦或甜。

生物学特性：花期 3—4 月，果期 6—7 月。

分布：世界各地均有栽培。

保健功能：芳香植物。

园林应用：园林观赏树木和栽培果树。

8. 梅 *Prunus mume* Sieb. et Zucc.

中文异名：垂枝梅、乌梅、酸梅、干枝梅、春梅、白梅花、野梅花、西梅、日本杏

英文名： Chinese plum, Japanese apricot

分类地位： 植物界（Plantae）

被子植物门（Angiosperms）

双子叶植物纲（Dicotyledoneae）

蔷薇目（Rosales）

蔷薇科（Rosaceae）

李属（*Prunus* Linn.）

梅（*Prunus mume* Sieb. et Zucc.）

形态学特征： 多年生小乔木，稀灌木。

（1）茎：树皮浅灰色或带绿色，平滑。小枝绿色，光滑无毛。植株高 4~10m。

（2）叶：卵形或椭圆形，长 4~8cm，宽 2.5~5.0cm，先端尾尖，基部宽楔形至圆形，叶边常具小锐锯齿，灰绿色。幼嫩时两面被短柔毛，成长时逐渐脱落，或仅下面脉腋间具短柔毛。叶柄长 1~2cm，幼时具毛，老时脱落，常有腺体。

（3）花：单生或有时 2 朵同生于 1 芽内。径 2.0~2.5cm。香味浓。先于叶开放。花梗短。长 1~3mm，常无毛。花萼通常红褐色，但有些品种的花萼为绿色或绿紫色。萼筒宽钟形，无毛或有时被短柔毛。萼片卵形或近圆形，先端圆钝。花瓣倒卵形，白色至粉红色。雄蕊短或稍长于花瓣。子房密被柔毛，花柱短或稍长于雄蕊。

（4）果实：近球形，径 2~3cm，黄色或绿白色，被柔毛，味酸。果肉与核黏连。

（5）种子：核椭圆形，顶端圆形而有小突尖头，基部渐狭成楔形，两侧微扁，腹棱稍钝，腹面和背棱上均有明显纵沟，表面具蜂窝状孔穴。

生物学特性： 花期冬春季，果期 5—6 月（在华北果期延后至 7—8 月）。

分布： 原产于中国。

保健功能： 香气主要成分包括乙酸苯甲酯、α-蒎烯、乙酸乙酯、2,2-二甲基丙醛、4-甲基-3-庚酮等挥发性物质。苯基／苯丙烷类芳香族的化合物含量占有绝对的优势，其中苯甲醛、苯甲醇和乙酸苯甲酯等是梅花挥发物的主要成分，出现的频率高达 100％。

园林应用：园林观赏树木。孤植或群植。

参考文献：

[1] 赵印泉，周斯建，彭培好，等.不同类型梅花品种及近缘种山桃挥发性成分分析.安徽农业科学，2011，39（26）：16164-16165.

9. 李 *Prunus salicina* Lindl.

中文异名：玉皇李、嘉应子、嘉庆子、山李子

英文名：Japanese plum, Chinese plum

分类地位：植物界（Plantae）

被子植物门（Angiosperms）

双子叶植物纲（Dicotyledoneae）

蔷薇目（Rosales）

蔷薇科（Rosaceae）

李属（*Prunus* Linn.）

李（*Prunus salicina* Lindl.）

形态学特征：多年生落叶乔木。

（1）茎：树冠广圆形，树皮灰褐色，起伏不平。老枝紫褐色或红褐色，无毛。小枝黄红色，无毛。冬芽卵圆形，红紫色，有数枚覆瓦状排列鳞片，通常无毛，稀鳞片边缘有极稀疏毛。植株高 9~12m。

（2）叶：长圆状倒卵形、长椭圆形，稀长圆状卵形，长 6~12cm，宽 3~5cm，先端渐尖、急尖或短尾尖，基部楔形，边缘有圆钝重锯齿，常混有单锯齿，幼时齿尖带腺。上面深绿色，有光泽，侧脉 6~10 对，不达到叶片边缘，与主脉呈 45°角，两面均无毛，有时下面沿主脉有稀疏柔毛或脉腋有髯毛。托叶膜质，线形，先端渐尖，边缘有腺，早落。叶柄长 1~2cm，通常无毛，顶端有 2 个腺体或无，有时在叶片基部边缘有腺体。

（3）花：通常 3 朵并生。花梗 1~2cm，通常无毛。花径 1.5~2.2cm。萼筒钟状。萼片长圆卵形，长 3~5mm，先端急尖或圆钝，边有疏齿，与

萼筒近等长，萼筒和萼片外面均无毛，内面在萼筒基部被疏柔毛。花瓣白色，长圆状倒卵形，先端啮蚀状，基部楔形，有明显带紫色脉纹，具短爪，着生在萼筒边缘，比萼筒长 2~3 倍。雄蕊多数，花丝长短不等，排成不规则 2 轮，比花瓣短。雌蕊 1 枚，柱头盘状，花柱比雄蕊稍长。

（4）果实：核果球形、卵球形或近圆锥形，径 3.5~5.0cm，栽培品种可达 7cm，黄色或红色，有时为绿色或紫色，梗凹陷，顶端微尖，基部有纵沟，外被蜡粉。

（5）种子：核卵圆形或长圆形，有褶皱。

生物学特性：花期 4 月，果期 7—8 月。

分布：中国华东、华中、华南、西南以及陕西、甘肃等地有分布。

保健功能：芳香植物。

园林应用：园林观赏树木。世界栽培种，为重要温带果树之一。

10. 紫叶李 *Prumus cerasifera* Ehrhart cv. Atropurpurea

中文异名：红叶李、真红叶李

分类地位：植物界（Plantae）

  被子植物门（Angiosperms）

   双子叶植物纲（Dicotyledoneae）

    蔷薇目（Rosales）

     蔷薇科（Rosaceae）

      李属（*Prunus* Linn.）

       紫叶李（*Prumus cerasifera* Ehrhart cv.

       Atropurpurea）

形态学特征：灌木或小乔木。

（1）茎：多分枝，枝条细长，开展，暗灰色，有时有棘刺。小枝暗红色，无毛。冬芽卵圆形，先端急尖，有数枚覆瓦状排列鳞片，紫红色，有时鳞片边缘有稀疏缘毛。植株高可达 8m。

（2）叶：椭圆形、卵形或倒卵形，极稀椭圆状披针形，长 2~6cm，宽 2~5cm，先端急尖，基部楔形或近圆形，边缘有圆钝锯齿，有时混有重锯齿。上面深绿色，无毛，中脉微下陷，下面颜色较淡，除沿中脉有柔毛或脉腋有髯毛外，其余部分无毛，中脉和侧脉均突起，侧脉5~8对。叶柄 长6~12mm，通常无毛或幼时微被短柔毛，无腺。托叶膜质，披针形，先端渐尖，边有带腺细锯齿，早落。

（3）花：1朵，稀2朵。花梗长1~2.2cm，无毛或微被短柔毛。花径2~2.5cm。萼筒钟状，萼片长卵形，先端圆钝，边有疏浅锯齿，与萼片近等长，萼筒和萼片外面无毛，萼筒内面有疏生短柔毛。花瓣白色，长圆形或匙形，边缘波状，基部楔形，着生在萼筒边缘。雄蕊25~30枚，花丝长短不等，紧密地排成不规则2轮，比花瓣稍短。雌蕊1枚，心皮被长柔毛，柱头盘状，花柱比雄蕊稍长，基部被稀长柔毛。

（4）果实：核果近球形或椭圆形，长、宽几相等，径2~3cm，黄色、红色或黑色，微被蜡粉，具有浅侧沟，黏核。

（5）种子：核椭圆形或卵球形，先端急尖，浅褐带白色，表面平滑或粗糙或有时呈蜂窝状，背缝具沟，腹缝有时扩大具2条侧沟。

生物学特性：花期4月，果期8月。

分布：中国新疆有分布。中亚、伊朗、小亚细亚、巴尔干半岛也有分布。

保健功能：芳香植物。

园林应用：园林观赏树木。

11. 樱桃 *Prunus pseudocerasus* Lindl.

中文异名：莺桃、樱珠、牛桃、英桃、楔桃、荆桃、莺桃、唐实樱、乌皮樱桃

英文名：cherry

分类地位：植物界（Plantae）

被子植物门（Angiosperms）

双子叶植物纲（Dicotyledoneae）

蔷薇目（Rosales）

蔷薇科（Rosaceae）

李属（*Prunus* Linn.）

樱桃（*Prunus pseudocerasus* Lindl.）

形态学特征：多年生乔木。

（1）茎：树皮灰白色。小枝灰褐色，嫩枝绿色，无毛或被疏柔毛。冬芽卵形，无毛。植株高 2~6m。

（2）叶：卵形或长圆状卵形，长 5~12cm，宽 3~5cm，先端渐尖或尾状渐尖，基部圆形，边有尖锐重锯齿，齿端有小腺体。上面暗绿色，近无毛，下面淡绿色，沿脉或脉间有稀疏柔毛，侧脉 9~11 对。叶柄长 0.7~1.5cm，被疏柔毛，先端有 1 或 2 个大腺体。托叶早落，披针形，有羽裂腺齿。

（3）花：花序伞房状或近伞形，有花 3~6 朵。先于叶开放。总苞倒卵状椭圆形，褐色，长 4~5mm，宽 2~3mm，边有腺齿。花梗长 0.8~1.9cm，被疏柔毛。萼筒钟状，长 3~6mm，宽 2~3mm，外面被疏柔毛。萼片三角状卵圆形或卵状长圆形，先端急尖或钝，边缘全缘，长为萼筒的 1/2 或过半。花瓣白色，卵圆形，先端下凹或二裂。雄蕊 30~35 枚，栽培品种可达 50 枚。花柱与雄蕊近等长，无毛。

（4）果实：核果近球形，红色，径 0.9~1.3cm。

生物学特性：花期 3—4 月，果期 5—6 月。

保健功能：芳香植物。不同采收成熟度的樱桃果实具有不同的香气。樱桃紫红阶段特有的香气成分为草酸烯丙基/丁酯、3-甲基戊烷、1,1,2,2-四甲基环丙烯、丁酸；大红阶段特有的香气成分为烯丙基丙酸酯、α-当归内酯、2-甲基-3-己醇；粉红阶段特有的香气成分为（E）-2-己烯基乙酸酯、（Z）-3-己烯基甲酸酯、乙酸乙酯、1-甲基-1，4-二环己二烯、环己酮。

园林应用：园林观赏树木。

参考文献：

[1] 谢超，唐会周，谭谊谈，等.采收成熟度对樱桃果实香气成分及品质的影响.食品科学，2011，32（10）：295-299.

12. 东京樱花 *Prunus × yedoensis* Matsum.

中文异名：日本樱花

英文名：Yoshino cherry

分类地位：植物界（Plantae）

　　　　　　被子植物门（Angiosperms）

　　　　　　双子叶植物纲（Dicotyledoneae）

　　　　　　蔷薇目（Rosales）

　　　　　　蔷薇科（Rosaceae）

　　　　　　李属（*Prunus* Linn.）

　　　　　　东京樱花（*Prunus × yedoensis* Matsum.）

形态学特征：多年生乔木。是以 *Prunus* speciose 为父本，*Prunus pendula* f. ascendens 为母本的杂交品种。

（1）茎：树皮灰色。小枝淡紫褐色，无毛，嫩枝绿色，被疏柔毛。冬芽卵圆形，无毛。植株高 4~16m。

（2）叶：椭圆状卵形或倒卵形，长 5~12cm，宽 2.5~7.0cm，先端渐尖或骤尾尖，基部圆形，稀楔形，边有尖锐重锯齿，齿端渐尖，有小腺体。上面深绿色，无毛，下面淡绿色，沿脉被稀疏柔毛，有侧脉 7~10 对。叶柄长 1.3~1.5cm，密被柔毛，顶端有 1~2 个腺体或有时无腺体。托叶披针形，有羽裂腺齿，被柔毛，早落。

（3）花：花序伞形总状，总梗极短，有花 3~4 朵。先于叶开放。花径 3~3.5cm。总苞片褐色，椭圆卵形，长 6~7mm，宽 4~5mm，两面被疏柔毛。苞片褐色，匙状长圆形，长 4~5mm，宽 2~3mm，边有腺体。花梗长 2.0~2.5cm，被短柔毛。萼筒管状，长 7~8mm，宽 2~3mm，被疏柔毛。萼片三角状长卵形，长 3~5mm，先端渐尖，边有腺齿。花瓣白色或粉红色，椭圆状卵形，先端下凹，全缘二裂。雄蕊 20~35 枚，短于花瓣。花柱基部有疏柔毛。

（4）果实：核果近球形，径 0.7~1.0cm，黑色，核表面略具棱纹。

生物学特性：花期 4 月，果期 5 月。

保健功能：芳香植物。

园林应用：园林观赏植物。

13. 山樱花 *Prunus serrulata* Lindl.

中文异名：野生福岛樱、福岛樱、青肤樱、福建山樱花、草樱、樱花

英文名：Japanese cherry, hill cherry, oriental cherry, East Asian cherry

分类地位：植物界（Plantae）

被子植物门（Angiosperms）

双子叶植物纲（Dicotyledoneae）

蔷薇目（Rosales）

蔷薇科（Rosaceae）

李属（*Prunus* Linn.）

山樱花（*Prunus serrulata* Lindl.）

形态学特征：多年生乔木。

（1）茎：树皮灰褐色或灰黑色。小枝灰白色或淡褐色，无毛。冬芽卵圆形，无毛。植株高 3~8m。

（2）叶：卵状椭圆形或倒卵状椭圆形，长 5~9cm，宽 2.5~5.0cm，先端渐尖，基部圆形，边有渐尖单锯齿及重锯齿，齿尖有小腺体。上面深绿色，无毛，下面淡绿色，无毛，有侧脉 6~8 对。叶柄长 1.0~1.5cm，无毛，先端有 1~3 个圆形腺体。托叶线形，长 5~8mm，边有腺齿，早落。

（3）花：花序伞房总状或近伞形，有花 2~3 朵。总苞片褐红色，倒卵状长圆形，长 6~8mm，宽 3~4mm，外面无毛，内面被长柔毛。总梗长 5~10mm，无毛。苞片褐色或淡绿褐色，长 5~8mm，宽 2.5~4.0mm，边有腺齿。花梗长 1.5~2.5cm，无毛或被极稀疏柔毛。萼筒管状，长 5~6mm，宽 2~3mm，先端扩大，萼片三角披针形，长 3~5mm，先端渐尖或急尖，边全缘。花瓣白色，稀粉红色，倒卵形，先端下凹。雄蕊 30~40 枚。花柱无毛。

（4）果实：核果球形或卵球形，紫黑色，径 8~10mm。

生物学特性：花期 4—5 月，果期 6—7 月。

保健功能：芳香植物。

园林应用：园林观赏植物。

14. 日本晚樱 *Prunus serrulata* Lindl. var. *lannesiana* (Carr.) Makino

中文异名：矮樱

分类地位：植物界（Plantae）

被子植物门（Angiosperms）

双子叶植物纲（Dicotyledoneae）

蔷薇目（Rosales）

蔷薇科（Rosaceae）

李属（*Prunus* Linn.）

日本晚樱（*Prunus serrulata* Lindl. var. *lannesiana* (Carr.) Makino）

形态学特征：多年生乔木。

（1）茎：树皮灰褐色或灰黑色。小枝灰白色或淡褐色，无毛。冬芽卵圆形，无毛。植株高 3~8m。

（2）叶：卵状椭圆形或倒卵状椭圆形，长 5~9cm，宽 2.5~5.0cm，先端渐尖，基部圆形，边有渐尖重锯齿，齿端具长芒。上面深绿色，无毛，下面淡绿色，无毛，有侧脉 6~8 对。叶柄长 1.0~1.5cm，无毛，先端有 1~3 个圆形腺体。托叶线形，长 5~8mm，边有腺齿，早落。

（3）花：具香味。花序伞房总状或近伞形，有花 2~3 朵。总苞片褐红色，倒卵状长圆形，长 6~8mm，宽 3~4mm，外面无毛，内面被长柔毛。总梗长 5~10mm，无毛。苞片褐色或淡绿褐色，长 5~8mm，宽 2.5~4.0mm，边有腺齿。花梗长 1.5~2.5cm，无毛或被极稀疏柔毛。萼筒管状，长 5~6mm，宽 2~3mm，先端扩大，萼片三角披针形，长 3~5mm，先端渐尖或急尖，边全缘。花瓣白色，稀粉红色，倒卵形，先端下凹。雄蕊 30~40 枚。花柱无毛。

（4）果实：核果球形或卵球形，紫黑色，径 8~10mm。

生物学特性：生于山谷林中。

保健功能：芳香植物。

园林应用：园林观赏植物。

十五、豆科 Fabaceae

豆科共有751属，19000余种；中国有172属，1485种。乔木、灌木、亚灌木或草本，直立或攀缘，常具固氮的根瘤。叶常绿或落叶，通常互生，稀对生，常为一回或二回羽状复叶。叶具柄或无。托叶有或无，有时叶状或变为棘刺。花两性，稀单性，辐射对称或两侧对称，通常排成总状花序、聚伞花序、穗状花序、头状花序或圆锥花序。花被2轮；萼片3~6片，分离或连合成管，有时二唇形，稀退化或消失。花瓣常与萼片的数目相等，稀较少或无，分离或连合成具花冠裂片的管，大小有时可不等，或有时构成蝶形花冠，近轴的1片为旗瓣，侧生的2片为翼瓣，远轴的2片常合生，为龙骨瓣，遮盖住雄蕊和雌蕊。雄蕊常10枚，有时5枚或多数（含羞草亚科），分离或连合成管，单体或二体雄蕊，花药2室，纵裂或有时孔裂，花粉单粒或常联成复合花粉。雌蕊通常由单心皮所组成，稀较多且离生，子房上位，1室，基部常有柄或无，沿腹缝线具侧膜胎座，胚珠2颗至多颗，悬垂或上升，排成互生的2列，为横生、倒生或弯生的胚珠。花柱和柱头单一，顶生。荚果形状多样，熟后沿缝线开裂或不裂，或断裂成含单粒种子的荚节。种子常具革质或有时膜质的种皮，生于长短不等的珠柄上，有时由珠柄形成一多少肉质的假种皮，胚大，内胚乳无或极薄。

1. 香花槐 *Robinia pseudoacacia* **cv. Idaho**

中文异名：富贵树

英文名：black locust, false acacia

分类地位：植物界（Plantae）

被子植物门（Angiosperms）

双子叶植物纲（Dicotyledoneae）

豆目（Fabales）

豆科（Fabaceae）

刺槐属（*Robinia* Linn.）

香花槐（*Robinia pseudoacacia* cv. Idaho）

形态学特征：落叶小乔木。

（1）茎：树干褐至灰褐色。植株高 10~15m。

（2）叶：互生，由 7~19 片小叶组成羽状复叶，小叶椭圆形至长圆形，长 4~8cm，比刺槐叶大，光滑，鲜绿色。

（3）花：总状花序腋生，呈下垂状，长 8~12cm。花红色，芳香。

（4）果实：无荚果，不结种子。

生物学特性：在北方每年 5 月和 7 月开两次花，在南方每年开 3~4 次花。

分布：原产于美国。

保健功能：芳香植物。

园林应用：园林景观树木。

十六、芸香科 Rutaceae

芸香科共有 160 属；中国有 150 属，1600 余种。常绿或落叶乔木、灌木或草本。通常有油点，有或无刺，无托叶。叶互生或对生。单叶或复叶。花两性或单性，稀杂性同株，辐射对称，很少两侧对称。聚伞花序，稀总状或穗状花序，更少单花，甚或叶上生花。萼片 4 片或 5 片，离生或部分合生。花瓣 4 片或 5 片，很少 2 片或 3 片，离生，极少下部合生，覆瓦状排列，稀镊合状排列，极少无花瓣与萼片之分，则花被片 5~8 片，且排列成一轮。雄蕊 4 枚或 5 枚，或为花瓣数的倍数，花丝分离或部分连生成多束或呈环状，花药纵裂，药隔顶端常有油点。雌蕊通常由 4 个或 5 个、稀较少或更多心皮组成，心皮离生或合生柄。子房上位，稀半

下位。花柱分离或合生。柱头常增大，很少约与花柱同粗。中轴胎座，稀侧膜胎座，每心皮有上下叠置、稀两侧并列的胚珠 2 个，稀 1 个或较多，胚珠向上转，倒生或半倒生。果为蓇葖、蒴果、翅果、核果或浆果。种子有或无胚乳，子叶平凸或皱褶，常富含油点，胚直立或弯生，很少多胚。

1. 竹叶椒 *Zanthoxylum armatum* DC.

中文异名：蜀椒、秦椒、崖椒、野花椒、狗椒、山花椒、竹叶总管、白总管、万花针、土花椒、狗花椒

英文名：winged prickly ash

分类地位：植物界（Plantae）

　　　　　　被子植物门（Angiosperms）

　　　　　　双子叶植物纲（Dicotyledoneae）

　　　　　　吴惠子目（Sapindales）

　　　　　　芸香科（Rutaceae）

　　　　　　花椒属（*Zanthoxylum* Linn.）

　　　　　　竹叶椒（*Zanthoxylum armatum* DC.）

形态学特征：多年生落叶小乔木。

（1）茎：多锐刺，刺基部宽而扁，红褐色，小枝上的刺劲直，水平抽出。小叶背面中脉上常有小刺，仅叶背基部中脉两侧有丛状柔毛，或嫩枝梢及花序轴均被褐锈色短柔毛。植株高 3~5m。

（2）叶：小叶 3~9 片，稀 11 片，翼叶明显，稀仅有痕迹。小叶对生，通常披针形，长 3~12cm，宽 1~3cm，两端尖，有时基部宽楔形，干后叶缘略向背卷。叶面稍粗皱。椭圆形，长 4~9cm，宽 2.0~4.5cm，顶端中央一片最大，基部一对最小；有时为卵形，叶缘有甚小且疏离的裂齿，或近于全缘，仅在齿缝处或沿小叶边缘有油点。小叶柄甚短或无柄。

（3）花：花序近腋生或同时生于侧枝之顶，长 2~5cm，具花 30 朵以内。花被片 6~8 片，形状与大小几乎相同，长 1.0~1.5mm。雄花的雄蕊 5~6 枚，药隔顶端有 1 个干后变褐黑色油点；不育雌蕊垫状凸起，顶

端 2~3 浅裂。雌花有心皮 2~3 个，背部近顶侧各有 1 个油点，花柱斜向背弯，不育雄蕊短线状。

（4）果实：蓇葖果紫红色，有微凸起少数油点，单个分果瓣径 4~5mm。

（5）种子：径 3~4mm，褐黑色。

生物学特性：花期 4—5 月，果期 8—10 月。

分布：中国山东以南，南至海南，东南至台湾，西南至西藏东南部有分布。日本、朝鲜、越南、老挝、缅甸、印度、尼泊尔等也有分布。

保健功能：芳香植物。

园林应用：园林观赏树木。常植于绿地、河边、溪边、绿篱等。

2. 枳 *Citrus trifoliata* Linn.

中文异名：枸橘、铁篱寨、雀不站、臭杞、臭橘

英文名：trifoliate orange, Japanese bitter-orange, hardy orange, Chinese bitter orange

分类地位：植物界（Plantae）

被子植物门（Angiosperms）

双子叶植物纲（Dicotyledoneae）

吴惠子目（Sapindales）

芸香科（Rutaceae）

柑橘属（*Citrus* Linn.）

枳（*Citrus trifoliata* Linn.）

形态学特征：小乔木。

（1）茎：树冠伞形或圆头形。枝绿色，嫩枝扁，有纵棱，刺长达 4cm，刺尖干枯状，红褐色，基部扁平。植株高 1~5m。

（2）叶：常指状三出复叶，很少 4~5 小叶，或杂交种的则除 3 小叶外尚有 2 小叶或单小叶同时存在，小叶等长或中间的一片较大，长 2~5cm，宽 1~3cm，对称或两侧不对称，叶缘有细钝裂齿或全缘，嫩叶

中脉上有细毛。叶柄有狭长的翼叶。

（3）花：单朵或成对腋生。先于叶开放，也有先叶后花的，有完全花及不完全花，后者雄蕊发育，雌蕊萎缩。花有大、小二型，花径3.5~8.0cm。萼片长5~7mm。花瓣白色，匙形，长1.5~3.0cm。雄蕊常20枚，花丝不等长。

（4）果实：近圆球形或梨形，大小差异较大，通常纵径3.0~4.5cm，横径3.5~6.0cm。果顶微凹，有环圈。果皮暗黄色，粗糙，也有无环圈的。果皮平滑的，油胞小而密，果心充实，瓤囊6~8瓣，汁胞有短柄，果肉含黏液，微有香橼气味，甚酸且苦，带涩味。具种子20~50粒。

（5）种子：阔卵形，乳白或乳黄色，有黏液，平滑或间有不明显的细脉纹，长9~12mm。

生物学特性：花期5—6月，果期10—11月。

分布：中国华东、华中、华南、西南以及陕西、甘肃等地有分布。韩国也有分布。

保健功能：芳香植物。

园林应用：园林观赏树木。

3. 柚 *Citrus maxima* Merr.

中文异名：柚子、文旦、抛、大麦柑、橙子、文旦柚

英文名：pomelo, pomello, pummelo, pommelo, pumelo, pamplemousse, lusho fruit, jabong, Jambola, shaddock

分类地位：植物界（Plantae）

　　　　　被子植物门（Angiosperms）

　　　　　双子叶植物纲（Dicotyledoneae）

　　　　　吴惠子目（Sapindales）

　　　　　芸香科（Rutaceae）

　　　　　柑橘属（*Citrus* Linn.）

　　　　　柚（*Citrus maxima* Merr.）

形态学特征：乔木。

（1）茎：嫩枝、叶背、花梗、花萼及子房均被柔毛，嫩叶通常暗紫

红色，嫩枝扁且有棱。

（2）叶：质厚，色浓绿，阔卵形或椭圆形，连翼叶长 9~16cm，宽 4~8cm，或更大。顶端钝或圆，有时短尖。基部圆。翼叶长 2~4cm，宽 0.5~3cm，个别品种的翼叶甚狭窄。

（3）花：总状花序，有时兼有腋生单花。花蕾淡紫红色，稀乳白色。花萼具 3~5 不规则浅裂。花瓣长 1.5~2.0cm。雄蕊 25~35 枚，有时部分雄蕊不育。花柱粗长，柱头较子房略大。

（4）果实：圆球形、扁圆形、梨形或阔圆锥状，横径通常 10cm 以上，淡黄或黄绿色，杂交种有朱红色的。果皮甚厚或薄，海绵质。油胞大，凸起。果心实，但松软，瓤囊 10~15 个或多至 19 个瓣。汁胞白色、粉红或鲜红色，少有带乳黄色。种子多达 200 余粒，亦有无子的。

（5）种子：形状不规则，通常近似长方形。上部质薄且常截平，下部饱满，多兼有发育不全的，有明显纵肋棱。子叶乳白色。单胚。

生物学特性：花期 4—5 月，果期 9—12 月。

分布：原产于东南亚。

保健功能：芳香植物。

园林应用：园林观赏植物。

4. 柑橘 *Citrus reticulata* Blanco

中文异名：橘子

英文名：mandarin orange, mandarin, mandarine

分类地位：植物界（Plantae）

被子植物门（Angiosperms）

双子叶植物纲（Dicotyledoneae）

吴惠子目（Sapindales）

芸香科（Rutaceae）

柑橘属（*Citrus* Linn.）

柑橘（*Citrus reticulata* Blanco）

形态学特征：小乔木。

（1）茎：分枝多，枝扩展或略下垂，刺较少。

（2）叶：单生复叶。翼叶通常狭窄，或仅有痕迹。叶片披针形，椭圆形或阔卵形，大小变异较大，顶端常有凹口，中脉由基部至凹口附近成叉状分枝，叶缘至少上半段通常有钝或圆裂齿，很少全缘。

（3）花：单生或 2~3 朵簇生。花萼具 3~5 不规则浅裂。花瓣通常长在 1.5cm 以内。雄蕊 20~25 枚。花柱细长。柱头头状。

（4）果实：通常扁圆形至近圆球形。果皮甚薄而光滑，或厚而粗糙，淡黄色、朱红色或深红色，甚易或稍易剥离。橘络甚多或较少，呈网状，易分离，通常柔嫩。中心柱大而常空，稀充实。瓢囊 7~14 个瓣，稀较多。囊壁薄或略厚，柔嫩或颇韧。汁胞通常纺锤形，短而膨大，稀细长，果肉酸或甜，或有苦味，或另有特异气味。种子多或少数，稀无籽。

（5）种子：通常卵形。顶部狭尖，基部浑圆。子叶深绿、淡绿或间有近于乳白色。合点紫色。多胚，少有单胚。

生物学特性：花期 4—5 月，果期 10—12 月。

分布：中国秦岭南坡以南、伏牛山南坡诸水系及大别山区南部，向东南至台湾，南至海南，西南至西藏东南部海拔较低地区有分布。

保健功能：芳香植物。香气成分主要为芳樟醇。

园林应用：观赏树木。

十七、楝科 Meliaceae

楝科具 53 属，600 余种。绝大多数为乔木或灌木。叶互生，很少对生，通常羽状复叶，很少 3 片小叶或单叶。小叶对生或互生，很少有锯齿，基部多少偏斜。花两性或杂性异株，辐射对称，通常组成圆锥花序，间为总状花序或穗状花序。通常 5 基数，间为少基数或多基数。萼小，常浅杯状或短管状，4~5 个齿裂或为 4~5 片萼片组成，芽时覆瓦状或镊合状排列。花瓣 4~5 片，少有 3~7 片，芽时覆瓦状、镊合状或旋转排列，分离或下部与雄蕊管合生。雄蕊 4~10 枚，花丝合生成一短于花瓣的圆筒形、圆柱形、球形或陀螺形等不同形状的管或分离。花药无柄，直立，内向，着生于管的内面或顶部，内藏或突出。花盘生于雄蕊管的内面或缺，如存在则成环状、管状或柄状等。子房上位，2~5室，少有1室，每室有胚珠1~2个或更多。花柱单生或缺，柱头盘状或头状，顶部有槽纹或有小齿2~4个。果为蒴果、浆果或核果，开裂或不开裂。果皮革质、木质或很少肉质。种子有胚乳或无胚乳，常有假种皮。

1. 楝树 *Melia azedarach* Linn.

中文异名：苦楝树、森树、紫花树、苦楝

英文名：chinaberry tree, Pride of India, bead-tree, Cape lilac, syringa berrytree, Persian lilac, Indian lilac

分类地位：植物界（Plantae）

　　　　　　　被子植物门（Angiosperms）

　　　　　　　双子叶植物纲（Dicotyledoneae）

　　　　　　　吴惠子目（Sapindales）

　　　　　　　楝科（Meliaceae）

　　　　　　　楝属（*Melia* Linn.）

　　　　　　　楝树（*Melia azedarach* Linn.）

形态学特征：落叶乔木。

（1）茎：树皮灰褐色，纵裂。分枝广展，小枝有叶痕。植株高10m以上。

（2）叶：二回或三回奇数羽状复叶，长20~40cm。小叶对生，卵形、椭圆形至披针形，顶生一片通常略大，长3~7cm，宽2~3cm，先端短渐尖，基部楔形或宽楔形，多少偏斜，边缘有钝锯齿。幼时被星状毛，后两面均无毛，侧脉每边12~16条，广展，向上斜举。

（3）花：圆锥花序与叶近等长，无毛或幼时被鳞片状短柔毛。花芳香。花萼5深裂，裂片卵形或长圆状卵形，先端急尖，外面被微柔毛。花瓣淡紫色，倒卵状匙形，长0.5~1.0cm，两面均被微柔毛，通常外面较密。雄蕊管紫色，无毛或近无毛，长7~8mm，有纵细脉，管口有钻形、2~3个齿裂的狭裂片10片。花药10个，着生于裂片内侧，且与裂片互生，长椭圆形，顶端微凸尖。子房近球形，5~6室，无毛，每室有胚珠2个。

花柱细长。柱头头状，顶端具 5 个齿，不伸出雄蕊管。

（4）果实：核果球形至椭圆形，长 1~2cm，宽 8~15mm，内果皮木质，4~5 室，每室有种子 1 颗。

（5）种子：椭圆形。

生物学特性：花期 4—5 月，果期 10—12 月。

保健功能：芳香植物。楝树耐烟尘，抗二氧化硫能力强，并能杀菌。

园林应用：庭荫树和行道树。孤植、丛植于建筑物旁，也适宜水边、山坡等生境。与其他树种混栽，对树木虫害能起到防治作用。

十八、山茶科 Theaceae

山茶科具7~40属。乔木或灌木。叶革质，常绿或半常绿，互生，羽状脉，全缘或有锯齿，具柄，无托叶。花两性，稀雌雄异株，单生或数花簇生，有柄或无柄，苞片 2 片至多片，宿存或脱落，或苞萼不分逐渐过渡。萼片 5 片至多片，脱落或宿存，有时向花瓣过渡。花瓣 5 片至多片，基部连生，稀分离，白色，或红色及黄色。雄蕊多数，排成多列，稀为 4~5 枚。花丝分离或基部合生。花药 2 室，背部或基部着生，直裂。子房上位，稀半下位，2~10 室。胚珠每室 2 个至多个，垂生或侧面着生于中轴胎座，稀为基底着坐。花柱分离或连合，柱头与心皮同数。果为蒴果，或不分裂的核果及浆果，种子圆形，多角形或扁平，有时具翅。胚乳少或缺，子叶肉质。

1. 毛花连蕊茶 *Camellia fraterna* Hance

中文异名：连蕊茶

分类地位：植物界（Plantae）

被子植物门（Angiosperms）

双子叶植物纲（Dicotyledoneae）

杜鹃花目（Ericales）

山茶科（Theaceae）

山茶属（*Camellia* Linn.）

毛花连蕊茶（*Camellia fraterna* Hance）

形态学特征：灌木或小乔木。

（1）茎：嫩枝密生柔毛或长丝毛。植株高 1~5m。

（2）叶：革质，椭圆形，长 4~8cm，宽 1.5~3.5cm，先端渐尖而有钝尖头，基部阔楔形，上面干后深绿色，发亮，下面初时有长毛，以后变秃，仅在中脉上有毛，侧脉 5~6 对，在上下两面均不明显，边缘有相隔 1.5~2.5mm 的钝锯齿，叶柄长 3~5mm，有柔毛。

（3）花：常单生于枝顶，花柄长 3~4mm，有苞片 4~5 片。苞片阔卵形，长 1.0~2.5mm，被毛。萼杯状，长 4~5mm，萼片 5 片，卵形，有褐色长丝毛。花冠白色，长 2.0~2.5cm，基部与雄蕊连生达 5mm，花瓣 5~6 片，外侧 2 片革质，有丝毛，内侧 3~4 片阔倒卵形，先端稍凹入，背面有柔毛或稍秃净。雄蕊长 1.5~2.0cm，无毛，花丝管长为雄蕊的 2/3。子房无毛，花柱长 1.4~1.8cm，先端 3 浅裂，裂片长仅 1~2mm。

（4）果实：蒴果圆球形，径 1.0~1.5cm，1 室。果壳薄革质。种子 1 粒。

生物学特性：花期 4—5 月。

分布：中国华东、华中等地有分布。

保健功能：芳香植物。

园林应用：园林景观树木。

2. 浙江红山茶 *Camellia chekiangoleosa* Hu

中文异名：浙江红花油茶

分类地位：植物界（Plantae）

被子植物门（Angiosperms）

双子叶植物纲（Dicotyledoneae）

杜鹃花目（Ericales）

山茶科（Theaceae）

山茶属（*Camellia* Linn.）

浙江红山茶（*Camellia chekiangoleosa* Hu）

形态学特征：小乔木。

（1）茎：嫩枝无毛。植株高达 6m。

（2）叶：革质，椭圆形或倒卵状椭圆形，长 8~12cm，宽 2.5~5.5cm，先端短尖或急尖，基部楔形或近于圆形。上面深绿色，发亮，下面浅绿色，无毛。侧脉 8 对，在上面明显，在下面不明显。边缘 3/4 有锯齿。叶柄长 1.0~1.5cm，无毛。

（3）花：红色，顶生或腋生单花，径 8~12cm，无柄。苞片及萼片 14~16 片，宿存，近圆形，长 6~23mm，外侧有银白色绢毛。花瓣 7 片，最外 2 片倒卵形，长 3~4cm，宽 2.5~3.5cm，外侧靠先端有白绢毛，内侧 5 片阔倒卵形，长 5~7cm，宽 4~5cm，先端 2 裂，无毛。雄蕊排成 3 轮，外轮花丝基部连生 7mm，并和花瓣合生，内轮花丝离生，长 3.0~3.5cm，有稀疏长毛，花药黄色。子房无毛，花柱长 2cm，先端 3~5 裂，无毛。

（4）果实：蒴果卵球形，果宽 5~7cm，先端有短喙，下面有宿存萼片及苞片，果瓣 3~5 瓣，木质，厚 1cm，中轴 3~5 棱，长 3cm。每室含 3~8 粒种子。

（5）种子：长 1.5~2.0cm。

生物学特性：花期 4 月。

分布：产于中国福建、江西、湖南、浙江等地。

保健功能：芳香植物。

园林应用：园林观赏树木。

3. 山茶 *Camellia japonica* Linn.

中文异名：茶花

英文名：common camellia, Japanese camellia

分类地位：植物界（Plantae）

　　　　被子植物门（Angiosperms）

　　　　　双子叶植物纲（Dicotyledoneae）

　　　　　　杜鹃花目（Ericales）

　　　　　　山茶科（Theaceae）

山茶属（*Camellia* Linn.）

山茶（*Camellia japonica* Linn.）

形态学特征：灌木或小乔木。

（1）茎：嫩枝无毛。高 9m。

（2）叶：革质，椭圆形，长 5~10cm，宽 2.5~5.0cm，先端略尖，或急短尖而有钝尖头，基部阔楔形。上面深绿色，干后发亮，无毛，下面浅绿色，无毛，侧脉 7~8 对，在上下两面均能见，边缘有相隔 2.0~3.5cm 的细锯齿。叶柄长 8~15mm，无毛。

（3）花：顶生，红色，无柄。苞片及萼片 10 片，组成长 2.5~3.0cm 的杯状苞被，半圆形至圆形，长 4~20mm，外面有绢毛，脱落。花瓣 6~7 片，外侧 2 片近圆形，几离生，长 2cm，外面有毛；内侧 5 片基部连生 6~8mm，倒卵圆形，长 3.0~4.5cm，无毛。雄蕊 3 轮，长 2.5~3.0cm，外轮花丝基部连生，花丝管长 1.5cm，无毛。内轮雄蕊离生，稍短，子房无毛，花柱长 2.5cm，先端 3 裂。

（4）果实：蒴果圆球形，径 2.5~3.0cm，2~3 室，每室有种子 1~2 粒。3 瓣裂开，果瓣厚，木质。

生物学特性：花期 1—4 月。

分布：中国四川、台湾、山东、江西、浙江等地有野生种。日本、韩国也有野生种。

保健功能：芳香植物。

园林应用：园林景观树木。

4. 茶 *Camellia sinensis* (Linn.) O. Ktze.

中文异名：茶树、槚、茗、荈

英文名：tea plant, tea shrub, tea tree

分类地位：植物界（Plantae）

被子植物门（Angiosperms）

双子叶植物纲（Dicotyledoneae）

杜鹃花目（Ericales）

山茶科（Theaceae）

山茶属（*Camellia* Linn.）

茶（*Camellia sinensis* (Linn.) O. Ktze.）

形态学特征：灌木或小乔木。

（1）茎：嫩枝无毛。

（2）叶：革质，长圆形或椭圆形，长 4~12cm，宽 2~5cm，先端钝或尖锐，基部楔形。上面发亮，下面无毛或初时有柔毛，侧脉 5~7 对，边缘有锯齿。叶柄长 3~8mm，无毛。

（3）花：花 1~3 朵腋生，白色。花柄长 4~6mm，有时稍长。苞片 2 片，早落。萼片 5 片，阔卵形至圆形，长 3~4mm，无毛，宿存。花瓣 5~6 片，阔卵形，长 1.0~1.6cm，基部略连合，背面无毛，有时有短柔毛。雄蕊长 8~13mm，基部连生 1~2mm。子房密生白毛。花柱无毛，先端 3 裂，裂片长 2~4mm。

（4）果实：蒴果 3 球或 1~2 球，高 1.1~1.5cm。每球有种子 1~2 粒。

生物学特性：花期 10 月至翌年 2 月。

分布：野生种遍见于中国长江以南各省山区。

保健功能：芳香植物。

园林应用：园林景观植物。

5. 油茶 *Camellia oleifera* Abel.

中文异名：野油茶、山油茶

英文名：oil-seed camellia, tea oil camellia

分类地位：植物界（Plantae）

被子植物门（Angiosperms）

双子叶植物纲（Dicotyledoneae）

杜鹃花目（Ericales）

山茶科（Theaceae）

山茶属（*Camellia* Linn.）

油茶（*Camellia oleifera* Abel.）

形态学特征：灌木或中乔木。

（1）茎：嫩枝有粗毛。

（2）叶：革质，椭圆形、长圆形或倒卵形，先端尖而有钝头，有时渐尖或钝，基部楔形，长 5~7cm，宽 2~4cm，有时较长。上面深绿色，发亮，中脉有粗毛或柔毛；下面浅绿色，无毛或中脉有长毛。侧脉在上面能见，在下面不很明显，边缘有细锯齿，有时具钝齿。叶柄长 4~8mm，有粗毛。

（3）花：顶生，近于无柄。苞片与萼片 10 片，由外向内逐渐增大，阔卵形，长 3~12mm，背面有贴紧柔毛或绢毛，花后脱落。花瓣白色，5~7 片，倒卵形，长 2.5~3.0cm，宽 1~2cm，有时较短或更长，先端凹入或 2 裂，基部狭窄，近于离生，背面有丝毛，至少在最外侧的有丝毛。雄蕊长 1.0~1.5cm，外侧雄蕊仅基部略连生，偶有花丝管长达 7mm，无毛。花药黄色，背部着生。子房有黄长毛，3~5 室。花柱长 0.5~1.0cm，无毛，先端不同程度 3 裂。

（4）果实：蒴果球形或卵圆形，径 2~4cm，1 室或 3 室。每室有种子 1 粒或 2 粒。3 瓣或 2 瓣裂开，果瓣厚 3~5mm，木质，中轴粗厚。苞片及萼片脱落后留下的果柄长 3~5mm，粗大，有环状短节。

生物学特性：花期冬春。

分布：中国有野生种。

保健功能：芳香植物。

园林应用：园林景观树木。

6. 茶梅 *Camellia sasanqua* Thunb.

中文异名：茶梅花

英文名：sasanqua camellia

分类地位：植物界（Plantae）

　　　　　　　被子植物门（Angiosperms）

　　　　　　　　双子叶植物纲（Dicotyledoneae）

　　　　　　　　　杜鹃花目（Ericales）

　　　　　　　　　　山茶科（Theaceae）

山茶属（*Camellia* Linn.）

茶梅（*Camellia sasanqua* Thunb.）

形态学特征：小乔木。

（1）茎：嫩枝有毛。

（2）叶：革质，椭圆形，长3~5cm，宽2~3cm，先端短尖，基部楔形，有时略圆。上面干后深绿色，发亮；下面褐绿色，无毛。侧脉5~6对，在上面不明显，在下面能见，网脉不显著。边缘有细锯齿。叶柄长4~6mm，稍被残毛。

（3）花：大小不一，径4~7cm。苞及萼片6~7片，被柔毛。花瓣6~7片，阔倒卵形，近离生，大小不一，最长5cm，宽6cm，红色。雄蕊离生，长1.5~2.0cm。子房被茸毛。花柱长1.0~1.3cm，3深裂几及离部。

（4）果实：蒴果球形，宽1.5~2cm，1~3室，果瓣3裂。

（5）种子：褐色，无毛。

生物学特性：花期冬春。

分布：原产于中国和日本。

保健功能：芳香植物。

园林应用：园林观赏树木。

7. 冬红短柱茶 *Camellia hiemalis* Nakai

分类地位：植物界（Plantae）

被子植物门（Angiosperms）

双子叶植物纲（Dicotyledoneae）

杜鹃花目（Ericales）

山茶科（Theaceae）

山茶属（*Camellia* Linn.）

冬红短柱茶（*Camellia hiemalis* Nakai）

形态学特征：常绿灌木或小乔木。

（1）茎：嫩枝无毛，干后深绿色，发亮，顶芽除外层鳞芽片之外均有白色茸毛。

（2）叶：革质，广椭圆形，长 4.5~6.5cm，宽 2~3cm，先端锐尖，基部阔楔形。上面深绿色，极光亮；下面浅绿色，略发亮。侧脉 5~6 对，在上下两面均明显。边缘有锯齿。叶柄长 3~5mm。

（3）花：红色，腋生，无柄。苞被片 7~8 片，阔卵形，长 3~8mm，早落，外侧有柔毛。花瓣 7~8 片，倒卵形，长 1.6~2.2cm，宽 8~14mm，离生，先端凹入。雄蕊长 6mm。花丝基部略连生。子房 3 室，被茸毛。花柱粗短，长 3~4mm。

（4）果实：蒴果球形，径 1.5~2.0cm。

生物学特性：花期冬春。

分布：原产于日本。

保健功能：芳香植物。

园林应用：园林观赏树木。

8. 单体红山茶 *Camellia uraku* Kitamura

中文异名：美人茶

分类地位：植物界（Plantae）

　　　　　　被子植物门（Angiosperms）

　　　　　　　双子叶植物纲（Dicotyledoneae）

　　　　　　　　杜鹃花目（Ericales）

　　　　　　　　山茶科（Theaceae）

　　　　　　　　山茶属（*Camellia* Linn.）

　　　　　　　　单体红山茶（*Camellia uraku* Kitamura）

形态学特征：小乔木。

（1）茎：嫩枝无毛。

（2）叶：革质，椭圆形或长圆形，长 6~9cm，宽 3~4cm，先端短急尖，基部楔形，有时近于圆形，上面发亮，无毛，侧脉约 7 对。边缘有略钝的细锯齿。叶柄长 7~8mm。

（3）花：粉红色或白色，顶生，无柄。花瓣 7 片。花径 4~6cm。苞片及萼片 8~9 片，阔倒卵圆形，长 4~15mm，有微毛。雄蕊 3~4 轮，长

1.5~2.0cm，外轮花丝连成短管，无毛。子房有毛，3室。花柱长 1.5~2.0cm，先端 3 浅裂。

生物学特性：花期冬春。

分布：原产于日本。

保健功能：芳香植物。

园林应用：园林观赏树木。

9. 木荷 *Schima superba* **Gardn. et Champ.**

中文异名：荷树、荷木

英文名：植物界（Plantae）

被子植物门（Angiosperms）

双子叶植物纲（Dicotyledoneae）

杜鹃花目（Ericales）

山茶科（Theaceae）

木荷属（*Schima* Reinw. ex Blume）

木荷（*Schima superba* Gardn. et Champ.）

形态学特征：大乔木。

（1）茎：嫩枝通常无毛。植株高达 25m。

（2）叶：革质或薄革质，椭圆形，长 7~12cm，宽 4~6.5cm，先端尖锐，有时略钝，基部楔形。上面干后发亮，下面无毛，侧脉 7~9 对，在两面明显。边缘有钝齿。叶柄长 1~2cm。

（3）花：生于枝顶叶腋，常多朵排成总状花序。径 2.5~3.0cm。白色。花柄长 1.0~2.5cm，纤细，无毛。苞片 2 片，贴近萼片，长 4~6mm，早落。萼片半圆形，长 2~3mm，外面无毛，内面有绢毛。花瓣长 1.0~1.5cm，最外 1 片风帽状，边缘多少有毛。子房有毛。

（4）果实：蒴果，径 1.5~2.0cm。

生物学特性：花期 6—8 月。

分布：中国华东、华中、华南、西南等地有分布。

保健功能：芳香植物。

园林应用：园林观赏树木。

10. 厚皮香 *Ternstroemia gymnanthera* (Wight et Arn.) Beddome

分类地位：植物界（Plantae）

被子植物门（Angiosperms）

双子叶植物纲（Dicotyledoneae）

杜鹃花目（Ericales）

山茶科（Theaceae）

厚皮香属（*Ternstroemia* Mutis ex Linn. f.）

厚皮香（*Ternstroemia gymnanthera* (Wight et Arn.) Beddome）

形态学特征：灌木或小乔木。全株无毛。

（1）茎：树皮灰褐色，平滑。嫩枝浅红褐色或灰褐色，小枝灰褐色。高 1.5~10.0m，有时达 15m，胸径 30~40cm。

（2）叶：革质或薄革质，通常聚生于枝端，呈假轮生状。椭圆形、椭圆状倒卵形至长圆状倒卵形，长 5.5~9.0cm，宽 2.0~3.5cm，顶端短渐尖或急窄缩成短尖，尖头钝，基部楔形，边全缘，稀有上半部疏生浅齿，齿尖具黑色小点。上面深绿色或绿色，有光泽；下面浅绿色，干后常呈淡红褐色。中脉在上面稍凹下，在下面隆起，侧脉 5~6 对，两面均不明显，少有在上面隐约可见。叶柄长 7~13mm。

（3）花：两性或单性，开花时径 1.0~1.4cm。通常生于当年生无叶的小枝上或生于叶腋。花梗长 0.5~1.0cm，稍粗壮。两性花：小苞片 2 片，三角形或三角状卵形，长 1.5~2.0mm，顶端尖，边缘具腺状齿突；萼片 5 片，卵圆形或长圆卵形，长 4~5mm，宽 3~4mm，顶端圆，边缘通常疏生线状齿突，无毛；花瓣 5 片，淡黄白色，倒卵形，长 6~7mm，宽 4~5mm，顶端圆，常有微凹；雄蕊 50 枚，长 4~5mm，长短不一，花药长圆形，远较花丝为长，无毛；子房圆卵形，2 室，每室 2 个胚珠，花柱短，顶端 2 浅裂。

（4）果实：圆球形，长 8~10mm，径 7~10mm。小苞片和萼片均宿存。果梗长 1.0~1.2cm，宿存花柱长 1.0~1.5mm，顶端 2 浅裂。

（5）种子：肾形，每室 1 个，成熟时肉质假种皮红色。

生物学特性：花期 5—7 月，果期 8—10 月。

分布：中国华东、华中、华北、华南、西南等地有分布。越南、老挝、泰国、柬埔寨、尼泊尔、不丹及印度也有分布。

保健功能：芳香植物。

园林应用：园林观赏树木。

11. 红淡比 *Cleyera japonica* Thunb.

中文异名：杨桐

英文名：sakaki

分类地位：植物界（Plantae）

被子植物门（Angiosperms）

双子叶植物纲（Dicotyledoneae）

杜鹃花目（Ericales）

山茶科（Theaceae）

红单比属（*Cleyera* Thunb.）

红淡比（*Cleyera japonica* Thunb.）

形态学特征：灌木或小乔木。全株无毛。

（1）茎：树皮灰褐色或灰白色。顶芽大，长锥形，长 1.0~1.5cm，无毛。嫩枝褐色，略具 2 棱，小枝灰褐色，圆柱形。植株高 2~10m，胸径 15~20cm。

（2）叶：革质，长圆形或长圆状椭圆形至椭圆形，长 6~9cm，宽 2.5~3.5cm，顶端渐尖或短渐尖，稀可近于钝形，基部楔形或阔楔形，全缘。上面深绿色，有光泽，下面淡绿色。中脉在上面平贴或少有略下凹，下面隆起。侧脉 6~8 对，稀可达 10 对，两面稍明显，有时且隆起，或在下面不明显。叶柄长 7~10mm。

（3）花：常 2~4 朵腋生，花梗长 1~2cm。苞片 2 片，早落。萼片 5 片，卵圆形或圆形，长、宽各 2.0~2.5mm，顶端圆，边缘有纤毛。花瓣 5 片，白色，倒卵状长圆形，长 6~8mm。雄蕊 25~30 枚，长 4~6mm。花药卵形或长卵形，长 1.0~1.5mm，有丝毛。花丝无毛。药隔顶端有小尖头。子房圆球形，无毛，2 室。胚珠每室 10 多个。花柱长 6mm，顶端 2 浅裂。

（4）果实：圆球形，成熟时紫黑色，径 8~10mm，果梗长 1.5~2.0cm。每室数粒至 10 多粒种子。

（5）种子：扁圆形，深褐色，有光泽，径 1.5~2.0mm。

生物学特性：花期 5—6 月，果期 10—11 月。

分布：中国华东、华中、华南、西南等地有分布。日本也有分布。

保健功能：芳香植物。

园林应用：园林观赏树木。

12. 微毛柃 *Eurya hebeclados* L. K. Ling

分类地位：植物界（Plantae）

　　　　　　被子植物门（Angiosperms）

　　　　　　　双子叶植物纲（Dicotyledoneae）

　　　　　　　　杜鹃花目（Ericales）

　　　　　　　　　山茶科（Theaceae）

　　　　　　　　　　柃木属（*Eurya* Thunb.）

　　　　　　　　　　　微毛柃（*Eurya hebeclados* L. K. Ling）

形态学特征：灌木或小乔木。

（1）茎：树皮灰褐色，稍平滑。嫩枝圆柱形，黄绿色或淡褐色，密被灰色微毛，小枝灰褐色，无毛或几无毛。顶芽卵状披针形，渐尖，长 3~7mm，密被微毛。植株高 1.5~5.0m。

（2）叶：革质，长圆状椭圆形、椭圆形或长圆状倒卵形，长 4~9cm，宽 1.5~3.5cm，顶端急窄缩呈短尖，尖头钝，基部楔形，边缘除顶端和基部外均有浅细齿，齿端紫黑色。上面浓绿色，有光泽，下面黄绿色，两面均无毛。中脉在上面凹下，下面凸起，侧脉 8~10 对，纤细，在离叶缘处弧曲且联结，在上面不明显，有时可稍明显，下面略隆起，

网脉不明。叶柄长 2~4mm，被微毛。

（3）花：4~7 朵簇生于叶腋，花梗长 0.5~1.0mm，被微毛。雄花：小苞片 2 片，极小，圆形；萼片 5 片，近圆形，膜质，长 2.5~3.0mm，顶端圆，有小突尖，外面被微毛，边缘有纤毛；花瓣 5 片，长圆状倒卵形，白色，长 2.5~3.5mm，无毛，基部稍合生；雄蕊 15 枚，花药不具分格，退化子房无毛。雌花：小苞片和萼片与雄花同，但较小；花瓣 5 片，倒卵形或匙形，长 2.0~2.5mm；子房卵圆形，3 室，无毛，花柱长 0.5~1.0mm，顶端 3 深裂。

（4）果实：圆球形，径 4~5mm，成熟时蓝黑色，宿存萼片几无毛，边有纤毛。每室 10~12 粒。

（5）种子：肾形，稍扁而有棱，种皮深褐色，表面具细蜂窝状网纹。

生物学特性：花期 12 月至翌年 1 月，果期 8—10 月。

分布：中国华东、华中、华南、西南等地有分布。

保健功能：芳香植物。

园林应用：园林观赏树木。

13. 滨柃 *Eurya emarginata* (Thunb.) Makino

中文异名：凹叶柃木

分类地位：植物界（Plantae）

　　　　　　被子植物门（Angiosperms）

　　　　　　双子叶植物纲（Dicotyledoneae）

　　　　　　杜鹃花目（Ericales）

　　　　　　山茶科（Theaceae）

　　　　　　柃木属（*Eurya* Thunb.）

　　　　　　滨柃（*Eurya emarginata* (Thunb.) Makino）

形态学特征：灌木。

（1）茎：嫩枝圆柱形，极稀稍具 2 棱，粗壮，红棕色，密被黄褐色短柔毛，小枝灰褐色或红褐色，无毛或几无毛。顶芽长锥形，被短柔毛或几无毛。植株高 1~2m。

（2）叶：厚革质，倒卵形或倒卵状披针形，长 2~3cm，宽 1.2~1.8cm，顶端圆而有微凹，基部楔形，边缘有细微锯齿，齿端具黑色小点，稍反卷。上面绿色或深绿色，稍有光泽，下面黄绿色或淡绿色，两面均无毛。中脉在上面凹下，下面隆起，侧脉约 5 对，纤细，连同网脉在上面凹下，下面稍隆起。叶柄长 2~3mm，无毛。

（3）花：花 1~2 朵生于叶腋，花梗长 1~2mm。雄花：小苞片 2 片，近圆形；萼片 5 片，质稍厚，几圆形，长 1.0~1.5mm，顶端圆而有小尖头，无毛；花瓣 5 片，白色，长圆形或长圆状倒卵形，长 2.5~3.5mm；雄蕊 20 枚，花药具分格，退化子房无毛。雌花：小苞片和萼片与雄花同；花瓣 5 片，卵形，长 2~3mm；子房圆球形，3 室，无毛，花柱长 0.5~1.0mm，顶端 3 裂。

（4）果实：圆球形，径 3~4mm，成熟时黑色。

生物学特性：花期 10—11 月，果期次年 6—8 月。

分布：中国华东沿海地区有分布。朝鲜和日本也有分布。

保健功能：芳香植物。

园林应用：园林观赏树木。

十九、瑞香科 Thymelaeaceae

瑞香科共有 50 属，898 种，广布于南北两半球的热带和温带地区，多分布于非洲、大洋洲和地中海沿岸。我国有 10 属，100 余种，主产于长江流域及以南地区。落叶或常绿灌木或小乔木，稀草本。茎通常具韧皮纤维。单叶互生或对生，革质或纸质，稀草质，边缘全缘，基部具关节，羽状叶脉，具短叶柄，无托叶。花辐射对称，两性或单性。雌雄同株或异株，头状、穗状、总状、圆锥或伞形花序，有时单生或簇生，顶生或腋生。花萼通常为花冠状，白色、黄色或淡绿色，稀红色或紫色，常连合成钟状、漏斗状、筒状的萼筒，外面被毛或无毛，裂片 4~5 片，在芽中覆瓦状排列。花瓣缺，或鳞片状，与萼裂片同数。雄蕊数通常为萼裂片数的 2 倍或同数，稀退化为 2 枚，多与裂片对生，或另一轮与裂片互生。花药卵形、长圆形或线形，2 室，向内直裂，稀侧裂。花盘环状、杯状或鳞片状。子房上位，

心皮 2~5 个合生，稀 1 个，1 室，稀 2 室，每室有悬垂胚珠 1 个，稀 2~3 个，近室顶端倒生。花柱长或短，顶生或近顶生，有时侧生。柱头通常头状。浆果、核果或坚果，稀为 2 个瓣开裂的蒴果，果皮膜质、革质、木质或肉质。种子下垂或倒生。胚乳丰富或无胚乳，胚直立，子叶厚而扁平，稍隆起。

1. 结香 *Edgeworthia chrysantha* Sieb. et Zucc.

中文异名：岩泽兰、三桠皮、三叉树、蒙花、梦花、雪里开、打结花、黄瑞香、雪花皮、山棉皮、金腰带

英文名：Oriental Paperbush, Mitsumata

分类地位：植物界（Plantae）

　　　　　　被子植物门（Angiosperms）

　　　　　　双子叶植物纲（Dicotyledoneae）

　　　　　　锦葵目（Malvales）

　　　　　　瑞香科（Thymelaeaceae）

　　　　　　结香属（*Edgeworthia* Meisn.）

　　　　　　结香（*Edgeworthia chrysantha* Sieb. et Zucc.）

形态学特征：落叶灌木。

（1）茎：小枝粗壮，褐色，常作三叉分枝。幼枝常被短柔毛，韧皮极坚韧。叶痕大，径 3~5mm。植株高 0.7~1.5m。

（2）叶：于花前凋落。长圆形、披针形至倒披针形，先端短尖，基部楔形或渐狭，长 8~20cm，宽 2.5~5.5cm。两面均被银灰色绢状毛，下面较多，侧脉纤细，弧形，每边 10~13 条，被柔毛。

（3）花：头状花序顶生或侧生，具花 30~50 朵，呈绒球状，外围以 10 片左右被长毛而早落的总苞。花序梗长 1~2cm，被灰白色长硬毛。花芳香。无梗。花萼长 1.3~2.0cm，宽 4~5mm，外面密被白色丝状毛，内面无毛，黄色，顶端 4 裂，裂片卵形，长 3.0~3.5mm，宽 2~3mm。雄蕊 8 枚，2 列，上列 4 枚与花萼裂片对生，下列 4 枚与花萼裂片互生。花丝短。花药近卵形，长 1~2mm。子房卵形，长 3~4mm，径 1~2mm，

顶端被丝状毛。花柱线形，长 1~2mm，无毛。柱头棒状，长 2~3mm，具乳突。花盘浅杯状，膜质，边缘不整齐。

（4）果实：椭圆形，绿色，长 6~8mm，径 2.5~3.5mm，顶端被毛。

生物学特性： 花期冬末春初，果期春夏间。

分布： 中国河南、陕西及长江流域以南等地有分布。

保健功能： 芳香植物。

园林应用： 园林观赏灌木。

二十、千屈菜科 Lythraceae

千屈菜科共有 32 属，620 余种。草本、灌木或乔木。枝通常四棱形，有时具棘状短枝。叶对生，稀轮生或互生，全缘，叶片下面有时具黑色腺点。托叶细小或无托叶。花两性，通常辐射对称，稀左右对称，单生或簇生，或组成顶生或腋生的穗状花序、总状花序或圆锥花序。花萼筒状或钟状，平滑或有棱，有时有距，与子房分离而包围子房，3~6 裂，很少至 16 裂，镊合状排列，裂片间有或无附属体。花瓣与萼裂片同数或无花瓣，花瓣如存在，则着生于萼筒边缘，在花芽时呈皱褶状。雄蕊通常为花瓣的倍数，有时较多或较少，着生于萼筒上，但位于花瓣的下方。花丝长短不一。花药 2 室，纵裂。子房上位，通常无柄，2~16 室，每室具倒生胚珠数个，着生于中轴胎座上，其轴有时不到子房顶部。花柱单生，长短不一。柱头头状，稀 2 裂。蒴果革质或膜质，2~6 室，稀 1 室，横裂、瓣裂或不规则开裂，稀不裂。种子多数，形状不一，有翅或无翅，无胚乳。子叶平坦，稀折叠。

1. 石榴 *Punica granatum* Linn.

中文异名： 安石榴、花石榴、若榴木、丹若、山力叶

英文名： pomegranate

分类地位： 植物界（Plantae）

　　　　　　被子植物门（Angiosperms）

　　　　　　双子叶植物纲（Dicotyledoneae）

桃金娘目（Myrtales）

千屈菜科（Lythraceae）

石榴属（*Punica* Linn.）

石榴（*Punica granatum* Linn.）

形态学特征：落叶灌木或乔木。

（1）茎：枝顶常呈尖锐长刺，幼枝具棱角，无毛，老枝近圆柱形。植株高 3~5m。

（2）叶：对生，纸质，矩圆状披针形，长 2~9cm，顶端短尖、钝尖或微凹，基部短尖至稍钝。上面光亮，侧脉稍细密。叶柄短。

（3）花：花大，1~5 朵生于枝顶。萼筒长 2~3cm，通常红色或淡黄色，裂片略外展，卵状三角形，长 8~13mm，外面近顶端有 1 个黄绿色腺体，边缘有小乳突。花瓣通常大，红色、黄色或白色，长 1.5~3.0cm，宽 1~2cm，顶端圆形。花丝无毛，长达 13mm。花柱长超过雄蕊。

（4）果实：浆果近球形，径 5~12cm，通常为淡黄褐色或淡黄绿色，有时白色，稀暗紫色。

（5）种子：多数，钝角形，红色至乳白色。肉质的外种皮供食用。

生物学特性：花期 5—7 月，果期 9—11 月。

分布：原产于巴尔干半岛至伊朗及其邻近地区。

保健功能：芳香植物。

园林应用：园林观赏树木。

2. 重瓣红石榴 *Punica granatum* Linn. cv. Pleniflora

中文异名：千瓣大红榴、重瓣红石榴、红双花石榴、千层花石榴

英文名：double pomegranate

分类地位：植物界（Plantae）

被子植物门（Angiosperms）

双子叶植物纲（Dicotyledoneae）

桃金娘目（Myrtales）

千屈菜科（Lythraceae）

石榴属（*Punica* Linn.）

重瓣红石榴（*Punica granatum* Linn. cv.
Pleniflora）

形态学特征：常绿灌木或乔木。石榴的栽培品种。

（1）茎：成龄树冠呈半圆形；多年生枝灰色至深灰色，较顺直、光滑，新梢浅灰色。植株略小于普通石榴，株高 1~3 m。

（2）叶：对生或簇生，长椭圆形，全缘，新抽出之叶红褐色。

（3）花：花朵大，径 6~10cm。花萼肥厚，花钟状，鲜红色，腋生，花瓣呈彩球状。花虽鲜艳，却因雌雄蕊瓣化而不易结果。

生物学特性：春至秋季均能开花，以夏季最盛。喜光，有一定的耐寒能力，喜湿润肥沃的石灰质土壤。

保健功能：芳香植物。

园林应用：园林观赏树木。

二十一、山茱萸科 Cornaceae

山茱萸科具 2 属，85 余种。落叶乔木或灌本。单叶对生，稀互生或近于轮生，通常叶脉羽状，稀为掌状叶脉，边缘全缘或有锯齿。无托叶或托叶纤毛状。花两性或单性异株，为圆锥、聚伞、伞形或头状等花序，有苞片或总苞片。花 3~5 基数。花萼管状与子房合生，先端有齿状裂片 3~5 片。花瓣 3~5 片，通常白色，稀黄色、绿色及紫红色，镊合状或覆瓦状排列。雄蕊与花瓣同数而与之互生，生于花盘的基部。子房下位，1~5 室，每室有 1 个下垂的倒生胚珠。花柱短或稍长。柱头头状或截形，有时有 2~5 裂。果为核果或浆果状核果。核骨质，稀木质。种子 1~5 粒，种皮膜质或薄革质，胚小，胚乳丰富。

1. 山茱萸 *Cornus officinalis* Sieb. et Zucc.

中文异名：枣皮

英文名：Japanese cornel, Japanese cornelian cherry

分类地位：植物界（Plantae）

被子植物门（Angiosperms）

双子叶植物纲（Dicotyledoneae）

山茱萸目（Cornales）

山茱萸科（Cornaceae）

山茱萸属（*Cornus* Linn.）

山茱萸（*Cornus officinalis* Sieb. et Zucc.）

形态学特征：落叶乔木或灌木。

（1）茎：树皮灰褐色。小枝细圆柱形，无毛或稀被贴生短柔毛冬芽顶生及腋生，卵形至披针形，被黄褐色短柔毛。植株高 4~10m。

（2）叶：对生，纸质，卵状披针形或卵状椭圆形，长 5.5~10.0cm，宽 2.5~4.5cm，先端渐尖，基部宽楔形或近于圆形，全缘。上面绿色，无毛；下面浅绿色，稀被白色贴生短柔毛。脉腋密生淡褐色丛毛，中脉在上面明显，下面凸起，近于无毛，侧脉 6~7 对，弓形内弯。叶柄细圆柱形，长 0.6~1.2cm，上面有浅沟，下面圆形，稍被贴生疏柔毛。

（3）花：伞形花序生于枝侧。总苞片 4 片，卵形，厚纸质至革质，长 6~8mm，带紫色，两侧略被短柔毛，开花后脱落。总花梗粗壮，长 1~2mm，微被灰色短柔毛。花小，两性，先于叶开放。花萼裂片 4 片，阔三角形，与花盘等长或稍长，长 0.4~0.6mm，无毛。花瓣 4 片，舌状披针形，长 2.5~3.3mm，黄色，向外反卷。雄蕊 4 枚，与花瓣互生，长 1.8mm。花丝钻形，花药椭圆形，2 室。花盘垫状，无毛。子房下位，花托倒卵形，长 0.5~1.0mm，密被贴生疏柔毛。花柱圆柱形，长 1.5mm。柱头截形。花梗纤细，长 0.5~1.0cm，密被疏柔毛。

（4）果实：核果长椭圆形，长 1.2~1.7cm，径 5~7mm，红色至紫红色。核骨质，狭椭圆形，长 10~12mm，有几条不整齐的肋纹。

生物学特性：花期 3—4 月，果期 9—10 月。

分布：中国华东、华中以及陕西、甘肃等地有分布。朝鲜、日本也有分布。

保健功能：芳香植物。

园林应用：园林观赏树木。

2. 光皮梾木 *Cornus wilsoniana* Wangerin

中文异名：光皮树、斑皮抽水树
英文名：Wilson's dogwood
分类地位：植物界（Plantae）
　　　　　　被子植物门（Angiosperms）
　　　　　　双子叶植物纲（Dicotyledoneae）
　　　　　　山茱萸目（Cornales）
　　　　　　山茱萸科（Cornaceae）
　　　　　　山茱萸属（*Cornus* Linn.）
　　　　　　光皮梾木（*Cornus wilsoniana* Wangerin）

形态学特征：落叶乔木。

（1）茎：树干光滑。树皮白中带绿，疤块状剥落后形成明显斑纹。小枝初被紧贴疏柔毛，淡绿褐色。植株高 8~10m。

（2）叶：对生，椭圆形或卵状长圆形，长 3~9cm，宽 1.5~5cm，先端长渐尖，稀急尖，基部楔形。叶面暗绿色，微被紧贴疏柔毛，叶背面淡绿色，近苍白，密被乳头状小突起及平贴的灰白色短柔毛。侧脉 3~4 对，弧状弯曲。叶柄纤细，长 8~22mm。

（3）花：圆锥状聚伞花序，顶生，径 6~10cm。花白色，有香气。萼筒密生灰白色短毛，萼齿小，宽三角形，外侧被柔毛。花瓣 4 片，条状披针形，长 5mm，外面贴生灰白色短柔毛。雄蕊 4 枚，与花瓣近于等长。子房倒卵形，花柱圆柱形，略短于花瓣。柱头小，头状，微扁。

（4）果实：核果球形，紫黑色至黑色，径 6~7mm。

（5）种子：具胚乳，种皮膜质。

生物学特性：花期 5 月，果期 10 月。喜光，耐寒，喜深厚、肥沃而湿润的土壤，在酸性土及石灰岩土中生长良好。

分布：中国华东、华中、华南、西南、华北以及陕西、甘肃等地有分布。

保健功能：芳香植物。

园林应用：园林观赏树木。树干挺拔、清秀，树皮斑驳，枝叶繁茂，树形优美，可供观赏。

二十二、杜鹃花科 Ericaceae

杜鹃花科具124属，4250余种。木本植物，灌木或乔木，树型小至大。地生或附生。常绿、半常绿或落叶。冬芽具芽鳞。叶革质，少有纸质，互生，极少假轮生，稀交互对生，全缘或有锯齿，不分裂，被各式毛或鳞片，或无覆被物。无托叶。花单生或组成总状、圆锥状或伞形总状花序，顶生或腋生，两性，辐射对称或略两侧对称。具苞片。花萼4~5裂，宿存，有时花后肉质。花瓣合生成钟状、坛状、漏斗状或高脚碟状，稀离生，花冠通常5裂，稀4、6、8裂，裂片覆瓦状排列。雄蕊数为花冠裂片数的2倍，少有同数，稀更多。花丝分离，稀略黏合。花药背部或顶部通常有芒状或距状附属物，或顶部具伸长的管，顶孔开裂，稀纵裂。花盘盘状，具厚圆齿。子房上位或下位，2~12室，稀更多，每室有胚珠多个，稀1个。花柱和柱头单一。蒴果或浆果，少有浆果状蒴果。种子小，粒状或锯屑状，无翅或有狭翅，或两端具伸长的尾状附属物。胚圆柱形，胚乳丰富。

1. 满山红 *Rhododendron mariesii* Hemsl. et E. H. Wilson

中文异名：三叶杜鹃、守城满山红、马礼士杜鹃

分类地位：植物界（Plantae）

被子植物门（Angiosperms）

双子叶植物纲（Dicotyledoneae）

杜鹃花目（Ericales）

杜鹃花科（Ericaceae）

杜鹃属（*Rhododendron* Linn.）

满山红（*Rhododendron mariesii* Hemsl. et

E. H. Wilson）

形态学特征：落叶灌木。

（1）茎：枝轮生，幼时被淡黄棕色柔毛，成长时无毛。植株高1~4m。

（2）叶：厚纸质或近于革质，常2~3片集生于枝顶。椭圆形、卵状披针形或三角状卵形，长4~7.5cm，宽2~4cm，先端锐尖，具短尖头，基部钝或近于圆形，边缘微反卷，初时具细钝齿，后不明显。上面深绿色，下面淡绿色，幼时两面均被淡黄棕色长柔毛，后无毛或近于无毛，叶脉在上面凹陷，下面凸出，细脉与中脉或侧脉间的夹角近于90°。叶柄长5~7mm，近于无毛。

（3）花：花芽卵球形，鳞片阔卵形，顶端钝尖，外面沿中脊以上被淡黄棕色绢状柔毛，边缘具睫毛。花通常2朵顶生，先花后叶，出自于同一顶生花芽。花梗直立，常为芽鳞所包，长7~10mm，密被黄褐色柔毛。花萼环状，5浅裂，密被黄褐色柔毛。花冠漏斗形，淡紫红色或紫红色，长3.0~3.5cm，花冠管长约1cm，基部径4mm，裂片5片，深裂，长圆形，先端钝圆，上方裂片具紫红色斑点，两面无毛。雄蕊8~10枚，不等长，比花冠短或与花冠等长，花丝扁平，无毛，花药紫红色。子房卵球形，密被淡黄棕色长柔毛，花柱比雄蕊长，无毛。

（4）果实：蒴果椭圆状卵球形，长6~9mm，稀达1.8cm，密被亮棕褐色长柔毛。

生物学特性：花期4－5月，果期6－11月。

分布：中国华东、华中、华南、西南、华北等地有分布。

保健功能：芳香植物。

园林应用：园林观赏灌木。

2. 杜鹃 *Rhododendron simsii* Planch.

中文异名：映山红、唐杜鹃、照山红、山踯躅、杜鹃花

英文名：cuckoo, azalea

分类地位：植物界（Plantae）

被子植物门（Angiosperms）

双子叶植物纲（Dicotyledoneae）

杜鹃花目（Ericales）

杜鹃花科（Ericaceae）

杜鹃属（*Rhododendron* Linn.）

杜鹃（*Rhododendron simsii* Planch.）

形态学特征：落叶灌木。

（1）茎：分枝多而纤细，密被亮棕褐色扁平糙伏毛。植株高 2~5m。

（2）叶：革质。常集生于枝端。卵形、椭圆状卵形或倒卵形或倒卵形至倒披针形，长 1.5~5.0cm，宽 0.5~3.0cm，先端短渐尖，基部楔形或宽楔形，边缘微反卷，具细齿。上面深绿色，疏被糙伏毛；下面淡白色，密被褐色糙伏毛。中脉在上面凹陷，下面凸出。叶柄长 2~6mm，密被亮棕褐色扁平糙伏毛。花芽卵球形，鳞片外面中部以上被糙伏毛，边缘具睫毛。

（3）花：2~6 朵簇生于枝顶。花梗长 8mm，密被亮棕褐色糙伏毛。花萼 5 深裂，裂片三角状长卵形，长 5mm，被糙伏毛，边缘具睫毛。花冠阔漏斗形，玫瑰色、鲜红色或暗红色，长 3.5~4.0cm，宽 1.5~2.0cm，裂片 5 片，倒卵形，长 2.5~3.0cm，上部裂片具深红色斑点。雄蕊 10 枚，长与花冠相等，花丝线状，中部以下被微柔毛。子房卵球形，10 室，密被亮棕褐色糙伏毛。花柱伸出花冠外，无毛。

（4）果实：蒴果卵球形，长达 1cm，密被糙伏毛。花萼宿存。

生物学特性：花期 4—5 月，果期 6—8 月。

分布：中国华东、华中、华南、西南等地有分布。为我国中南及西南典型的酸性土指示植物。

保健功能：芳香植物。

园林应用：园林观赏灌木。

3. 锦绣杜鹃 *Rhododendron pulchrum* Sweet

中文异名：鲜艳杜鹃

分类地位：植物界（Plantae）

被子植物门（Angiosperms）

双子叶植物纲（Dicotyledoneae）

杜鹃花目（Ericales）

杜鹃花科（Ericaceae）

杜鹃属（*Rhododendron* Linn.）

锦绣杜鹃（*Rhododendron pulchrum* Sweet）

形态学特征：半常绿灌木。

（1）茎：枝开展，淡灰褐色，被淡棕色糙伏毛。植株高 1.5~2.5m。

（2）叶：薄革质。椭圆状长圆形至椭圆状披针形或长圆状倒披针形，长 2~7cm，宽 1.0~2.5cm，先端钝尖，基部楔形，边缘反卷，全缘。上面深绿色，初时散生淡黄褐色糙伏毛，后近于无毛；下面淡绿色，被微柔毛和糙伏毛。中脉和侧脉在上面下凹，下面显著凸出。叶柄长 3~6mm，密被棕褐色糙伏毛。

（3）花：花芽卵球形，鳞片外面沿中部具淡黄褐色毛，内有黏质。伞形花序，顶生，有花 1~5 朵。花梗长 0.8~1.5cm，密被淡黄褐色长柔毛。花萼大，绿色，5 深裂，裂片披针形，长 0.8~1.2cm，被糙伏毛。花冠玫瑰紫色，阔漏斗形，长 4.8~5.2cm，径 5~6cm，裂片 5 片，阔卵形，长 3.0~3.5cm，具深红色斑点。雄蕊 10 枚，近于等长，长 3.5~4.0cm。花丝线形，下部被微柔毛。子房卵球形，长 2~3mm，径 1~2mm，密被黄褐色刚毛状糙伏毛。花柱长 4~5cm，比花冠稍长或与花冠等长，无毛。

（4）果实：蒴果长圆状卵球形，长 0.8~1.0cm，被刚毛状糙伏毛。花萼宿存。

生物学特性：花期 4—5 月，果期 9—10 月。

分布：中国华东、华中、华南等地有分布。

保健功能：芳香植物。

园林应用：园林观赏灌木。

二十三、柿科 Ebenaceae

柿科具 4 属，768 种。乔木或直立灌木，不具乳汁，少数有枝刺。

叶为单叶，互生，很少对生，排成 2 列，全缘，无托叶，具羽状叶脉。花多半单生，通常雌雄异株，或为杂性，雌花腋生，单生，雄花常生在小聚伞花序上或簇生，或为单生，整齐。花萼 3~7 裂，多少深裂，在雌花或两性花中宿存，常在果时增大，裂片在花蕾中镊合状或覆瓦状排列，花冠 3~7 裂，早落，裂片旋转排列，很少覆瓦状排列或镊合状排列。雄蕊离生或着生在花冠管的基部，常为花冠裂片数的 2~4 倍，很少和花冠裂片同数而与之互生，花丝分离或两枚连生成对，花药基着，2 室，内向，纵裂，雌花常具退化雄蕊或无雄蕊。子房上位，2~16 室，每室具 1~2 个悬垂的胚珠。花柱 2~8 个，分离或基部合生。柱头小，全缘或 2 裂。在雄花中，雌蕊退化或缺。浆果，多肉质。种子有胚乳，胚乳有时为嚼烂状，胚小，子叶大，叶状。种脐小。

1. 老鸦柿 *Diospyros rhombifolia* Hemsl.

分类地位：植物界（Plantae）

被子植物门（Angiosperms）

双子叶植物纲（Dicotyledoneae）

杜鹃花目（Ericales）

柿树科（Ebenaceae）

柿属（*Diospyros* Linn.）

老鸦柿（*Diospyros rhombifolia* Hemsl.）

形态学特征：落叶小乔木。

（1）茎：树皮灰色，平滑。多枝，分枝低，有枝刺。枝深褐色或黑褐色，无毛，散生椭圆形的纵裂小皮孔。小枝略曲折，褐色至黑褐色，有柔毛。冬芽小，长 1~2mm，有柔毛或粗伏毛。植株高达 8m。

（2）叶：纸质。菱状倒卵形，长 4.0~8.5cm，宽 1.8~3.8cm，先端钝，基部楔形。上面深绿色，沿脉有黄褐色毛，后变无毛；下面浅绿色，疏生伏柔毛，在脉上较多。中脉在上面凹陷，下面明显凸起，侧脉每边 5~6 条，上面凹陷，下面明显凸起，小脉纤细，结成不规则的疏网状。叶柄很短，纤细，长 2~4mm，有微柔毛。

（3）花：雄花生于当年生枝下部；花萼 4 深裂，裂片三角形，长
2~3mm，宽 1~2mm，先端急尖，有髯毛，边缘密生柔毛，背面疏生短
柔毛；花冠壶形，长 3~4mm，两面疏生短柔毛，5 裂，裂片覆瓦状排列，
长 1~2mm，宽 0.5~1.5mm，先端有髯毛，边缘有短柔毛，外面疏生柔
毛，内面有微柔毛；雄蕊 16 枚，每 2 枚连生，腹面 1 枚较短，花丝有
柔毛；花药线形，先端渐尖；退化子房小，球形，顶端有柔毛；花梗长
5~7mm。雌花散生于当年生枝下部；花萼 4 深裂，几裂至基部，裂片披
针形，长 0.5~1.0cm，宽 2~3mm，先端急尖，边缘有柔毛，外面上部和
脊上疏生柔毛，内面无毛，有纤细而凹陷的纵脉；花冠壶形，花冠管长
2.5~3.5mm，宽 3~4mm，脊上疏生白色长柔毛，内面有短柔毛，4 裂，
裂片长圆形，和花冠管等长，向外反曲，顶端有髯毛，边缘有柔毛，内
面有微柔毛，外面有柔毛；子房卵形，密生长柔毛，4 室；花柱 2 个，
下部有长柔毛；柱头 2 浅裂；花梗纤细，长 1.5~1.8cm，有柔毛。

（4）果实：单生，球形，径 1.5~2.0cm。嫩时黄绿色，有柔毛，后
变橙黄色，熟时橘红色，有蜡样光泽，无毛，顶端有小突尖。种子 2~4 粒。
果柄纤细，长 1.5~2.5cm。

（5）种子：褐色，半球形或近三棱形，长 0.5~1.0cm，宽 4~6mm，
背部较厚。宿存萼 4 深裂，裂片革质，长圆状披针形，长 1.6~2.0cm，
宽 4~6mm，先端急尖，有明显的纵脉。

生物学特性：花期 4—5 月，果期 9—10 月。

分布：中国华东、华中等地有分布。

保健功能：芳香植物。

园林应用：园林观赏树木。

2. 柿 *Diospyros kaki* Thunb.

中文异名：柿子

英文名：persimmon, Japanese persimmon, Chinese persimmon, kaki,
kaki persimmon, Oriental persimmon

分类地位：植物界（Plantae）

被子植物门（Angiosperms）

双子叶植物纲（Dicotyledoneae）

杜鹃花目（Ericales）

柿树科（Ebenaceae）

柿属（*Diospyros* Linn.）

柿（*Diospyros kaki* Thunb.）

形态学特征：落叶大乔木。

（1）茎：树皮深灰色至灰黑色，或者黄灰褐色至褐色，沟纹较密，裂成长方块状。树冠球形或长圆球形，老树冠径10~13m，或更大。枝开展，带绿色至褐色，无毛，散生纵裂的长圆形或狭长圆形皮孔。嫩枝初时有棱，有棕色柔毛或茸毛或无毛。冬芽小，卵形，长2~3mm，先端钝。植株高10~14m。胸径达65cm，高龄老树可达27m。

（2）叶：纸质。卵状椭圆形至倒卵形或近圆形，通常较大，长5~18cm，宽2.8~9.0cm，先端渐尖或钝，基部楔形，钝，圆形或近截形，很少为心形，新叶疏生柔毛，老叶上面有光泽，深绿色，无毛。下面绿色，有柔毛或无毛，中脉在上面凹下，有微柔毛，在下面凸起，侧脉每边5~7条，上面平坦或稍凹下，下面略凸起，下部的脉较长，上部的脉较短，向上斜生，稍弯，将近叶缘网结，小脉纤细，在上面平坦或微凹下，连接成小网状。叶柄长8~20mm，变无毛，上面有浅槽。

（3）花：雌雄异株，但间或有雄株中有少数雌花，雌株中有少数雄花的。花序腋生，为聚伞花序。雄花序小，长1.0~1.5cm，弯垂，有短柔毛或茸毛，有花3~5朵，通常有花3朵；总花梗长3~5mm，有微小苞片；雄花小，长5~10mm；花萼钟状，两面有毛，4深裂，裂片卵形，长2~3mm，有睫毛；花冠钟状，不长过花萼的两倍，黄白色，外面或两面有毛，长5~7mm，4裂，裂片卵形或心形，开展，两面有绢毛或外面脊上有长伏柔毛，里面近无毛，先端钝；雄蕊16~24枚，着生在花冠管的基部，连生成对，腹面1枚较短；花丝短，先端有柔毛；花药椭圆状长圆形，顶端渐尖，药隔背部有柔毛，退化子房微小；花梗长2~3mm。雌花单生于叶腋，长1.5~2.0cm，花萼绿色，有光泽，径2~3cm或更大，4深裂，萼管近球状钟形，肉质，长3~5mm，径7~10mm，外面密生伏柔毛，里面有绢毛，裂片开展，阔卵形或半圆形，有脉，长 1.0~1.5cm，两面疏生伏柔毛或近无毛，先端钝或急尖，两端略向背后弯卷；花冠淡黄白色或黄白色而带紫红色，壶形或近钟形，较花萼短小，长和径各 1.2~1.5cm，4 裂，花冠管近四棱形，径 6~10mm，裂片阔卵形，长 5~10mm，宽 4~8mm，上部向外弯曲；退化雄蕊 8 枚，着生在花冠管的基部，带白色，有长柔毛；子房近扁球形，径 5~6mm，多少具 4 棱，无毛或有短柔毛，8 室，每室有胚珠 1 个；花柱 4 深裂，柱头 2 浅裂；花梗长 6~20mm，密生短柔毛。

（4）果实：果形多样，球形、扁球形、球形而略呈方形、卵形等，径 3.5~8.5cm，基部通常有棱。嫩时绿色，后变黄色、橙黄色，果肉较脆硬，老熟时果肉变成柔软多汁，呈橙红色或大红色等，有种子数粒。宿存萼在花后增大增厚，宽 3~4cm，4 裂，方形或近圆形，近平扁，厚革质或干时近木质，外面有伏柔毛，后变无毛，里面密被棕色绢毛，裂片革质，宽 1.5~2.0cm，长 1.0~1.5cm，两面无毛，有光泽。果柄粗壮，长 6~12mm。

（5）种子：褐色，椭圆形，长 1.5~2.0cm，宽 0.5~1.0cm，侧扁。

生物学特性：花期 5—6 月，果期 9—10 月。

分布：原产于中国长江流域。

保健功能：芳香植物。

园林应用：园林观赏树木。

二十四、安息香科 Styracaceae

安息香科具 11 属，160 余种。乔木或灌木，常被星状毛或鳞片状毛。单叶，互生，无托叶。总状花序、聚伞花序或圆锥花序，很少单花或数花丛生，顶生或腋生。小苞片小或无，常早落。花两性，很少杂性，辐射对称。花萼杯状、倒圆锥状或钟状，部分至全部与子房贴生或完全离生，通常顶端 4~5 个齿裂，稀 2 或 6 个齿或近全缘。花冠合瓣，极少离瓣，裂片通常 4~5 片，很少 6~8 片，花蕾时镊合状或覆瓦状排列，或为稍内向覆瓦状或稍内向镊合状排列。雄蕊数常为花冠裂片数的 2 倍，稀

4 倍或为同数而与其互生。花药内向，2 室，纵裂。花丝常基部扁，部分合生成管，极少离生，常贴生于花冠管上。子房上位、半下位或下位，3~5 室或有时基部 3~5 室，而上部 1 室，稀有不完全 5 室，每室有胚珠 1 个至多个；胚珠倒生，直立或悬垂，生于中轴胎座上，珠被 1 层或 2 层。花柱丝状或钻状。柱头头状或不明显 3~5 裂。核果而有一肉质外果皮或为蒴果，稀浆果，具宿存花萼。种子无翅或有翅，有一宽大种脐，常有丰富的胚乳，胚直或稍弯。子叶大型，略扁或近圆形。

1. 赛山梅 *Styrax confusus* Hemsl.

中文异名： 白扣子、油榨果、猛骨子、乌蚊子、白山龙

分类地位： 植物界（Plantae）

　　　　　　被子植物门（Angiosperms）

　　　　　　　双子叶植物纲（Dicotyledoneae）

　　　　　　　　杜鹃花目（Ericales）

　　　　　　　　　安息香科（Styracaceae）

　　　　　　　　　　安息香属（*Styrax* Linn.）

　　　　　　　　　　　赛山梅（*Styrax confusus* Hemsl.）

形态学特征： 小乔木。

（1）茎：树皮灰褐色，平滑，嫩枝扁圆柱形，密被黄褐色星状短柔毛，成长后脱落，圆柱形，紫红色。植株高 2~8m，胸径达 12cm。

（2）叶：革质或近革质。椭圆形、长圆状椭圆形或倒卵状椭圆形，长 4~14cm，宽 2.5~7.0cm，顶端急尖或钝渐尖，基部圆形或宽楔形，边缘有细锯齿。初时两面均疏被星状短柔毛，后脱落，仅叶脉上有毛，侧脉每边 5~7 条，第三级小脉网状，两面均明显隆起。叶柄长 1~3mm，上面有深槽，密被黄褐色星状柔毛。

（3）花：总状花序顶生，有花 3~8 朵，下部常有 2~3 朵花聚生于叶腋，长 4~10cm。花序梗、花梗和小苞片均密被灰黄色星状柔毛。花白色，长 1.3~2.2cm。花梗长 1.0~1.5cm。小苞片线形，生于花梗近基部，长 3~5mm，早落。花萼杯状，高 5~8mm，宽 5~6mm，密被黄色或灰黄

色星状茸毛和星状长柔毛，顶端有 5 个齿。萼齿三角形。花冠裂片披针形或长圆状披针形，长 1.2~2.0cm，宽 3~4mm，外面密被白色星状短茸毛，内面除近顶端被短柔毛外无毛，边缘稍内褶或有时重叠覆盖，花蕾时作镊合状排列或稍呈内向覆瓦状排列。花冠管长 3~4mm，无毛。花丝扁平，长 8~10mm，下部联合成管，上部分离，分离部分的下部扩大并密被白色长柔毛，其余无毛，花药长圆形，长 5~7mm，药隔被星状柔毛。

（4）果实：果实近球形或倒卵形，径 8~15mm，外面密被灰黄色星状茸毛和星状长柔毛，果皮厚 1~2mm，常具皱纹。

（5）种子：倒卵形，褐色，平滑或具深皱纹。

生物学特性：花期 4—6 月，果期 9—11 月。

分布：中国华东、华中、华南、西南等地有分布。

保健功能：芳香植物。

园林应用：园林观赏树木。

2. 秤锤树 *Sinojackia xylocarpa* Hu

中文异名：捷克木

分类地位：植物界（Plantae）

　　　　　　　被子植物门（Angiosperms）

　　　　　　　双子叶植物纲（Dicotyledoneae）

　　　　　　　杜鹃花目（Ericales）

　　　　　　　安息香科（Styracaceae）

　　　　　　　秤锤树属（*Sinojackia* Hu）

　　　　　　　秤锤树（*Sinojackia xylocarpa* Hu）

形态学特征：乔木。

（1）茎：嫩枝密被星状短柔毛，灰褐色，后呈红褐色而无毛，表皮常呈纤维状脱落。高达 7m，胸径达 10cm。

（2）叶：纸质。倒卵形或椭圆形，长 3~9cm，宽 2~5cm，顶端急尖，基部楔形或近圆形，边缘具硬质锯齿。生于具花小枝基部的叶，呈卵形而较小，长 2~5cm，宽 1.5~2.0cm，基部圆形或稍心形。两面除叶脉疏被星状短柔毛外，其余无毛，每面有侧脉 5~7 条。叶柄长 3~5mm。

（3）花：总状聚伞花序，生于侧枝顶端，有花 3~5 朵。花梗柔弱而下垂，疏被星状短柔毛，长达 3cm。萼管倒圆锥形，高 3~4mm，外面密被星状短柔毛，萼齿 5 片，少 7 片，披针形。花冠裂片长圆状椭圆形，顶端钝，长 8~12mm，宽 5~6mm，两面均密被星状茸毛。雄蕊 10~14 枚。花丝长 3~4mm，下部宽扁，联合成短管，疏被星状毛。花药长圆形，长 2~3mm，无毛。花柱线形，长 6~8mm。柱头不明显 3 裂。

（4）果实：卵形，连喙长 2.0~2.5cm，宽 1.0~1.3cm，红褐色，有浅棕色的皮孔，无毛，顶端具圆锥状的喙，外果皮木质，不开裂，厚 0.5~1.0mm，中果皮木栓质，厚 2.5~3.5mm，内果皮木质，坚硬，厚 0.5~1.0mm。种子 1 粒。

（5）种子：长圆状线形，长 1cm，栗褐色。

生物学特性：花期 3—4 月，果期 7—9 月。

分布：原产于中国南京。

保健功能：芳香植物。

园林应用：园林观赏树木。

二十五、木樨科 Oleaceae

木樨科具 26 属，700 余种。乔木，直立或藤状灌木。叶对生，稀互生或轮生，单叶、三出复叶或羽状复叶，稀羽状分裂，全缘或具齿。具叶柄，无托叶。花辐射对称，两性，稀单性或杂性，雌雄同株、异株或杂性异株，通常聚伞花序排列成圆锥花序，或为总状、伞状、头状花序，顶生或腋生，或聚伞花序簇生于叶腋，稀花单生。花萼 4 裂，有时多达 12 裂，稀无花萼。花冠 4 裂，有时多达 12 裂，浅裂、深裂至近离生，或有时在基部成对合生，稀无花冠，花蕾时呈覆瓦状或镊合状排列。雄蕊 2 枚，稀 4 枚，着生于花冠管上或花冠裂片基部。花药纵裂。花粉通常具 3 沟。子房上位，由 2 个心皮组成 2 室，每室具胚珠 2 个，有时 1 个或多个，胚珠下垂，稀向上。花柱单一或无花柱。柱头 2 裂或头状。果为翅果、蒴果、核果、浆果或浆果状核果。种子具 1 个伸直的胚。具胚乳或无胚乳。子叶扁平。胚根向下或向上。

1. 金钟花 *Forsythia viridissima* Lindl.

中文异名：黄金条、细叶连翘、迎春条

分类地位：植物界（Plantae）

　　　　　　被子植物门（Angiosperms）

　　　　　　双子叶植物纲（Dicotyledoneae）

　　　　　　唇形目（Lamiales）

　　　　　　木樨科（Oleaceae）

　　　　　　连翘属（*Forsythia* Vahl）

　　　　　　金钟花（*Forsythia viridissima* Lindl.）

形态学特征：落叶灌木。

（1）茎：丛生，枝直立，拱形下垂。小枝黄绿色，微呈四棱形，髓心薄片状。株高可达 3m。

（2）叶：长椭圆形至披针形，或倒卵状长椭圆形，长 3.5~15.0cm，宽 1~4cm，先端锐尖，基部楔形，通常上半部具不规则锐锯齿或粗锯齿，稀近全缘。上面深绿色，下面淡绿色，两面无毛，中脉和侧脉在上面凹入，下面凸起。叶柄长 6~12mm。

（3）花：1~4 朵着生于叶腋。先于叶开放。梗长 3~7mm。花萼长 3.5~5.0mm，裂片绿色，卵形、宽卵形或宽长圆形，长 2~4mm，具睫毛。花冠深黄色，长 1.1~2.5cm，花冠管长 5~6mm，裂片狭长圆形至长圆形，长 0.6~1.8cm，宽 3~8mm，内面基部具橘黄色条纹，反卷。雄蕊 2 枚，与花冠筒近等长。柱头 2 裂。

（4）果实：卵形或宽卵形，长 1.0~1.5cm，宽 0.6~1.0cm，基部稍圆，先端喙状渐尖，具皮孔。果梗长 3~7mm。

生物学特性：花期 3—4 月，果期 7—8 月。

分布：中国华东、华中、西南等地有分布。

保健功能：芳香植物。

园林应用：园林观赏灌木。

2. 连翘 *Forsythia suspensa* (Thunb.) Vahl

中文异名：黄花杆、黄寿丹

英文名：weeping forsythia, golden-bell

分类地位：植物界（Plantae）

　　　　　　被子植物门（Angiosperms）

　　　　　　双子叶植物纲（Dicotyledoneae）

　　　　　　唇形目（Lamiales）

　　　　　　木樨科（Oleaceae）

　　　　　　连翘属（*Forsythia* Vahl）

　　　　　　连翘（*Forsythia suspensa*（Thunb.）Vahl）

形态学特征：落叶灌木。

（1）茎：枝开展或下垂，棕色、棕褐色或淡黄褐色。小枝土黄色或灰褐色，略呈四棱形，疏生皮孔，节间中空，节部具实心髓。

（2）叶：单叶，或3裂至三出复叶。叶片卵形、宽卵形或椭圆状卵形至椭圆形，长 2~10cm，宽 1.5~5.0cm，先端锐尖，基部圆形、宽楔形至楔形，叶缘除基部外具锐锯齿或粗锯齿。上面深绿色，下面淡黄绿色，两面无毛。叶柄长 0.8~1.5cm，无毛。

（3）花：通常单生或2朵至数朵着生于叶腋。先于叶开放。花梗长 5~6mm。花萼绿色，裂片长圆形或长圆状椭圆形，长 5~7mm，先端钝或锐尖，边缘具睫毛，与花冠管近等长。花冠黄色，裂片倒卵状长圆形或长圆形，长 1.2~2.0cm，宽 6~10mm。雄蕊 2 枚，与花冠筒近等长。雌蕊长 4~5m。柱头 2 裂。

（4）果实：卵球形、卵状椭圆形或长椭圆形，长 1.2~2.5cm，宽 0.6~1.2cm。先端喙状渐尖，表面疏生皮孔。果梗长 0.7~1.5cm。

生物学特性：花期3—4月，果期7—9月。

分布：中国华东、华中、华北、西南以及陕西等地有分布。

保健功能：芳香植物。

园林应用：园林观赏灌木。

3. 木樨 *Osmanthus fragrans* Lour.

中文异名：桂花

英文名：sweet osmanthus, sweet olive, tea olive, fragrant olive

分类地位：植物界（Plantae）

被子植物门（Angiosperms）

双子叶植物纲（Dicotyledoneae）

唇形目（Lamiales）

木樨科（Oleaceae）

木樨属（*Osmanthus* Lour.）

桂花（*Osmanthus fragrans* Lour.）

形态学特征：常绿乔木或灌木。

（1）茎：树皮灰褐色。小枝黄褐色，无毛。植株高 3~5m。

（2）叶：革质。椭圆形、长椭圆形或椭圆状披针形，长 7.0~14.5cm，宽 2.6~4.5cm，先端渐尖，基部渐狭呈楔形或宽楔形，全缘或通常上半部具细锯齿。两面无毛，腺点在两面连成小水泡状突起，中脉在上面凹入，下面凸起，侧脉 6~8 对，多达 10 对，在上面凹入，下面凸起。叶柄长 0.8~1.2cm，最长可达 15cm，无毛。

（3）花：聚伞花序，簇生于叶腋，或近于帚状，每腋内有花多朵。苞片宽卵形，质厚，长 2~4mm，具小尖头，无毛。花梗细弱，长 4~10mm，无毛。花极芳香。花萼长 0.5~1.0mm，裂片稍不整齐。花冠黄白色、淡黄色、黄色或橘红色，长 3~4mm。花冠管长 0.5~1.0mm。雄蕊着生于花冠管中部。花丝极短，长 0.3~0.5mm。花药长 0.5~1.0mm。药隔在花药先端稍延伸呈不明显的小尖头。雌蕊长 1.0~1.5mm。花柱长 0.3~0.5mm。

（4）果实：歪斜，椭圆形，长 1.0~1.5cm，熟时呈紫黑色。

生物学特性：花期 9—10 月上旬，果期翌年 3 月。

分布：原产于中国西南部。

保健功能：香气组分包括氧化芳樟醇、芳樟醇、β-紫罗兰酮、2H-β-紫罗兰酮、α-紫罗兰酮、香叶醇、罗勒烯等挥发物质。

　　园林应用：桂花终年常绿，枝繁叶茂，秋季开花，芳香四溢，可谓"独占三秋压群芳"。为园林景观种常见的植物树种，可孤植、对植，也有成丛、成林栽种。桂花对二氧化硫、氟化氢等有害气体有抗性。

参考文献：
1. 金荷仙，郑华，金幼菊，等.杭州满陇桂雨公园 4 个桂花品种香气组分的研究. 林业科学研究，2016，19（5）：612-625.

4. 丹桂 *Osmanthus fragrans* Lour. cv. Aurantiacus

　　　　分类地位：植物界（Plantae）

　　　　　　　　被子植物门（Angiosperms）

　　　　　　　　双子叶植物纲（Dicotyledoneae）

　　　　　　　　唇形目（Lamiales）

　　　　　　　　木樨科（Oleaceae）

　　　　　　　　木樨属（*Osmanthus* Lour.）

　　　　　　　　丹桂（*Osmanthus fragrans* Lour. cv.

　　　　　　　　Aurantiacus）

　　形态学特征：木樨的栽培变种。与木樨的主要区别在于花为橙红色。
　　生物学特性：花期 9 月至 10 月上旬，果期翌年 3 月。
　　保健功能：芳香植物。
　　园林应用：园林观赏树木。

5. 金桂 *Osmanthus fragrans* Lour. cv. Thunbergii

　　　　分类地位：植物界（Plantae）

　　　　　　　　被子植物门（Angiosperms）

　　　　　　　　双子叶植物纲（Dicotyledoneae）

　　　　　　　　唇形目（Lamiales）

　　　　　　　　木樨科（Oleaceae）

木樨属（*Osmanthus* Lour.）

金桂（*Osmanthus fragrans* Lour. cv.
Thunbergii）

形态学特征：木樨的栽培变种。与木樨的主要区别在于花为黄色。

生物学特性：花期9月至10月上旬，果期翌年3月。

保健功能：芳香植物。

园林应用：园林观赏树木。

6. 银桂 *Osmanthus fragrans* Lour. cv. Latifoliu

分类地位：植物界（Plantae）

被子植物门（Angiosperms）

双子叶植物纲（Dicotyledoneae）

唇形目（Lamiales）

木樨科（Oleaceae）

木樨属（*Osmanthus* Lour.）

银桂（*Osmanthus fragrans* Lour. cv.
Latifoliu）

形态学特征：木樨的栽培变种。与木樨的主要区别在于花为银白色。

生物学特性：花期9月至10月上旬，果期翌年3月。

保健功能：芳香植物。

园林应用：园林观赏树木。

7. 四季桂 *Osmanthus fragrans* Lour. cv. Semperflorens

中文异名：月月桂

分类地位：植物界（Plantae）

被子植物门（Angiosperms）

双子叶植物纲（Dicotyledoneae）

唇形目（Lamiales）

木樨科（Oleaceae）

　　木樨属（*Osmanthus* Lour.）

　　　四季桂（*Osmanthus fragrans* Lour. cv.
Semperflorens）

形态学特征：木樨的栽培变种。与木樨的主要区别在于花色较淡，为乳黄色至柠檬黄色，花香不及银桂、金桂、丹桂浓郁。

生物学特性：一年开花数次，但以秋季为主。

保健功能：芳香植物。

园林应用：园林观赏树木。

8. 女贞 *Ligustrum lucidum* W. T. Aiton

中文异名：女桢、桢木、将军树

英文名：broad-leaf privet, Chinese privet, glossy privet, tree privet, wax-leaf privet

分类地位：植物界（Plantae）

　　　被子植物门（Angiosperms）

　　　双子叶植物纲（Dicotyledoneae）

　　　唇形目（Lamiales）

　　　木樨科（Oleaceae）

　　　女贞属（*Ligustrum* Linn.）

　　　女贞（*Ligustrum lucidum* W. T. Aiton）

形态学特征：常绿大灌木或乔木。

（1）茎：树皮灰褐色。枝黄褐色、灰色或紫红色，圆柱形，疏生圆形或长圆形皮孔。植株高可达 25m。

（2）叶：革质。卵形、长卵形或椭圆形至宽椭圆形，长 6~17cm，宽 3~8cm，先端锐尖至渐尖或钝，基部圆形或近圆形，有时宽楔形或渐狭，叶缘平坦。上面光亮，两面无毛，中脉在上面凹入，下面凸起，侧脉 4~9 对，两面稍凸起或有时不明显。叶柄长 1~3cm，上面具沟，无毛。

（3）花：圆锥花序，顶生，长 8~20cm，宽 8~25cm。花序梗长不超过

3cm。花序轴及分枝轴无毛，紫色或黄棕色，果实具棱。花序基部苞片常与叶同形，小苞片披针形或线形，长0.5~6.0cm，宽0.2~1.5cm，凋落。花无梗或近无梗，长不超过1mm。花萼无毛，长1.5~2.0mm，齿不明显或近截形。花冠长4~5mm，花冠管长1.5~3.0mm，裂片长2.0~2.5mm，反折。花丝长1.5~3.0mm。花药长圆形，长1.0~1.5mm。花柱长1.5~2.0mm，柱头棒状。

（4）果实：肾形或近肾形，长7~10mm，径4~6mm，深蓝黑色，成熟时呈红黑色，被白粉。果梗长0~5mm。

生物学特性： 花期5—7月，果期7月至翌年5月。

分布： 中国长江以南至华南、西南，向西北至陕西、甘肃等地有分布。朝鲜也有分布。

保健功能： 对大气污染的抗性强，对二氧化硫、氯气、氟化氢及铅蒸气均有较强抗性，也能忍受较高的粉尘、烟尘污染，能吸收毒性很大的氟化氢、二氧化硫和氯气等。

园林应用： 园林中常用的观赏树种，庭院孤植或丛植，也可作行道树。因其适应性强，生长快又耐修剪，故可作绿篱灌木。

9. 小叶女贞 *Ligustrum quihoui* Carr.

分类地位： 植物界（Plantae）

被子植物门（Angiosperms）

双子叶植物纲（Dicotyledoneae）

唇形目（Lamiales）

木樨科（Oleaceae）

女贞属（*Ligustrum* Linn.）

小叶女贞（*Ligustrum quihoui* Carr.）

形态学特征： 半常绿和常绿灌木。

（1）茎：小枝淡棕色，圆柱形，密被微柔毛，后脱落。植株高1~3m。

（2）叶：薄革质。形状和大小变异较大，披针形、长圆状椭圆形、椭圆形、倒卵状长圆形至倒披针形或倒卵形，长1.0~5.5cm，宽0.5~3.0cm，

先端锐尖、钝或微凹，基部狭楔形至楔形，叶缘反卷。上面深绿色，下面淡绿色，常具腺点，两面无毛，稀沿中脉被微柔毛。中脉在上面凹入，下面凸起，侧脉 2~6 对，不明显，在上面微凹入，下面略凸起，近叶缘处网结不明显。叶柄长 0~5mm，无毛或被微柔毛。

（3）花：圆锥花序，顶生，近圆柱形，长 4~20cm，宽 2~4cm，分枝处常有 1 对叶状苞片。小苞片卵形，具睫毛。花萼无毛，长 1.5~2.0mm，萼齿宽卵形或钝三角形。花冠长 4~5mm，花冠管长 2.5~3.0mm，裂片卵形或椭圆形，长 1.5~3.0mm，先端钝。雄蕊伸出裂片外，花丝与花冠裂片近等长或稍长。

（4）果实：倒卵形、宽椭圆形或近球形，长 5~9mm，径 4~7mm，呈紫黑色。

生物学特性：花期 5—7 月，果期 8—11 月。

分布：中国华东、华中、西南以及陕西等地有分布。朝鲜也有分布。

保健功能：芳香植物。

园林应用：园林观赏灌木。

10. 金叶女贞 *Ligustrum × vicaryi* Hort.

英文名：hybrida vicary privet

分类地位：植物界（Plantae）

　　　　　　被子植物门（Angiosperms）

　　　　　　双子叶植物纲（Dicotyledoneae）

　　　　　　唇形目（Lamiales）

　　　　　　木樨科（Oleaceae）

　　　　　　女贞属（*Ligustrum* Linn.）

　　　　　　金叶女贞（*Ligustrum×vicaryi* Hort.）

形态学特征：半常绿或落叶小灌木。由金边卵叶女贞（*Ligustrum ovalifolium* Hassk. cv. Aureo-marginatum）与欧洲女贞（*Ligusturm vulgare* Linn.）杂交育成。

（1）茎：植株高 2~3m，冠幅 1.5~2.0m。

（2）叶：单叶对生，椭圆形或卵状椭圆形，长 2~5cm。

（3）花：总状花序，小花白色。

（4）果实：核果阔椭圆形，紫黑色。

生物学特性：性喜光，稍耐阴，耐寒能力较强，不耐高温、高湿，抗病力强，很少有病虫危害。

保健功能：芳香植物。

园林应用：金叶女贞在生长季节叶色呈鲜丽的金黄色，可与紫叶小檗、红花檵木、龙柏、黄杨等组成灌木状色块，形成鲜明的色彩对比，观赏效果良好。可修剪成球形，由于其叶色为金黄色，所以大量应用在园林绿化中，主要用来组成图案和建造绿篱。

11. 小蜡 *Ligustrum sinense* Lour.

中文异名：山紫甲树、小蜡、水黄杨

英文名：Chinese privet

分类地位：植物界（Plantae）

被子植物门（Angiosperms）

双子叶植物纲（Dicotyledoneae）

唇形目（Lamiales）

木樨科（Oleaceae）

女贞属（*Ligustrum* Linn.）

小蜡（*Ligustrum sinense* Lour.）

形态学特征：落叶灌木或小乔木。

（1）根：根系发达。

（2）茎：小枝灰色，开展，密被黄色短柔毛。植株高 2~7m。

（3）叶：薄革质。单叶对生。椭圆形至椭圆状长圆形，长 3~5cm，宽 1~2cm，先端急尖或钝，常微凹，基部圆形或宽楔形，全缘，稍背卷。上面深绿色，无毛，下面仅中脉上有短柔毛，中脉在上面凹入，下面凸起。侧脉 5~8 条，近叶缘处网结。叶柄长 2~6mm，被短柔毛或无毛。

（4）花：圆锥花序疏松，顶生，长 6~10cm，有短柔毛。花梗细，

长 2~4mm，近无毛。花萼钟形，长 1mm，顶端近截形，被柔毛或无毛。花冠白色，花冠筒长 1~2mm，顶端 4 裂，裂片长圆形或长圆状卵形，长 2~3mm，宽 1.5mm，先端急尖或钝。雄蕊 2 枚，伸出花冠外。花药长 3~4mm，檐部 4 裂，裂片长圆形，略长于冠筒。柱头线形，近头状。

（5）果实：浆果状核果近球形，径 3~4mm，熟时黑色，果梗长 2~5mm。

生物学特性：花期 7 月，果期 9—10 月。

分布：中国华东、华中、华南、西南等地有分布。越南也有分布。

保健功能：芳香植物。

园林应用：耐修剪，宜作绿篱、绿墙和隐蔽遮挡作绿屏，也可作小乔木树种。对有害气体抗性强，可作厂矿绿化植物。

12. 野迎春 *Jasminum mesnyi* Hance

中文异名：云南黄馨、云南黄素馨、迎春柳花、金腰带、金梅花、金铃花

英文名：primrose jasmine, Japanese jasmine

分类地位：植物界（Plantae）

被子植物门（Angiosperms）

双子叶植物纲（Dicotyledoneae）

唇形目（Lamiales）

木樨科（Oleaceae）

素馨属（*Jasminum* Linn.）

野迎春（*Jasminum mesnyi* Hance）

形态学特征：常绿藤状灌木。

（1）茎：小枝无毛，四方形，具浅棱。

（2）叶：对生。小叶 3 枚，长椭圆状披针形，顶端 1 片较大，基部渐狭成一短柄，侧生 2 片小而无柄。

（3）花：大，单生于枝下部叶腋。苞片叶状。花梗长 5~7mm，无毛。花萼钟状，萼筒长 2mm，顶端 6~7 裂，裂片叶状，狭长卵形，

长 5mm，先端急尖或渐尖，无毛。花冠黄色，径 3~4cm，花冠筒长 7~10mm，呈半重瓣，有香气。花瓣较花筒长，裂片椭圆形或长圆形，长 1.5~2.0cm，宽 1.0~1.5cm，先端钝圆，有小尖头。雄蕊 2 枚，内藏。

（4）果实：浆果未见。

生物学特性：花期 3—4 月。

分布：中国西南地区有分布。

保健功能：芳香植物。

园林应用：可做庭院观赏、花篱、地被植物，枝条长而柔弱，下垂或攀缘，碧叶黄花，可于堤岸、台地和阶前边缘栽植，特别适用于宾馆、大厦顶棚布置，也可盆栽观赏。

13. 迎春花 *Jasminum nudiforum* Lindl.

中文异名：金腰带、小黄花

英文名：winter jasmine

分类地位：植物界（Plantae）

　　　　　　　被子植物门（Angiosperms）

　　　　　　　双子叶植物纲（Dicotyledoneae）

　　　　　　　唇形目（Lamiales）

　　　　　　　木樨科（Oleaceae）

　　　　　　　素馨属（*Jasminum* Linn.）

　　　　　　　迎春（*Jasminum nudiforum* Lindl.）

形态学特征：落叶灌木。

（1）茎：植株高或枝条长 0.5~3.0m。枝干丛生，灰褐色，无毛。小枝绿色、细长，呈拱形，四棱形。

（2）叶：对生，三出复叶，有时幼枝基部有单叶。小叶卵形至矩圆形，长 1.0~2.5cm，宽 5~10mm，顶生小叶比侧生小叶大，先端急尖至凸尖，基部楔形，全缘，边缘有短毛。叶两面无毛，叶背灰绿色。叶柄长 0.5~1.0cm，无毛，侧生小叶无柄，顶生小叶近无柄。

（3）花：先于叶开放。黄色，外染有红晕，有叶状狭窄的绿色苞片，

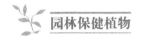

单生于去年生枝的叶腋。

（4）果实：浆果未见。

生物学特性：花期3—5月。喜光，略耐阴。适应性强，为温带树种，喜温暖、湿润环境，耐寒。耐旱，但怕涝。对土壤的要求不高，较耐碱。萌芽、萌蘖力强。

分布：中国西南地区有分布。

保健功能：芳香植物。

园林应用：为早春开花较早的植物之一。可栽植于路旁、山坡及窗下墙边，或作花篱密植。还可作开花地被，或植于岩石园内，观赏效果极好。山野多年生老树桩移入盆中，做成盆景；或编枝条成各种形状，做成盆栽于室内观赏。

14. 探春花 *Jasminum floridum* Bunge

中文异名：鸡蛋黄、牛虱子

分类地位：植物界（Plantae）

被子植物门（Angiosperms）

双子叶植物纲（Dicotyledoneae）

唇形目（Lamiales）

木樨科（Oleaceae）

素馨属（*Jasminum* Linn.）

探春花（*Jasminum floridum* Bunge）

形态学特征：直立或攀缘缠绕状半常绿灌木。

（1）茎：小枝褐色或黄绿色，当年生枝绿色，有棱角，无毛。植株高或枝条长1~3m。

（2）叶：互生。奇数羽状复叶通常由3~5片小叶组成。叶片卵形或长椭圆状卵形，长1~3cm，宽0.7~1.3cm，先端急尖，具小尖头，稀钝或圆形，基部楔形或宽楔形，边缘有细短的芒状锯齿或全缘，背卷。叶片中脉上面凹入，下面凸起，两面无毛。叶柄长5~7mm，侧生小叶近无柄，顶生小叶柄长5~7mm。

（3）花：聚伞花序或伞状聚伞花序，顶生，有花 3~25 朵。苞片锥形，长 3~7mm。花梗长 0.1~2.0cm。花萼具 5 条突起的肋，无毛，萼管长 1~2mm，裂片锥状线形，长 1~3mm。花冠黄色，近漏斗状，花冠管长 0.9~1.5cm，顶端 5 裂，裂片卵形或长圆形，长 4~8mm，宽 3~5mm，先端锐尖，稀圆钝，边缘具纤毛。雄蕊 2 枚，内藏。

（4）果实：浆果长圆形或球形，长 5~10mm，径 5~10mm，成熟时呈黑色。

（5）种子：椭圆形，扁平。

生物学特性：花期 5 月，果期 9 月。

分布：中国华东、华中、华北、西南以及陕西等地有分布。

保健功能：芳香植物。

园林应用：为优良的园林观赏灌木。

二十六、夹竹桃科 Apocynaceae

根据 APG Ⅲ 分类系统，夹竹桃科具 366 属，5100 余种。有 5 个亚科：Apocynoideae（夹竹桃亚科）、Asclepiadoideae（萝藦亚科）、Periplocoideae（杠柳亚科）、Rauvolfioideae（萝芙木亚科）和 Secamonoideae（鲫鱼藤亚科）。

1. 夜来香 *Telosma cordata* (Burm. f.) Merr.

中文异名：夜香花、夜兰香

英文名：Chinese violet, cowslip creeper, Pakalana vine, Tonkin jasmine, Tonkinese creeper

分类地位：植物界（Plantae）

被子植物门（Angiosperms）

双子叶植物纲（Dicotyledoneae）

龙胆目（Gentianales）

夹竹桃科（Apocynaceae）

夜来香属（*Telosma* Coville）

夜来香（*Telosma cordata* (Burm. f.) Merr.）

形态学特征：柔弱藤状灌木。

（1）茎：小枝被柔毛，黄绿色，老枝灰褐色，渐无毛，略具有皮孔。

（2）叶：膜质，卵状长圆形至宽卵形，长 6.5~9.5cm，宽 4~8cm，顶端短渐尖，基部心形。叶脉上被微毛。基脉 3~5 条，侧脉每边 5~6 条，小脉网状。叶柄长 1.5~5.0cm，被微毛或脱落，顶端具丛生 3~5 个小腺体。

（3）花：伞形状聚伞花序，腋生，着花多达 30 朵。花序梗长 5~15mm，被微毛，花梗长 1.0~1.5cm，被微毛。花芳香，夜间更盛。花萼裂片长圆状披针形，外面被微毛，花萼内面基部具 5 个小腺体。花冠黄绿色，高脚碟状，花冠筒圆筒形，喉部被长柔毛，裂片长圆形，长 6mm，宽 3mm，具缘毛，干时不折皱，向右覆盖。副花冠 5 片，膜质，着生于合蕊冠上，腹部与花药黏生，下部卵形，顶端舌状渐尖，背部凸起有凹刻。花药顶端具内弯的膜片。花粉块长圆形，直立。子房无毛，心皮离生，每室有胚珠多个。花柱短柱状。柱头头状，基部具 5 棱。

（4）果实：膏葖状披针形，长 7~10cm，渐尖。外果皮厚，无毛。

（5）种子：宽卵形，长 8mm，顶端具白色绢质种毛。

生物学特性：花期 5—8 月，极少结果。

分布：原产于中国华南地区。

保健功能：芳香植物。

园林应用：园林观赏灌木。

二十七、紫葳科 Bignoniaceae

紫葳科具 80~85 属，810~860 种。乔木、灌木或木质藤本，稀为草本。常具有各式卷须及气生根。叶对生、互生或轮生，单叶或羽叶复叶，稀掌状复叶。顶生小叶或叶轴有时呈卷须状，卷须顶端有时变为钩状或为吸盘而攀缘他物。无托叶或具叶状假托叶。叶柄基部或脉腋处常有腺体。花两性，左右对称，组成顶生、腋生的聚伞花序、圆锥花序或总状花序，或总状式簇生。苞片及小苞片存在或早落。花萼钟状、筒状，平截，或具 2~5 个齿，或具钻状腺齿。花冠合瓣，钟状或漏斗状，常二唇形，5 裂，裂片覆瓦状或镊合状排列。能育雄蕊通常 4 枚，具 1 枚后方退化雄蕊，有时能育雄蕊 2 枚，具或不具 3 枚退化雄蕊，稀 5 枚雄蕊均能育，着生于花冠筒上。花盘存在，环状，肉质。子房上位，2 室，稀 1 室，或因隔膜发达而成 4 室。中轴胎座或侧膜胎座。胚珠多个，叠生。花柱丝状。柱头二唇形。蒴果，室间或室背开裂，形状各异，光滑或具刺，通常下垂，稀为肉质不开裂。隔膜各式，圆柱状、板状增厚，与果瓣平行或垂直。种子通常具翅或两端有束毛，薄膜质，极多数，无胚乳。

1. 凌霄 *Campsis grandiflora* (Thunb.) K. Schum.

中文异名：紫葳、藤五加、接骨丹、五爪龙、上树龙

英文名：Chinese trumpet vine

分类地位：植物界（Plantae）

　　　　　　被子植物门（Angiosperms）

　　　　　　双子叶植物纲（Dicotyledoneae）

　　　　　　唇形目（Lamiales）

　　　　　　紫葳科（Bignoniaceae）

　　　　　　凌霄属（*Campsis* Lour.）

　　　　　　凌霄（*Campsis grandiflora* (Thunb.) K. Schum.）

形态学特征：攀缘藤本。

（1）茎：木质，表皮脱落，枯褐色，以气生根攀附于他物之上。

（2）叶：对生。奇数羽状复叶。小叶 7~9 片。小叶卵形至卵状披针形，顶端尾状渐尖，基部阔楔形，两侧不等大，长 3~9cm，宽 1.5~5.0cm，侧脉 6~7 对，两面无毛，边缘有粗锯齿。叶轴长 4~13cm。小叶柄长 5~10mm。

（3）花：顶生疏散的短圆锥花序，花序轴长 15~20cm。花萼钟状，长 3cm，分裂至中部，裂片披针形，长 1.0~1.5cm。花冠内面鲜红色，外面橙黄色，长 4~5cm，裂片半圆形。雄蕊着生于花冠筒近基部。花丝线形，细长，长 2.0~2.5cm。花药黄色，个字形着生。花柱线形，长 2~3cm。柱头扁平，2 裂。

（4）果实：蒴果顶端钝。

生物学特性：花期5—8月。喜温湿环境，用压条、扦插及分根繁殖。

分布：中国华东、华中、华北、华南、西南以及陕西等地有分布。日本也有分布。

保健功能：芳香植物。

园林应用：园林观赏藤本。

2. 厚萼凌霄 *Campsis radicans* Seem.

中文异名：美国凌霄、杜凌霄

英文名：trumpet vine, trumpet creeper, cow itch vine, hummingbird vine

分类地位：植物界（Plantae）

　　　　　被子植物门（Angiosperms）

　　　　　　双子叶植物纲（Dicotyledoneae）

　　　　　　　唇形目（Lamiales）

　　　　　　　　紫葳科（Bignoniaceae）

　　　　　　　　　凌霄属（*Campsis* Lour.）

　　　　　　　　　　厚萼凌霄（*Campsis radicans* Seem.）

形态学特征：藤本。

（1）茎：具气生根，长达10m。

（2）叶：小叶9~11片。小叶片椭圆形至卵状椭圆形，长3.5~6.5cm，宽2~4cm，顶端尾状渐尖，基部楔形，边缘具齿。上面深绿色，下面淡绿色，被毛，至少沿中肋被短柔毛。

（3）花：花萼钟状，长1.5~2.0cm，口部径0.8~1.0cm，5浅裂至萼筒的1/3处，裂片齿卵状三角形，外向微卷，无凸起的纵肋。花冠筒细长，漏斗状，橙红色至鲜红色，筒部为花萼长的3倍，6~9cm，径4cm。

（4）果实：蒴果长圆柱形，长8~12cm，顶端具喙尖，沿缝线具龙骨状突起，粗1~2mm，具柄，硬壳质。

生物学特性：花期5—8月。

分布：原产于南美洲。

保健功能：芳香植物。

园林应用：园林观赏藤本。

二十八、茜草科 Rubiaceae

茜草科具 611 属，13500 余种。乔木、灌木或草本，有时为藤本。茎有时不规则次生生长，节为单叶隙，较少为三叶隙。叶对生或有时轮生，有时具不等叶性，通常全缘，极少有齿缺。托叶通常生于叶柄间，较少生于叶柄内，分离或程度不等地合生，宿存或脱落。花序常由聚伞花序复合而成。花两性、单性或杂性，通常花柱异长。萼通常 4~5 裂。花冠合瓣，管状、漏斗状、高脚碟状或辐射状，常 4~5 裂，裂片镊合状、覆瓦状或旋转状排列，整齐。雄蕊与花冠裂片同数而互生，着生在花冠管的内壁上。花药 2 室，纵裂或少有顶孔开裂。雌蕊常由 2 个心皮组成，合生。子房常下位，子房室数与心皮数相同。中轴胎座或侧膜胎座。花柱顶生，具头状或分裂的柱头。胚珠每子房室 1 个至多个，倒生、横生或曲生。浆果、蒴果或核果，或干燥而不开裂，或为分果，有时为双果瓣。种子裸露或嵌于果肉或肉质胎座中，种皮膜质或革质，较少脆壳质，极少骨质，表面平滑、蜂巢状或有小瘤状凸起，有时有翅或有附属物，胚乳核型，肉质或角质。胚直或弯，轴位于背面或顶部，有时棒状而内弯，子叶扁平或半柱状，靠近种脐或远离，位于上方或下方。

1. 栀子 *Gardenia jasminoides* J. Ellis

中文异名：黄栀子、山栀子、山黄栀

英文名：gardenia, cape jasmine, cape jessamine, jasmin

分类地位：植物界（Plantae）

　　　　　被子植物门（Angiosperms）

　　　　　　双子叶植物纲（Dicotyledoneae）

　　　　　　　龙胆目（Gentianales）

　　　　　　　　茜草科（Rubiaceae）

栀子属（*Gardenia* J. Ellis）

栀子（*Gardenia jasminoides* J. Ellis）

形态学特征：灌木。

（1）茎：嫩枝常被短毛，枝圆柱形，灰色。植株高 0.3~3.0m。

（2）叶：对生，稀 3 片轮生。革质，稀纸质。叶形多样，长圆状披针形、倒卵状长圆形、倒卵形或椭圆形，长 3~25cm，宽 1.5~8.0cm，顶端渐尖、骤然长渐尖或短尖而钝，基部楔形或短尖，两面常无毛。上面亮绿，下面色较暗。侧脉 8~15 对，在下面凸起，在上面平。叶柄长 0.2~1.0cm。托叶膜质。

（3）花：芳香。常单朵生于枝顶。花梗长 3~5mm。萼管倒圆锥形或卵形，长 8~25mm，有纵棱，萼檐管形，膨大，顶部 5~8 裂，通常 6 裂，裂片披针形或线状披针形，长 10~30mm，宽 1~4mm，结果时增长，宿存。花冠白色或乳黄色，高脚碟状，喉部有疏柔毛，冠管狭圆筒形，长 3~5cm，宽 4~6mm，顶部 5~8 裂，常 6 裂，裂片广展，倒卵形或倒卵状长圆形，长 1.5~4.0cm，宽 0.6~2.8cm。花丝极短。花药线形，长 1.5~2.2cm，伸出。花柱粗厚，长 3.5~4.5cm。柱头纺锤形，伸出，长 1.0~1.5cm，宽 3~7mm。子房径 2~3mm，黄色，平滑。

（4）果实：果卵形、近球形、椭圆形或长圆形，黄色或橙红色，长 1.5~7.0cm，径 1.2~2.0cm，有翅状纵棱 5~9 条，顶部的宿存萼片长达 4cm，宽达 6mm。

（5）种子：多数，扁，近圆形而稍有棱角，长 3.0~3.5mm，宽 2~3mm。

生物学特性：花期 3—7 月，果期 5 月至翌年 2 月。

分布：中国华东、华中、华南、西南等地有分布。日本、朝鲜、越南、老挝、柬埔寨、缅甸、印度、尼泊尔、巴基斯坦、太平洋岛屿和美洲北部等地也有分布。

保健功能：芳香植物。

园林应用：园林观赏灌木。

2. 六月雪 *Serissa jaoponica* (Thunb.) Thunb.

英文名：snow rose

　　分类地位：植物界（Plantae）

　　　　　　　　被子植物门（Angiosperms）

　　　　　　　　双子叶植物纲（Dicotyledoneae）

　　　　　　　　龙胆目（Gentianales）

　　　　　　　　茜草科（Rubiaceae）

　　　　　　　　白马骨属（*Serissa* Comm. ex Juss.）

　　　　　　　　六月雪（*Serissa jaoponica* (Thunb.) Thunb.）

　　形态学特征：小灌木。

　　（1）茎：小枝灰白色。幼枝被短柔毛。植株高 60~90cm。

　　（2）叶：革质。卵形至倒披针形，长 6~22mm，宽 3~6mm，顶端短尖至长尖，边全缘，无毛。叶柄短。

　　（3）花：花单生或数朵丛生于小枝顶部或腋生，有被毛、边缘浅波状的苞片。萼檐 4~6 裂，裂片三角形，长 0.5~1.0mm。花冠白色带紫红色，长 6~12mm，顶端 4~6 裂，裂片扩展。雄蕊突出冠管喉部外。花柱长突出。柱头 2 个，直，略分开。

　　（4）果实：小，干燥。

　　生物学特性：花期 5—7 月。

　　分布：中国长江流域以南各地有分布。

　　保健功能：舒肝解郁，清热利湿，消肿拔毒，止咳化痰。

　　园林应用：园林观赏灌木。

参考文献：

[1] 浙江植物志编辑委员会.浙江植物志.杭州：浙江科学技术出版社，1993.

二十九、忍冬科 Caprifoliaceae

　　忍冬科具 42 属，860 余种。世界广布，主要分布在亚洲和北美洲东部。常绿和落叶灌木或藤本，稀为草本。叶对生，无托叶。常具花萼，萼片分裂。花冠筒钟状，5 裂，向外伸展。花具香味。果实为浆果、核果或蒴果。

1. 金银忍冬 *Lonicera maachii* (Rupr.) Maxim.

中文异名：王八骨头、金银木

英文名：Amur honeysuckle

分类地位：植物界（Plantae）

被子植物门（Angiosperms）

双子叶植物纲（Dicotyledoneae）

川续断目（Dipsacales）

忍冬科（Caprifoliaceae）

忍冬属（*Lonicera* Linn.）

金银忍冬（*Lonicera maachii* (Rupr.) Maxim.）

形态学特征：落叶灌木。

（1）茎：幼枝、叶两面脉上、叶柄、苞片、小苞片及萼檐外面都被短柔毛和微腺毛。冬芽小，卵圆形，有5~6对或更多鳞片。植株长达6m，径达10cm。

（2）叶：纸质。形状变化较大，通常卵状椭圆形至卵状披针形，稀矩圆状披针形或倒卵状矩圆形，长5~8cm，顶端渐尖或长渐尖，基部宽楔形至圆形。叶柄长2~8mm。

（3）花：芳香。生于幼枝叶腋，总花梗长1~2mm，短于叶柄。苞片条形，有时条状倒披针形而呈叶状，长3~6mm。小苞片多少连合成对，长为萼筒的1/2至几乎相等，顶端截形。相邻两萼筒分离，长1~2mm，无毛或疏生微腺毛。萼檐钟状，为萼筒长的2/3至相等，干膜质，萼齿宽三角形或披针形，不相等，顶尖，裂隙达萼檐的1/2。花冠先白色后变黄色，长1~2cm，外被短伏毛或无毛，唇形，筒长为唇瓣的1/2，内被柔毛。雄蕊与花柱长达花冠的2/3。花丝中部以下和花柱均有向上的柔毛。

（4）果实：暗红色，圆形，径5~6mm。

（5）种子：具蜂窝状微小浅凹点。

生物学特性：花期5—6月，果熟期8—10月。

分布：中国华东、华中、西南、华南等地有分布。俄罗斯、韩国和日本也有分布。

保健功能：芳香植物。

园林应用：园林观赏灌木。

2. 忍冬 *Lonicera japonica* Thunb.

中文异名：金银花、金银藤、银藤、子风藤、老翁须

英文名：golden-and-silver honeysuckle

分类地位：植物界（Plantae）

   被子植物门（Angiosperms）

    双子叶植物纲（Dicotyledoneae）

     川续断目（Dipsacales）

      忍冬科（Caprifoliaceae）

       忍冬属（*Lonicera* Linn.）

        忍冬（*Lonicera japonica* Thunb.）

形态学特征：半常绿藤本。

（1）茎：幼枝橘红褐色，密被黄褐色、开展的硬直糙毛、腺毛和短柔毛，下部常无毛。

（2）叶：纸质。卵形至矩圆状卵形，有时卵状披针形，稀圆卵形或倒卵形，极少有1个至数个钝缺刻，长3~8 cm，顶端尖或渐尖，少有钝、圆或微凹缺，基部圆或近心形，有糙缘毛。上面深绿色，下面淡绿色，小枝上部叶通常两面均密被短糙毛，下部叶常平滑无毛而下面多少带青灰色。叶柄长4~8mm，密被短柔毛。

（3）花：总花梗通常单生于小枝上部叶腋，与叶柄等长或稍较短，下方者则长达2~4cm，密被短柔毛，并夹杂腺毛。苞片大，叶状，卵形至椭圆形，长达2~3cm，两面均有短柔毛或有时近无毛。小苞片顶端圆形或截形，长0.5~1.0mm，为萼筒的1/2~4/5，有短糙毛和腺毛。萼筒长1~2mm，无毛，萼齿卵状三角形或长三角形，顶端尖而有长毛，外面和边缘都有密毛。花冠白色，有时基部向阳面呈微红，后变黄色，长2~6cm，唇形，筒稍长于唇瓣，很少近等长，外被多少倒生的开展或半

开展糙毛和长腺毛，上唇裂片顶端钝形，下唇带状而反曲。雄蕊和花柱均高出花冠。

（4）果实：圆形，径 6~7mm，熟时蓝黑色，有光泽。

（5）种子：卵圆形或椭圆形，褐色，长 2~3mm，中部有 1 个凸起的脊，两侧有浅的横沟纹。

生物学特性：花期 4—6 月，秋季亦常开花，果熟期 10—11 月。

分布：中国几遍全国。韩国、朝鲜和日本等地也有分布。

保健功能：花清香。植株体含咖啡酸甲酯（methyl caffeate）、3,4-二咖啡酰奎宁酸（3,4-di-O-caffeoylquinic acid）、3,4-二咖啡酰奎宁酸甲酯（methyl 3,4-di-O-caffeoylquinate）、原儿茶酸（protocatechuic acid）、甲基绿原酸（methyl chlorogenic acid）、洋地黄黄酮（木樨草素）（luteolin）、皂苷忍冬苦苷类化合物（saponins loniceroside A 和 B）、忍冬苦苷 C（loniceroside C）、金丝桃甙（hyperoside）、绿原酸（chlorogenic acid）和咖啡酸（caffeic acid）。叶片含 2 种双黄酮类化合物 3'-O-methyl loniflavone 和 loniflavone，以及洋地黄黄酮和 5,7-而羟黄铜（chrysin）。花芽中有裂环烯醚萜甙类化合物（secoiridoid glycosides）、loniceracetalides A 和 B，以及多种环烯醚萜苷类化合物（iridoid glycosides）。其中的化合物具有清热解毒、消炎退肿的功效。

园林应用：常用作垂直绿化、绿篱等，可用作地被植物，还可用作盆景。

3. 糯米条 *Linnaea chinensis* (R. Br.) A. Braun ex Vatke

分类地位：植物界（Plantae）

被子植物门（Angiosperms）

双子叶植物纲（Dicotyledoneae）

川续断目（Dipsacales）

忍冬科（Caprifoliaceae）

北极花属（*Linnaea* Linn.）

糯米条（*Linnaea chinensis* (R.Br.) A. Braun ex Vatke）

形态学特征：落叶多分枝灌木。

（1）茎：嫩枝纤细，红褐色，被短柔毛，老枝树皮纵裂。植株高达2m。

（2）叶：有时3片轮生。圆卵形至椭圆状卵形，顶端急尖或长渐尖，基部圆或心形，长2~5cm，宽1.0~3.5cm，边缘有稀疏圆锯齿。上面初时疏被短柔毛，下面基部主脉及侧脉密被白色长柔毛。花枝上部叶向上逐渐变小。

（3）花：聚伞花序，生于小枝上部叶腋，由多数花序集合成一圆锥状花簇。总花梗被短柔毛，果期光滑。花具3对小苞片。小苞片矩圆形或披针形，具睫毛。萼筒圆柱形，被短柔毛，稍扁，具纵条纹，萼檐5裂，裂片椭圆形或倒卵状矩圆形，长5~6mm，果期呈红色。花冠白色至红色，漏斗状，长1.0~1.2cm，为萼齿的1倍，外面被短柔毛，裂片5片，圆卵形。雄蕊着生于花冠筒基部，花丝细长，伸出花冠筒外。花柱细长，柱头圆盘形。

（4）果实：萼裂片宿存，略增大。

生物学特性：花期6—8月，果期10—11月。花期长，耐寒。

分布：中国华东、华中、华南、西南等地有分布。日本也有分布。

保健功能：花芳香。为观赏型芳香保健植物。植株根可用于牙痛。枝叶具清热解毒、凉血止血等功效，可用于治疗跌打损伤等。花可用于治疗头痛、牙痛。

园林应用：观赏植物。孤植、丛植。可作绿篱、行道树等，也用作庭院树种。

参考文献：

[1] Christenhusz M J M. Twins are not alone: a recircumscription of Linnaea (Caprifoliaceae). Phytotaxa, 2013, 125 (1): 25–32.

第二章　居室园林保健植物

居室园林保健植物是指适宜在居室内环境生长的园林保健植物。这类植物可以是嗅觉型，也可以是视觉型，还可以是观赏型、触觉型或药用型等。

居室园林保健植物生长于相对私密的环境，其环境中的光照、湿度、通风等条件与室外相比具有明显差异。很多居室园林保健植物属阴性或半阳性植物，而选用的阳性植物往往需要放置于阳台等透光良好的空间。

嗅觉型居室园林保健植物可以是芳香类，也可以是非芳香类。选择的居室园林保健植物通常具有净化室内空气，吸收有毒或不良气体的功效；可杀抑细菌，增强人体免疫力；营造室内绿色、清馨环境等。不同人群可根据自身特点，挑选适宜居室保健植物，有益人体健康。本章介绍了 52 种居室园林保健植物。

一、百合科 Liliaceae

1. 百合 *Lilium brownii* F. E. Brown ex Miellez var. *viridulum* Baker

中文异名：山百合、香水百合、天香百合

英文名：lily

分类地位：植物界（Plantae）

被子植物门（Angiosperms）

单子叶植物纲（Monocotyledoneae）

百合目（Liliales）

百合科（Liliaceae）

百合属（*Lilium* Linn.）

百合（*Lilium brownii* F. E. Brown ex Miellez var. *viridulum* Baker）

形态学特征：多年生草本。

（1）根：肉质根数十条，纤维根纤细。鳞茎球形，径 2.0~4.5cm。鳞片披针形，长 2~4cm，宽 1.0~1.5cm，无节，白色。

（2）茎：有的有紫色条纹，有的下部有小乳头状突起。植株高 0.5~2.0m。

（3）叶：散生，通常自下向上渐小。披针形、窄披针形至条形，长 7~15cm，宽 0.6~2.0cm，先端渐尖，基部渐狭，具 5~7 条脉，全缘。两面无毛。

（4）花：花单生或几朵排成近伞形。花梗长 3~10cm，稍弯。苞片披针形，长 3~9cm，宽 0.6~2.0cm。花喇叭形，有香气，乳白色，外面稍带紫色，无斑点，向外张开或先端外弯而不卷，长 13~18cm。外轮花被片宽 2.0~4.5cm，先端尖。内轮花被片宽 3.5~5.0cm，蜜腺两边具小乳头状突起。雄蕊向上弯。花丝长 10~12cm，中部以下密被柔毛，少有具稀疏的毛或无毛。花药长椭圆形，长 1.0~1.5cm。子房圆柱形，长 3.0~3.5cm，宽 3~4mm。花柱长 8.5~12.0cm。柱头 3 裂。

（5）果实：蒴果矩圆形，长 4.5~6.0cm，宽 3.0~3.5cm，有棱，具多数种子。

（6）种子：卵形，扁平。

生物学特性：花期 5—6 月，果期 9—10 月。

分布：中国华东、华中、西南等地有分布。生于山坡、灌木林下、路边、溪旁或石缝中。

保健功效：鲜花含芳香油。具祛痰镇咳、滋阴润肺等功效。

园林应用：地被花卉。常用作居室盆栽。

二、兰科 Orchidaceae

兰科具 763 属，28000 余种。地生、附生或较少为腐生草本，稀为攀缘藤本。地生与腐生种类常有块茎或肥厚的根状茎，附生种类常有由茎的一部分膨大而成的肉质假鳞茎。叶基生或茎生，后者通常生于假鳞茎顶端或近顶端处，扁平，有时圆柱形或两侧压扁，基部具或不具关节。花葶或花序顶生或侧生。花常排列成总状花序或圆锥花序，少有为缩短的头状花序或减退为单花。花两性，常两侧对称。花被片6片，2轮。萼片离生或不同程度地合生。中央1片花瓣形态常特化，明显不同于侧生花瓣。子房下位，1室。侧膜胎座，较少3室而具中轴胎座。除子房外整个雌雄蕊器官完全融合成柱状体，称蕊柱。蕊柱顶端一般具药床和1个花药，腹面有1个柱头穴。柱头与花药之间有1个舌状器官，称蕊喙，极罕具2~3个花药、2个隆起的柱头或不具蕊喙。蕊柱基部有时向前下方延伸成足状，称蕊柱足，2片侧萼片基部常着生于蕊柱足上，形成囊状结构，称萼囊。花粉通常黏合成团块，称花粉团。花粉团的一端常变成柄状物，称花粉团柄。花粉团柄连接于由蕊喙的一部分变成固态黏块即黏盘上，有时黏盘还有柄状附属物，称黏盘柄。花粉团、花粉团柄、黏盘柄和黏盘连接在一起，称花粉块，但有的花粉块不具花粉团柄或粘盘柄，有的不具黏盘而只有黏质团。果实通常为蒴果，较少呈荚果状，具极多种子。种子细小，无胚乳，种皮常在两端延长成翅状。

1. 蕙兰 *Cymbidium faberi* Rolfe

英文名：Multi-flower orchid, Miscanthus orchid

分类地位：植物界（Plantae）

被子植物门（Angiosperms）

单子叶植物纲（Monocotyledoneae）

天门冬目（Asparagales）

兰科（Orchidaceae）

兰属（*Cymbidium* Swartz）

蕙兰（*Cymbidium faberi* Rolfe）

形态学特征：多年生草本。

（1）根：假鳞茎不明显。

（2）茎：植株高 25~40cm。

（3）叶：5~8 片，带形，挺直，长 25~80cm，宽 4~12mm，基部常对折。叶脉透亮，边缘具粗锯齿。

（4）花：花葶高 35~80cm，被长鞘。总状花序具 5~11 朵花。苞片线状披针形。花梗和子房长 2.0~2.5cm。花浅黄绿色，唇瓣有紫红色斑，具香气。萼片近披针状长圆形或狭倒卵形，长 2.5~3.5cm，宽 6~8mm。唇瓣长圆状卵形，长 2.0~2.5cm，3 裂。蕊柱长 1.0~1.5cm，稍向前弯曲，两侧有狭翅。

（5）果实：蒴果近狭椭圆形，长 5.0~5.5cm，宽 1~2cm。

生物学特性：花期 3—5 月。喜冬季温暖和夏季凉爽的环境。

分布：中国华东、华中、华南、西南以及陕西南部、甘肃南部等地有分布。尼泊尔、印度北部也有分布。常生于溪沟边和林下的半阴环境，以及湿润、排水良好的透光处。

保健功效：居室芳香型保健植物。具润肺止咳等功效。

园林应用：盆栽花卉。

2. 春兰 *Cymbidium goeringii* (Rchb. f.) Rchb. f.

英文名：Noble Orchid, Spring Orchid

分类地位：植物界（Plantae）

被子植物门（Angiosperms）

单子叶植物纲（Monocotyledoneae）

天门冬目（Asparagales）

兰科（Orchidaceae）

兰属（*Cymbidium* Swartz）

春兰（*Cymbidium goeringii* (Rchb. f.) Rchb. f.）

形态学特征：多年生草本。

（1）根：假鳞茎较小，卵球形，长 1.0~2.5cm，宽 1.0~1.5cm，包藏于叶基之内。

（2）茎：植株高 15~35cm。

（3）叶：4~7片，带形，通常较短小，长20~60cm，宽5~9mm，下部常多少对折而呈"V"形，边缘无齿或具细齿。

（4）花：花葶从假鳞茎基部外侧叶腋中抽出，直立，长3~30cm，极罕更高，明显短于叶。花序具单朵花，极罕2朵。花苞片长而宽，一般长4~5cm，多少围抱子房。花梗和子房长2~4cm。花色泽变化较大，通常为绿色或淡褐黄色而有紫褐色脉纹，有香气。萼片近长圆形至长圆状倒卵形，长2.5~4.0cm，宽8~12mm。花瓣倒卵状椭圆形至长圆状卵形，长1.7~3.0cm，与萼片近等宽，展开或多少围抱蕊柱。唇瓣近卵形，长1.4~2.8cm，不明显3裂。侧裂片直立，具小乳突，在内侧靠近纵褶片处各有1个肥厚的皱褶状物。中裂片较大，强烈外弯，上面亦有乳突，边缘略呈波状。唇盘上2条纵褶片从基部上方延伸至中裂片基部以上，上部向内倾斜并靠合，多少形成短管状。蕊柱长1.2~1.8cm，两侧有较宽的翅。花粉团4个，成2对。

（5）果实：蒴果狭椭圆形，长6~8cm，宽2~3cm。

生物学特性： 花期1—3月。喜冬季温暖和夏季凉爽的环境。

分布： 中国华东、华中、华南、西南以及陕西、甘肃等地有分布。日本、朝鲜、韩国也有分布。

保健功效： 香气成分主要为烷烃类、醇类、醛类、酮酯类和烯类等，检测出了β-金合欢烯、1,9-癸二炔、E,E-α-金合欢烯、橙花叔醇等化合物，其中橙花叔醇的相对含量较高。为居室芳香型保健植物。具润肺止咳等功效。

园林应用： 盆栽花卉。

参考文献：

[1] 方永杰，王道平，白新祥. 贵州产春兰花香气成分分析. 北方园艺，2013，14：92-94.

3. 建兰 *Cymbidium ensifolium* (Linn.) Sw.

英文名： four season orchid, golden-thread orchid, burned apex orchid, rock orchid

分类地位：植物界（Plantae）

被子植物门（Angiosperms）

单子叶植物纲（Monocotyledoneae）

天门冬目（Asparagales）

兰科（Orchidaceae）

兰属（*Cymbidium* Swartz）

建兰（*Cymbidium ensifolium* (Linn.) Sw.）

形态学特征：多年生草本。

（1）根：假鳞茎卵球形，长1.5~2.5cm，宽1.0~1.5cm，包藏于叶基之内。

（2）茎：植株高20~40cm。

（3）叶：2~6片，带形，有光泽，长30~60cm，宽1.0~2.5cm，前部边缘有时有细齿，关节位于距基部2~4cm处。

（4）花：花葶从假鳞茎基部发出，直立，长20~35cm或更长，但一般短于叶。总状花序具3~13朵花。花苞片除最下面的1片长可达1.5~2.0cm外，其余的长5~8mm，一般不及花梗和子房长度1/3，至多不超过1/2。花梗和子房长2~3cm。花常有香气，色泽变化较大，通常为浅黄绿色而具紫斑。萼片近狭长圆形或狭椭圆形，长2.3~2.8cm，宽5~8mm。侧萼片常向下斜展。花瓣狭椭圆形或狭卵状椭圆形，长1.5~2.4cm，宽5~8mm，近平展。唇瓣近卵形，长1.5~2.3cm，略3裂。侧裂片直立，多少围抱蕊柱，上面有小乳突。中裂片较大，卵形，外弯，边缘波状，亦具小乳突。唇盘上2条纵褶片从基部延伸至中裂片基部，上半部向内倾斜并靠合，形成短管。蕊柱长1.0~1.4cm，稍向前弯曲，两侧具狭翅。花粉团4个，成2对，宽卵形。

（5）果实：蒴果狭椭圆形，长5~6cm，宽1.5~2.0cm。

生物学特性：花期6—10月。

分布：中国华东、华中、华南、西南等地有分布。东南亚、南亚以及日本等地也有分布。

保健功效：居室芳香型保健植物。建兰主要花香成分为茉莉酸甲酯(21.563%)、茉莉酮酸甲酯(19.628%)和金合欢醇(10.710%)。具润肺止咳等功效。

园林应用：盆栽花卉。

参考文献：

[1] 杨慧君，姚娜，李潞滨，等.建兰花香成分的GC-MS分析.中国农学通报，
2011，27（16）：104-109.

三、芍药科 Paeoniaceae

芍药科具1属，近40种。多数为多年生草本，植株高50~100cm，一些为灌木，植株高0.25~3.5m。羽状复叶，裂片深裂。花芳香，花色由紫红至白色和黄色。

1.芍药 *Paeonia lactiflora* Pall.

中文异名：白芍

英文名：Chinese peony, common garden peony

分类地位：植物界（Plantae）

被子植物门（Angiosperms）

双子叶植物纲（Dicotyledoneae）

虎耳草目（Saxifragales）

芍药科（Paeoniaceae）

芍药属（*Paeonia* Linn.）

芍药（*Paeonia lactiflora* Pall.）

形态学特征：多年生草本。

（1）根：根粗壮，分枝黑褐色。

（2）茎：无毛。植株高40~70cm。

（3）叶：下部茎生叶为二回三出复叶，上部茎生叶为三出复叶。小叶狭卵形、椭圆形或披针形，顶端渐尖，基部楔形或偏斜，边缘具白色骨质细齿。两面无毛，背面沿叶脉疏生短柔毛。

（4）花：数朵，顶生和腋生，有时仅顶端一朵开放。苞片4~5片，披针形。萼片 4 片，宽卵形或近圆形，长 1.0~1.5cm，宽 1.0~1.7cm。花瓣 9~13 片，倒卵形，长 3.5~6.0cm，宽 1.5~4.5cm，白色，有时基部具深紫色斑块。花丝长 0.7~1.2cm，黄色。花盘浅杯状，包裹心皮基部，顶端裂片钝圆。心皮 4~5 个，无毛。

（5）果实：蓇葖长 2.5~3.0cm，径 1.2~1.5cm，顶端具喙。

生物学特性：花期 5—6 月，果期 8 月。

分布：中国东北、华北以及陕西、甘肃南部等地有分布。朝鲜、日本、蒙古及俄罗斯西伯利亚地区也有分布。

保健功效：具镇痛、镇痉、祛瘀、通经等功效。

园林应用：观赏花卉，常植于绿地或林缘，也是居室盆栽花卉。

四、芸香科 Rutaceae

1. 柠檬 *Citrus limon* (Linn.) Osbeck

中文异名：洋柠檬、西柠檬

英文名：lemon

分类地位：植物界（Plantae）

    被子植物门（Angiosperms）

      双子叶植物纲（Dicotyledoneae）

        吴惠子目（Sapindales）

          芸香科（Rutaceae）

            柑橘属（*Citrus* Linn.）

              柠檬（*Citrus limon* (Linn.) Osbeck）

形态学特征：小乔木。

（1）茎：枝少刺或近于无刺，嫩叶及花芽暗紫红色，翼叶宽或狭，或仅具痕迹。

（2）叶：厚纸质，卵形或椭圆形，长 8~14cm，宽 4~6cm，顶部通常短尖，边缘有明显钝裂齿。

（3）花：单花腋生或少花簇生。花萼杯状，4~5 浅齿裂。花瓣长

1.5~2.0cm，外面淡紫红色，内面白色。常有单性花，即雄蕊发育，雌蕊退化。雄蕊 20~25 枚或更多。子房近筒状或桶状，顶部略狭。柱头头状。

（4）果实：椭圆形或卵形，两端狭，顶部通常较狭长并有乳头状突尖。果皮厚，通常粗糙，柠檬黄色，难剥离，富含柠檬香气的油点。瓤囊 8~11 个瓣，汁胞淡黄色，果汁酸至甚酸。

（5）种子：小，卵形，端尖。种皮平滑，子叶乳白色，通常单胚或多胚。

生物学特性：花期 4—5 月，果期 9—11 月。

分布：原产于东南亚，主要产地为美国、意大利、西班牙和希腊。中国长江以南也有栽培。

保健功效：花、叶及果皮都含柠檬精油。果皮含黄酮类化合物。

园林应用：观赏花卉。

参考文献：

[1] Franck C, Frédérique O, Andres G L, et al. Phylogenetic origin of limes and lemons revealed by cytoplasmic and nuclear markers. Annals of Botany, 2016, 117 (4): 565-583.

2. 金橘 *Citrus japonica* Thunb.

英文名：Marumi kumquat, round kumquat, kumquats, cumquats

分类地位：植物界（Plantae）

被子植物门（Angiosperms）

双子叶植物纲（Dicotyledoneae）

吴惠子目（Sapindales）

芸香科（Rutaccac）

柑橘属（*Citrus* Linn.）

金橘（*Citrus japonica* Thunb.）

形态学特征：灌木或小乔木。

（1）茎：枝有刺。植株高 3m 以内。

（2）叶：质厚。浓绿。卵状披针形或长椭圆形，长 5~11cm，宽

2~4cm，顶端略尖或钝，基部宽楔形或近于圆。叶柄长达 1.2cm，翼叶甚窄。

（3）花：单花或 2~3 朵花簇生。花梗长 3~5mm。花萼 4~5 裂。花瓣 5 片，长 6~8mm。雄蕊 20~25 枚。子房椭圆形。花柱细长，通常为子房长的 1.5 倍。柱头稍增大。

（4）果实：椭圆形或卵状椭圆形，长 2.0~3.5cm，橙黄至橙红色。果皮味甜，厚 1~2mm，油胞常稍凸起。瓢囊 5 或 4 个瓣，果肉味酸。种子 2~5 粒。

（5）种子：卵形，端尖，子叶及胚均绿色，单胚或偶有多胚。

生物学特性：花期 3—5 月，果期 10—12 月。

分布：亚太地区有分布。

保健功能：含金橘素、黄酮类等化学活性物质。其重要活性物质没食子酸具有抗癌功效。

园林应用：居室盆栽花卉。也用于园林绿地。

3. 佛手 *Citrus medica* Linn. var. *sarcodactylis* (Siebold ex Hoola van Nooten) Swingle

中文异名：十指柑、五指柑、五指香橼、蜜萝柑、飞穰、佛手柑

英文名：fingered citron, buddha's hand

分类地位：植物界（Plantae）

　　　　　　被子植物门（Angiosperms）

　　　　　　　双子叶植物纲（Dicotyledoneae）

　　　　　　　吴惠子目（Sapindales）

　　　　　　　芸香科（Rutaceae）

　　　　　　　柑橘属（*Citrus* Linn.）

　　　　　　　佛手（*Citrus medica* Linn. var. *sarcodactylis*

　　　　　　　　　（Siebold ex Hoola van Nooten）

　　　　　　　　　Swingle）

形态学特征：香橼（*Citrus medica* Linn.）的栽培变种。叶片先端钝，有时微凹，果实长形，指状，果指数为心皮数。有 2 种类型：指抱合如拳，称拳佛手；指开张如掌，称开佛手。

生物学特性：花期4—10月，果期7—10月。

分布：原产于远东地区。

保健功能：成熟佛手香气四溢，具杀菌、净化室内空气的作用。

园林应用：居室盆栽花卉。

五、铁角蕨科 Aspleniaceae

铁角蕨科具2属，即铁角蕨属（*Asplenium* Linn.）和膜叶铁角蕨属（*Hymenasplenium* Hayata），其中铁角蕨属有700余种，而膜叶铁角蕨有15种。

1. 巢蕨 *Asplenium nidus* Linn.

中文异名：鸟巢蕨、山苏花

分类地位：植物界（Plantae）

　　　　　　蕨类植物门（Pteridophyta）

　　　　　　水龙骨纲/真蕨纲（Polypodiopsida/Pteridopsida）

　　　　　　水龙骨目（Polypodiales）

　　　　　　铁角蕨科（Aspleniaceae）

　　　　　　铁角蕨属（*Asplenium* Linn.）

　　　　　　巢蕨（*Asplenium nidus* Linn.）

形态学特征：常绿草本。

（1）根：根状茎直立，粗短，木质，径2~3cm，深棕色，先端密被鳞片。鳞片蓬松，线形，长1.0~1.7cm，先端纤维状并卷曲，边缘有几条卷曲的长纤毛，膜质，深棕色，有光泽。

（2）茎：植株高1.0~1.2m。

（3）叶：簇生。厚纸质或薄革质，干后灰绿色，两面均无毛。柄长4~5cm，径5~7mm，浅禾秆色，木质，干后下面为半圆形隆起。上面有阔纵沟，表面平滑而不皱缩，两侧无翅，基部密被线形棕色鳞片，向上光滑。叶片阔披针形，长90~120cm，渐尖或急尖，中部最宽处8~15cm，向下逐渐变狭。全缘，具软骨质狭边，干后反卷。主脉下面几乎全部隆起为半圆形，上面下部有阔纵沟，向上部稍隆起，表面平滑不皱缩，光滑，暗禾秆色。小脉两面稍隆起，斜展，分叉或单一，平行，相距 0.5~1.0mm。

（4）孢子及孢子囊：孢子囊群线形，长 3~5cm，生于小脉的上侧，自小脉基部外行达 1/2，彼此接近，叶片下部通常不育。囊群盖线形，浅棕色，厚膜质，全缘，宿存。

生物学特性：喜温暖阴湿环境，常成大丛附生在大树分枝上或石岩上。不耐寒。生长适温 20~22℃，冬季生长温度不低于 5℃。

分布：原产于热带、亚热带地区，中国海南、云南南部和台湾热带雨林中均有分布。

保健功效：园林观赏型保健植物。

园林应用：巢蕨叶片密集，碧绿光亮，为著名的附生性观叶植物，常用以制作吊盆（篮）。在热带园林中，常栽于附生林下或岩石上，以增野趣。

参考文献：

[1] Christenhusz M J M, Chase M W. Trends and concepts in fern classification. Annals of Botany, 2014, 113 (9): 571-594.

六、苏铁科 Cycadaceae

苏铁科具 1 属，113 种。树干圆柱形，直立，常密被宿存的木质叶基。叶有鳞叶与营养叶两种，两者成环交互着生。鳞叶小，褐色，密被粗糙的毡毛。营养叶大，羽状深裂，稀叉状二回羽状深裂，革质，集生于树干上部，呈棕榈状。羽状裂片窄长，条形或条状披针形，中脉显著，基部下延，叶轴基部的小叶变成刺状，脱落时通常叶柄基部宿存。幼叶的叶轴及小叶呈拳卷状。雌雄异株。雄球花（小孢子叶球）长卵圆形或圆柱形，小孢子叶扁平，楔形，下面着生多数单室的花药，花药无柄，通常 3~5 个聚生，药室纵裂；大孢子叶中下部狭窄成柄状，两侧着生 2~10 个胚珠。外种皮肉质，中种皮木质，常具 2 棱，稀 3 棱，内种皮膜质，在种子成熟时则破裂。子

叶 2 片，常于基部（近胚根的一端）联合，发芽时不出土。

1. 苏铁 *Cycas revoluta* Thunb.

中文异名：铁树

英文名：sotetsu, sago palm, king sago, sago cycad, Japanese sago palm

分类地位：植物界（Plantae）

裸子植物门（Gymnospermae）

苏铁纲（Cycadopsida）

苏铁目（Cycadales）

苏铁科（Cycadaceae）

苏铁属（*Cycas* Linn.）

苏铁（*Cycas revoluta* Thunb.）

形态学特征：常绿灌木。

（1）茎：植株高 1.5~2.0m。

（2）叶：羽状叶从茎的顶部生出。轮廓呈倒卵状狭披针形，长 50~120cm，羽状裂片条形，厚革质，坚硬，长 9~18cm，宽 4~6mm，中央微凹，凹槽内有稍隆起的中脉。下面浅绿色，中脉显著隆起。

（3）花：雄球花圆柱形，长 30~70cm，径 8~15cm，有短梗。

（4）种子：红褐色或橘红色，倒卵圆形或卵圆形，稍扁，长 2~4cm，径 1.5~3.0cm，密生灰黄色短茸毛，后渐脱落。

生物学特性：花期 6—7 月，种子 10 月成熟。喜暖热湿润的环境，不耐寒冷。

分布：中国东南沿海地区有分布。日本也有分布。

保健功效：减少居室内苯污染。

园林应用：第一批国家重点保护野生植物。园林观赏灌木。

七、棕榈科 Palmae

棕榈科具 181 属，2600 余种。灌木、藤本或乔木，茎通常不分枝，单生或几乎丛生，表面平滑或粗糙，或有刺，或被残存老叶柄的基部或叶痕，稀被短柔毛。叶互生，在芽时折叠，羽状或掌状分裂，稀为全缘或近全缘。叶柄基部通常扩大成具纤维的鞘。花小，单性或两性，雌雄同株或异株，有时杂性，组成分枝或不分枝的佛焰花序（或肉穗花序），花序通常大型多分枝，被一个或多个鞘状或管状的佛焰苞所包围。花萼和花瓣各 3 片，离生或合生，覆瓦状或镊合状排列。雄蕊 6 枚，2 轮排列，稀多数或更少。花药 2 室，纵裂，基着或背着。退化雄蕊通常存在或稀缺。子房 1~3 室或 3 个心皮离生或于基部合生。柱头 3 个，通常无柄。每个心皮内有 1~2 个胚珠。果实为核果或硬浆果，1~3 室或具 1~3 个心皮。果皮光滑或有毛、有刺、粗糙或被以覆瓦状鳞片。种子通常 1 个，有时 2~3 个，多者 10 个，与外果皮分离或黏合，被薄的或有时是肉质的外种皮，胚乳均匀或嚼烂状，胚顶生、侧生或基生。

1. 袖珍椰子 *Chamaedorea elegans* Mart.

中文异名：秀丽竹节椰、矮生椰子、矮棕、客厅棕、袖珍椰子葵、袖珍棕

英文名：neanthe bella palm, parlour palm

分类地位：植物界（Plantae）

　　　　　　　被子植物门（Angiosperms）

　　　　　　　　单子叶植物纲（Monocotyledoneae）

　　　　　　　　　槟榔目（Arecales）

　　　　　　　　　棕榈科（Palmae）

　　　　　　　　　　袖珍椰子属（*Chamaedorea* Willd.）

　　　　　　　　　　　袖珍椰子（*Chamaedorea elegans* Mart.）

形态学特征：灌木。

（1）茎：单茎，细长如竹，高达 1.8m。

（2）叶：羽状复叶，深绿色，叶轴两边各具小叶 11~13 片，条形至狭披针形，长达 30cm，宽 1.5~1.8cm。

（3）花：小，单性，黄白色。花序直立，具长梗。

（4）果实：球形，径 5~6mm，黑色。

生物学特性：花期 4 月，果期 12 月。不耐寒，耐阴性较强。

分布：原产于墨西哥、危地马拉。世界各地普遍栽培，我国有引种。

保健功效：降低室内 CO_2 浓度，净化空气。

园林应用：小型观赏棕榈，也常栽培观赏。宜盆栽观赏或配植于庭院。

2. 散尾葵 *Dypsis lutescens* (H. Wendl.) Beentje et Dransf.

中文异名：黄椰

英文名：golden cane palm, areca palm, yellow palm, butterfly palm

分类地位：植物界（Plantae）

被子植物门（Angiosperms）

单子叶植物纲（Monocotyledoneae）

槟榔目（Arecales）

棕榈科（Palmae）

散尾葵属（*Dypsis* Noronha ex Mart.）

散尾葵（*Dypsis lutescens*（H. Wendl.）

Beentje et Dransf.）

形态学特征：小型棕榈植物。常为丛生灌木。

（1）茎：基部略膨大。径 4~5cm。植株高 2~5m。

（2）叶：羽状全裂，平展而稍下弯，长 1.2~1.5m。羽片 40~60 对，2 列，黄绿色，表面有蜡质白粉。小羽片披针形，长 35~50cm，宽 1.2~2.0cm，先端长尾状渐尖，具不等长的 2 短裂，顶端的羽片渐短，长 8~10cm。叶柄和叶轴光滑，黄绿色，叶面具沟槽，叶背凸圆。叶鞘长而略膨大，通常黄绿色，初时被蜡质白粉，有纵向沟纹。

（3）花：圆锥花序生于叶鞘之下，长 60~80cm，具 2~3 次分枝，分枝花序长 20~30cm，上有 8~10 个小穗轴，长 12~18cm。花小，卵球形，金黄色，螺旋状着生于小穗轴上。雄花的萼片和花瓣各 3 片，具条纹脉，雄蕊 6 枚。雌花的萼片和花瓣与雄花的略同，子房 1 室，花柱短。柱头粗。

（4）果实：陀螺形或倒卵形，长 1.5~1.8cm，径 0.8~1.0cm，鲜时土黄色，干时紫黑色。

（5）种子：倒卵形。

生物学特性：花期 5 月，果期 8 月。耐阴。

分布：原产于马达加斯加。中国西南、华南及台湾等地也有分布。

保健功效：能有效去除室内苯、三氯乙烯、甲醛等有害物质，净化居室空气质量。

园林应用：庭院或盆栽观赏植物。

3. 江边刺葵 *Phoenix roebelenii* O. Brien

中文异名：软叶刺葵

英文名：pygmy date palm, miniature date palm, robellini

分类地位：植物界（Plantae）

　　　　　　　被子植物门（Angiosperms）

　　　　　　　单子叶植物纲（Monocotyledoneae）

　　　　　　　槟榔目（Arecales）

　　　　　　　棕榈科（Palmae）

　　　　　　　刺葵属（*Phoenix* Linn.）

　　　　　　　江边刺葵（*Phoenix roebelenii* O. Brien）

形态学特征：中型棕榈植物。

（1）茎：丛生，栽培时常为单生，具宿存的三角状叶柄基部。植株高 1~3m，径达 10cm。

（2）叶：长 1~2m。羽片线形，柔软，长 20~40cm。两面深绿色，背面沿叶脉被灰白色的糠秕状鳞秕，呈 2 列排列，下部羽片变成细长软刺。

（3）花：佛焰苞长 30~50cm，仅上部裂成 2 瓣。雄花的花序与佛焰苞近等长，雌花的花序短于佛焰苞。分枝花序长，纤细，长达 20cm。雄花的花萼长 0.5~1.0mm，顶端具三角状齿，花瓣 3 片，针形，长 6~9mm，顶端渐尖，雄蕊 6 枚。雌花近卵形，长 4~6mm，花萼顶端具短尖头。

（4）果实：长圆形，长 1.5~2.0cm，径 6~8mm，顶端具短尖头。成熟时枣红色。

生物学特性：花期4—5月，果期6—9月。喜光，不耐寒。

分布：产于中国云南。缅甸、越南、印度等也有分布。

保健功效：去除室内甲醛，净化居室环境。

园林应用：庭院或室内盆栽观赏植物。

八、天南星科 Araceae

1. 绿萝 *Epipremnum aureum* (Linden et André) G. S. Bunting

中文异名：魔鬼藤、黄金葛、黄金藤

英 文 名：golden pothos, hunter' s robe, ivy arum, money plant, silver vine, devil' s vine, devil' s ivy, money plant

分类地位：植物界（Plantae）

被子植物门（Angiosperms）

单子叶植物纲（Monocotyledoneae）

泽泻目（Alismatales）

天南星科（Araceae）

麒麟叶属（*Epipremnum* Schott）

绿萝（*Epipremnum aureum* (Linden et André) G. S. Bunting）

形态学特征：高大藤本，茎攀缘，节间具纵槽；多分枝，枝悬垂。

（1）茎：幼枝鞭状，细长，径3~4mm，节间长15~20cm。

（2）叶：下部叶片大，纸质，长5~10cm，上部的长6~8cm，宽卵形，短渐尖，基部心形，宽6.5cm。成熟枝上叶片的叶柄粗壮，长30~40cm，基部稍扩大，上部关节长2.5~3.0cm，稍肥厚，腹面具宽槽。叶鞘长。叶片薄革质，翠绿色，通常（特别是叶面）有多数不规则的纯黄色斑块，全缘，不等侧的卵形或卵状长圆形，先端短渐尖，基部深心形，长32~45cm，宽24~36cm。

生物学特性：不易开花，易于无性繁殖。附生于墙壁或山石上。

分布：原产于所罗门群岛。

保健功效：净化室内空气，增加 O_2 浓度。增加空气湿度，吸滞烟尘、粉尘。

园林应用：居室盆栽花卉。

2. 龟背竹 *Monstera deliciosa* Liebm.

中文异名：蓬莱蕉、龟背蕉、龟背、电线草

英文名：fruit salad plant, fruit salad tree, ceriman, Swiss cheese plant, cheese plant, monster fruit, monsterio delicio, monstereo, Mexican breadfruit, windowleaf, balazo, Penglai banana

分类地位：植物界（Plantae）

　　　　　被子植物门（Angiosperms）

　　　　　　单子叶植物纲（Monocotyledoneae）

　　　　　　泽泻目（Alismatales）

　　　　　　天南星科（Araceae）

　　　　　　龟背竹属（*Monstera* Adans.）

　　　　　　龟背竹（*Monstera deliciosa* Liebm.）

形态学特征：攀缘灌木。

（1）根：根茎粗壮，常分枝。具气生根。

（2）茎：绿色，粗壮，有苍白色的半月形叶迹，周延为环状，余光滑，长 3~6m，径 6cm，节间长 6~7cm，具气生根。

（3）叶：厚革质。大，轮廓心状卵形，宽 40~60cm。表面发亮，淡绿色，背面绿白色，边缘羽状分裂，侧脉间有 1~2 个较大的空洞，靠近中肋者多为横圆形，宽 1.5~4.0cm，向外的为横椭圆形，宽 5~6cm。中肋及侧脉表面绿色，背面绿白色，两面均隆起。侧脉 8~10 对，基部的相互靠近，向上渐远离，Ⅱ、Ⅲ、Ⅳ级叶脉网状，不明显。柄绿色，长常达 1m，腹面扁平，宽 4~5cm，背面钝圆，粗糙，边缘锐尖，基部甚宽，对折抱茎，覆瓦状排列，两侧叶鞘宽，向上渐狭，脱落后叶柄边缘成皱波状。

（4）花：花序柄长 15~30cm，粗 1~3cm，绿色，粗糙。佛焰苞厚革质，宽卵形，舟状，近直立，先端具喙，长 20~25cm，人为展平宽

15.0~17.5cm，苍白带黄色。肉穗花序近圆柱形，长 17.5~20.0cm，粗 4~5cm，淡黄色。雄蕊花丝线形，花粉黄白色。雌蕊陀螺状，长 7~8mm，柱头小，线形，纵向，黄色，稍凸起。

（5）果实：浆果淡黄色，柱头周围有青紫色斑点，长 1cm，径 7.5mm。

生物学特性：花期 8 – 9 月，果于翌年花期后成熟。极耐阴。

分布：原产于墨西哥。

保健功效：增加居室 O_2 浓度，吸收室内苯、甲醛等有毒植物，净化空气。

园林应用：绿地园林植物。常于居室栽培。

3. 白鹤芋 *Spathiphyllum kochii* Engl. et Krause

中文异名：苞叶芋

分类地位：植物界（Plantae）

　　　　　　被子植物门（Angiosperms）

　　　　　　　单子叶植物纲（Monocotyledoneae）

　　　　　　　　泽泻目（Alismatales）

　　　　　　　　　天南星科（Araceae）

　　　　　　　　　　苞叶芋属（*Spathiphyllum* Schott）

　　　　　　　　　　　白鹤芋（*Spathiphyllum kochii* Engl. et Krause）

形态学特征：多年生草本。

（1）茎：株高 30~40cm。

（2）叶：基生。长椭圆状披针形或近披针形，全缘或有分裂，两端渐尖，中脉明显。具长柄，深绿色，基部鞘状。

（3）花：花葶直立，高于叶片。佛焰苞大而显著，白色或微绿色。肉穗花序圆柱形，乳黄色。花小，白色。

生物学特性：春夏开花。

分布：原产于美洲热带。喜高温多湿，生长适宜温度为 18~28℃。耐阴，忌阳光直射。

保健功效：有净化臭氧、苯、甲醛等有害气体的作用。

园林应用：居室盆栽观叶、观花植物。

4. 合果芋 *Syngonium podophyllum* Schott

中文异名：箭叶芋

英 文 名：arrowhead plant, arrowhead vine, arrowhead philodendron, goosefoot, African evergreen, American evergreen

分类地位：植物界（Plantae）

    被子植物门（Angiosperms）

     单子叶植物纲（Monocotyledoneae）

      泽泻目（Alismatales）

       天南星科（Araceae）

        合果芋属（*Syngonium* Schott）

         合果芋（*Syngonium podophyllum* Schott）

形态学特征：多年生常绿草本。

（1）茎：茎节具气生根，攀附他物生长。

（2）叶：二型。幼叶为单叶，箭形或戟形。老叶为5~9裂的掌状叶，中间一片叶大型，叶基裂片两侧常着生小型耳状叶片。初生叶色淡，老叶呈深绿色，且叶质加厚。

（3）花：佛焰苞浅绿或黄色。

生物学特性：喜高温、高湿环境。耐阴，忌强光。不耐寒。

分布：原产于美洲热带地区。

保健功效：有净化甲苯、二甲苯、甲醛等有害气体的作用。

园林应用：居室盆栽观叶、观花植物。

九、天门冬科 Asparagaceae

天门冬科具114属，2900余种。含7个亚科，即龙舌兰亚科（Agavoideae），合并了以前的龙舌兰科（Agavaceae）和西美丽草科（Hesperocallidaceae）等2个科；星棒月亚科或无叶花亚科（Aphyllanthoideae），为以前的星棒月科（Aphyllanthaceae）；天门冬亚科（Asparagoideae），为狭义的天门冬科（Asparagaceae sensu stricto）；紫灯花亚科（Brodiaeoideae），为以前的紫灯花科（Themidaceae）；异蕊草亚科（Lomandroideae），为以前的异蕊草科（Laxmanniaceae）；假叶树亚科（Nolinoideae），为以前的假叶树科（Ruscaceae）；绵枣儿亚科（Scilloideae），为以前的风信子科（Hyacinthaceae）。

1. 文竹 *Asparagus setaceus* (Kunth) Jessop

中文异名：云片竹、刺天冬、云竹

英文名：common asparagus fern, lace fern, climbing asparagus, ferny asparagus

分类地位：植物界（Plantae）

　　　　　　被子植物门（Angiosperms）

　　　　　　　单子叶植物纲（Monocotyledoneae）

　　　　　　　　天门冬目（Asparagales）

　　　　　　　　　天门冬科（Asparagaceae）

　　　　　　　　　　天门冬属（*Asparagus* Linn.）

　　　　　　　　　　　文竹（*Asparagus setaceus* (Kunth) Jessop）

形态学特征：攀缘植物。

（1）根：根稍肉质，细长。

（2）茎：分枝多，近平滑。长达 1.5~2.0m。

（3）叶：叶状枝通常每 10~13 个成簇，刚毛状，略具 3 棱，长 4~5mm。鳞片状叶基部稍具刺状距或距不明显。

（4）花：常每 1~4 朵腋生，白色，有短梗。花被片长 5~7mm。

（5）果实：浆果，径 6~7mm，熟时紫黑色。具 1~3 粒种子。

生物学特性：花期 9—10 月。喜温暖湿润、通风环境，耐阴，忌阳光直射。不耐寒，不耐旱。

分布：原产于非洲南部。

保健功效：居室观赏型保健植物。能挥发或分泌植物杀菌素，可杀死结核菌、肺炎球菌、葡萄球菌等细菌。挥发物中萜类化合物含量较大，可抑制微生物，保卫人体健康。

园林应用：常用于盆栽，放置客厅、书房、阳台等处。也可栽于庭院。

2. 蜘蛛抱蛋 *Aspidistra elatior* Blume

中文异名：一叶兰

英文异名：cast-iron-plant, bar room plant

分类地位：植物界（Plantae）

被子植物门（Angiosperms）

单子叶植物纲（Monocotyledoneae）

天门冬目（Asparagales）

天门冬科（Asparagaceae）

蜘蛛抱蛋属（*Aspidistra* Ker Gawl.）

蜘蛛抱蛋（*Aspidistra elatior* Blume）

形态学特征：多年生草本。

（1）根：根状茎近圆柱形，径 5~10mm，具节和鳞片。

（2）茎：植株高 20~45cm。

（3）叶：单生。矩圆状披针形、披针形至近椭圆形，长 20~40cm，宽 8~10cm，先端渐尖，基部楔形，边缘多少皱波状。两面绿色，有时稍具黄白色斑点或条纹。叶柄粗壮，长 5~30cm。

（4）花：总花梗长 0.5~2.0cm。苞片 3~4 片，其中 2 片位于花基部，宽卵形，长 7~10mm，宽 6~9mm，淡绿色，有时有紫色细点。花被钟状，长 12~18mm，径 10~15mm，外面带紫色或暗紫色，内面下部淡紫色或深紫色，上部 6~8 裂。花被筒长 10~12mm。裂片近三角形，向外扩展或外弯，长 6~8mm，宽 3.5~4.0mm，先端钝，边缘和内侧的上部淡绿色，内面具条特别肥厚的肉质脊状隆起，中间的 2 条细而长，两侧的 2 条粗而短，中部高达 1.5mm，紫红色。雄蕊 6~8 枚，生于花被筒近基部，低于柱头。花丝短。花药椭圆形，长 1~2mm。雌蕊高 6~8mm，子房几乎不膨大。花柱无关节。柱头盾状膨大，圆形，径 10~13mm，紫红色，上

面具 3~4 深裂，裂缝两边多少向上凸出，中心部分微凸，裂片先端微凹，边缘常向上反卷。

（5）果实：浆果，卵圆形，内含种子 1 粒。

生物学特性：花期 5—6 月。耐阴，喜凉爽，耐寒，怕热。喜温暖、湿润环境。

分布：原产于中国台湾和日本。

保健功效：增加室内 O_2 浓度，抑杀细菌。还具活血化瘀、清肺止咳等功效。挥发物以醛类、脂类为主，具有减压、消除紧张情绪等功效。

园林应用：园林绿地。也用于居室栽培。

3. 吊兰 *Chlorophytum comosum* (Thunb.) Baker

中文异名：桂兰、八叶兰

英文名：spider plant, spider ivy, ribbon plant

分类地位：植物界（Plantae）

　　　　被子植物门（Angiosperms）

　　　　　单子叶植物纲（Monocotyledoneae）

　　　　　天门冬目（Asparagales）

　　　　　　天门冬科（Asparagaceae）

　　　　　　吊兰属（*Chlorophytum* Ker-Gawl.）

　　　　　　　吊兰（*Chlorophytum comosum* (Thunb.)

　　　　　　　Baker）

形态学特征：多年生宿根草本植物。

（1）根：根状茎短，稍肥厚。须根圆锥状纺锤形。

（2）茎：植株高达 60cm。

（3）叶：剑形，绿色或有黄色条纹，长 10~30cm，宽 1~2cm，向两端稍变狭。

（4）花：花葶比叶长，可长达 50cm，常变为匍枝，在近端部具叶簇，可形成小植株。花梗长 7~12mm，关节位于中部至上部。花 2~4 朵簇生，白色，呈疏散总状花序或圆锥花序。花被片长 7~10mm，具 3 条脉。雄蕊稍短于花被片。花药矩圆形，长 1.0~1.5mm，明显短于花丝，开裂后常卷曲。

（5）果实：蒴果三棱状扁球形，长 3~5mm，宽 4~5mm，每室具种子 3~5 粒。

生物学特性： 花期 5 月，果期 8 月。

分布： 原产于非洲南部。

保健功效： 在室内微弱光线条件下，进行光合作用，增加室内 O_2 浓度，吸收 CO、过氧化氮、甲醛、尼古丁等有害气体，分解苯，净化室内空气。还具化痰止咳、散瘀消肿、清热解毒等功效。挥发性物质主要是萜类化合物，有利于人体健康。

园林应用： 供观赏。居室栽培花卉，可置于客厅、卧室、阳台等，可垂挂或放置于台面。

4. 富贵竹 *Dracaena braunii* Engl.

中文异名： 万寿竹

英文名： Sander's dracaena, ribbon dracaena, lucky bamboo, curly bamboo, Chinese water bamboo, friendship bamboo, Goddess of Mercy plant, Belgian evergreen, ribbon plant

分类地位： 植物界（Plantae）

被子植物门（Angiosperms）

单子叶植物纲（Monocotyledoneae）

天门冬目（Asparagales）

天门冬科（Asparagaceae）

龙血树属（*Dracaena* Vand. ex Linn.）

富贵竹（*Dracaena braunii* Engl.）

形态学特征： 多年生常绿灌木或小乔木。

（1）根：根状茎横走，结节状。

（2）茎：直立，上部分枝。植株高达 2m。

（3）叶：纸质。长披针形，互生或近对生，长 10~20cm，宽 1.5~

3.5cm，边缘白色或黄白色。柄长 7.5~10.0cm。

（4）花：伞形花序具 3~10 朵花，腋生或与上部叶对生。花被片 6 片。花冠钟状，紫色。

（5）果实：浆果近球形，黑色。

生物学特性：喜阴湿高温，耐涝，抗寒。喜半阴的环境，忌强光。

分布：原产于加利那群岛及非洲和亚洲热带地区。

保健功效：净化居室内空气。

园林应用：室内观叶植物。

5. 虎尾兰 *Sansevieria trifasciata* Prain

中文名：虎皮兰、锦兰、虎尾掌、黄尾兰

英文名：snake plant, mother-in-law's tongue, viper's bowstring hemp

分类地位：植物界（Plantae）

被子植物门（Angiosperms）

单子叶植物纲（Monocotyledoneae）

天门冬目（Asparagales）

天门冬科（Asparagaceae）

虎尾兰属（*Sansevieria* Thunb.）

虎尾兰（*Sansevieria trifasciata* Prain）

形态学特征：常绿灌木。

（1）根：根状茎横走。

（2）茎：植株高 25~40cm。

（3）叶：基生，常 1~2 片，有时 3~6 片成簇。直立，硬革质，扁平，条状披针形，长 30~120cm，宽 3~8cm，有浅绿色和深绿色相间的横带斑纹，边缘绿色，向下部渐狭成长短不等、有槽的柄。

（4）花：花葶高 30~80cm，基部有淡褐色的膜质鞘。花淡绿色或白色，每 3~8 朵簇生，排成总状花序。花梗长 5~8mm，关节位于中部。花被长 1.6~2.8cm，管与裂片长度相等。

（5）果实：浆果径 7~8mm。

生物学特性：喜光，耐阴，耐旱。

分布：原产于非洲西部和亚洲南部。

保健功效：能有效清除室内 CO_2、CO 和过氧化氮等有害气体，净化居室内空气质量。

园林应用：居室盆栽观赏植物。

6. 巴西铁树 *Dracaena fragrans* (Linn.) Ker Gawl.

中文名：巴西木

英文名：cornstalk dracaena

分类地位：植物界（Plantae）

　　　　　　被子植物门（Angiosperms）

　　　　　　单子叶植物纲（Monocotyledoneae）

　　　　　　天门冬目（Asparagales）

　　　　　　天门冬科（Asparagaceae）

　　　　　　龙血树属（*Dracaena* Vand. ex Linn.）

　　　　　　巴西铁树（*Dracaena fragrans* (Linn.) Ker Gawl.）

形态学特征：常绿乔木。

（1）茎：具分枝。乔木树高达 6m。盆栽株高 40~120cm。

（2）叶：簇生于茎顶，弯曲呈弓形，鲜绿色有光泽。长椭圆状披针形，长 40~90cm，宽 6~10cm，先端稍顿，边缘波状。

（3）花：穗状花序。花小，不显著，黄绿色，芳香。

生物学特性：耐阴，喜高温。

分布：原产于非洲西部。

保健功效：增加居室空气湿度，净化室内环境。

园林应用：居室盆栽观赏植物。

7. 玉簪 *Hosta plantaginea* (Lam.) Aschers.

分类地位：植物界（Plantae）

被子植物门（Angiosperms）

单子叶植物纲（Monocotyledoneae）

天门冬目（Asparagales）

天门冬科（Asparagaceae）

玉簪属（*Hosta* Tratt.）

玉簪（*Hosta plantaginea* (Lam.) Aschers.）

形态学特征：多年生草本。

（1）根：根状茎粗厚，径 1.5~3cm。

（2）茎：植株高 35~50cm。

（3）叶：卵状心形、卵形或卵圆形，长 15~25cm，宽 8~15cm，先端近渐尖，基部心形，具 6~10 对侧脉。叶柄长 20~40cm。

（4）花：花葶高 40~80cm，具几朵至十几朵花。外苞片卵形或披针形，长 2.5~7.0cm，宽 1.0~1.5cm。内苞片很小。花单生或 2~3 朵簇生，长 10~12cm，白色。花梗长 0.5~1.0cm。雄蕊与花被近等长或略短，基部 15~20mm 贴生于花被管上。花芳香。

（5）果实：蒴果圆柱状，具 3 棱，长 5~6cm，径 0.5~1.0cm。

生物学特性：花果期 8—10 月。

分布：中国西南、华中、华东、华南等地有分布。生于林下、草坡或岩石边。

保健功能：能吸收居室内二氧化硫、汞等有害气体，净化室内空气。

园林应用：园林绿地花卉。也用作居室盆栽花卉。

8. 龙舌兰 *Agave americana* Linn.

英文名：sentry plant, century plant, maguey, American aloe

分类地位：植物界（Plantae）

被子植物门（Angiosperms）

单子叶植物纲（Monocotyledoneae）

天门冬目（Asparagales）

天门冬科（Asparagaceae）

龙舌兰属（*Agave* Linn.）

龙舌兰（*Agave americana* Linn.）

形态学特征：多年生草本。

（1）茎：植株高 15~30cm。

（2）叶：呈莲座式排列，通常 30~40 片，有时 50~60 片，大型，肉质。倒披针状线形，长 1~2m，中部宽 15~20cm，基部宽 10~12cm。叶缘具疏刺，顶端有 1 个硬尖刺，刺暗褐色，长 1.5~2.5cm。

（3）花：圆锥花序大型，长 6~12m，多分枝。花黄绿色。花被管长 1.0~1.2cm，花被裂片长 2.5~3.0cm。雄蕊长为花被的 2 倍。

（4）果实：蒴果长圆形，长 4~5cm。

生物学特性：花期 6—8 月。

分布：原产于美洲热带。

保健功能：能吸收居室内三氯乙烯等有害气体，净化室内空气。

园林应用：居室盆栽花卉。

9. 万年青 *Rohdea japonica* (Thunb.) Roth

中文异名：红果万年青

英文名：Nippon lily, sacred lily, Japanese sacred lily

分类地位：植物界（Plantae）

被子植物门（Angiosperms）

单子叶植物纲（Monocotyledoneae）

天门冬目（Asparagales）

天门冬科（Asparagaceae）

万年青属（*Rohdea* Roth）

万年青（*Rohdea japonica* (Thunb.) Roth）

形态学特征：多年生草本植物。

（1）根：根具许多纤维，并密生白色绵毛。根状茎径 1.5~2.5cm。

（2）茎：植株高 20~35cm。

（3）叶：厚纸质。3~6 片。矩圆形、披针形或倒披针形，长 15~50cm，宽 2.5~7.0cm。先端急尖，基部稍狭，绿色，纵脉明显浮凸。鞘叶披针形，长 5~12cm。

（4）花：花葶短于叶，长 2.5~4.0cm。穗状花序长 3~4cm，宽 1.2~1.7cm，具几十朵密集的花。苞片卵形，膜质，短于花，长 2.5~6.0mm，宽 2~4mm。花被长 4~5mm，宽 5~6mm，淡黄色，裂片厚。花药卵形，长 1.4~1.5mm。

（5）果实：浆果，径 6~8mm，熟时红色。

生物学特性：花期 5—7 月，果期 9—11 月。生于林下潮湿处或草地上。

分布：中国山东、江苏、浙江、江西、湖北、湖南、广西、贵州、四川等地有分布。日本也有分布。

保健功效：抑制与缓和精神冲动，安定情绪，控制暴躁，对病人有心理治疗功效。

园林应用：景观花卉。

参考文献：

[1] 赵叶. 营造健康的居室环境. 东方食疗与保健，2012 (5)：68-70.

10. 天门冬 *Asparagus cochinchinensis* (Lour.) Merr.

中文异名：三百棒、丝冬

分类地位：植物界（Plantae）

被子植物门（Angiosperms）

单子叶植物纲（Monocotyledoneae）

天门冬目（Asparagales）

天门冬科（Asparagaceae）

天门冬属（*Asparagus* Linn.）

天门冬（*Asparagus cochinchinensis* (Lour.)

Merr.）

形态学特征：攀缘植物。

（1）根：根在中部或近末端呈纺锤状膨大，膨大部分长 3~5cm，径 1~2cm。

（2）茎：平滑，常弯曲或扭曲，长可达 1~2m，分枝具棱或狭翅。

（3）叶：叶状枝通常每 3 片成簇，扁平或由于中脉龙骨状而略呈锐三棱形，稍镰刀状，长 0.5~8.0cm，宽 1~2mm。茎上的鳞片状叶基部延伸为长 2.5~3.5mm 的硬刺，在分枝上的刺较短或不明显。

（4）花：通常每 2 朵腋生，淡绿色。花梗长 2~6mm，关节一般位于中部，有时位置有变化。雄花的花被长 2.5~3.0mm，花丝不贴生于花被片上。雌花大小和雄花相似。

（5）果实：浆果径 6~7mm，熟时红色。种子 1 粒。

生物学特性：花期 5—6 月，果期 8—10 月。

分布：中国华东、中南、西南、华北以及陕西、甘肃等地有分布。朝鲜、日本、老挝和越南等也有分布。

保健功效：块根是常用的中药，有滋阴润燥、清火止咳之效。

园林应用：观赏花卉。

十、日光兰科 Asphodelaceae

按 APG Ⅳ 分类系统，日光兰科具 40 属，900 余种。含 3 个亚科，即阿福花亚科（Asphodeloideae）、萱草亚科（Hemerocallidoideae）和黄脂木亚科（Xanthorrhoeoideae）。3 个亚科很难在一些特征上予以统一。其共同的特征是均含蒽醌类化合物。花茎自莲座状叶片中抽出。花由花序梗和花梗相连。胚珠着生的花盘出现木质组织。黄脂木亚科仅有 1 属，即刺叶树属（*Xanthorrhoea* Sol. ex Sm.），原产于澳大利亚，植株常具厚木质的茎，花组成密的穗状花序。阿福花亚科植物叶片多汁。阿福花

亚科植物通常随不同生境，形态特征发生较大变化。

1.芦荟 *Aloe vera* (Linn.) Burm. f.

英文名：aloe

分类地位：植物界（Plantae）

被子植物门（Angiosperms）

单子叶植物纲（Monocotyledoneae）

天门冬目（Asparagales）

日光兰科（Asphodelaceae）

芦荟属（*Aloe* Linn.）

芦荟（*Aloe vera* (Linn.) Burm. f.）

形态学特征：多年生草本。

（1）茎：植株高 60~100cm。

（2）叶：近簇生或幼小时稍 2 列，肥厚多汁，条状披针形，粉绿色，长 15~35cm，基部宽 4~5cm，顶端有几个小齿，边缘疏生刺状小齿。

（3）花：花葶高 60~90cm，不分枝或有时稍分枝。总状花序具几十朵花。苞片近披针形，先端锐尖。花稀疏排列，淡黄色而有红斑。花被长 2.0~2.5cm，裂片先端稍外弯。雄蕊与花被近等长或略长，花柱明显伸出花被外。

（4）果实：肾形。

生物学特性：花期 3—4 月。喜光，耐旱。

分布：原产于非洲热带干旱地区。

保健功效：吸收细微灰尘或粉末尘，净化室内空气。增加空气中负离子浓度。防辐射，降低人体辐射伤害。清除甲醛污染，营造室内空气清新环境。

园林应用：园林绿地或室内盆栽。

十一、石蒜科 Amaryllidaceae

石蒜科具75属，1600余种。主要为多年生、具鳞茎的草本。叶片线形。花两性，两侧对称，在花茎顶端形成伞形花序。花被片6片，2轮。花被管和副花冠存在或不存在。雄蕊通常6枚，着生于花被管喉部或基生。花药背着或基着，通常内向开裂。子房下位，3室。中轴胎座，每室具有胚珠多数或少数。花柱细长。柱头头状或3裂。蒴果多数背裂或不整齐开裂，很少为浆果状。种子含有胚乳。

1. 水仙 *Narcissus tazetta* subsp. *chinensis* (M. Roem.) Masam. et Yanagih.

中文异名：中国水仙、水仙花

英文名：paperwhite, bunch-flowered narcissus, bunch-flowered daffodil, Chinese sacred lily, cream narcissus, joss flower, polyanthus narcissus

分类地位：植物界（Plantae）

　　　　　　被子植物门（Angiosperms）

　　　　　　单子叶植物纲（Monocotyledoneae）

　　　　　　天门冬目（Asparagales）

　　　　　　石蒜科（Amaryllidaceae）

　　　　　　水仙属（*Narcissus* Linn.）

　　　　　　水仙（*Narcissus tazetta* subsp. *chinensis* (M. Roem.) Masam. et Yanagih.）

形态学特征：二年生草本。

（1）根：鳞茎卵球形。

（2）茎：植株高2~35cm。

（3）叶：宽线形，扁平，长20~40cm，宽8~15mm，钝头，全缘，粉绿色。花茎几乎与叶等长。

（4）花：伞形花序有花4~8朵。佛焰苞状总苞膜质。花梗长短不一。

花被管细，灰绿色，近三棱形，长 1~2cm。花被裂片 6 片，卵圆形至阔椭圆形，顶端具短尖头，扩展，白色。副花冠浅杯状，淡黄色，不皱缩，长不及花被的 1/2。雄蕊 6 枚，着生于花被管内，花药基着。子房 3 室，每室有胚珠多数，花柱细长，柱头 3 裂。

（5）果实：蒴果室背开裂。

生物学特性：花芳香。花期春季。

分布：原产于亚洲东部的海滨温暖地区。

保健功效：水仙挥发物的主要成分有 E- 罗勒烯、Z- 罗勒烯、芳樟醇、乙酸苯甲酯、乙酸苯乙酯等。株型优美，花朵美丽，其香气具消除疲劳的功效。花香味含有脂酸苄脂等化学成分，让人顿感头脑清醒。

园林应用：观赏花卉。

参考文献：

[1] 彭爱铭. 中国水仙挥发性成分及影响因素分析. 北京：中国林业科学研究院，2010.

十二、桑科 Moraceae

桑科具 8 属，1100 余种。乔木或灌木，藤本，稀为草本。通常具乳液，有刺或无刺。叶互生，稀对生，全缘或具锯齿，分裂或不分裂，叶脉掌状或为羽状，有或无钟乳体。托叶 2 片，通常早落。花小，单性，雌雄同株或异株，无花瓣。花序腋生，典型成对，总状、圆锥状、头状、穗状或壶状，稀为聚伞状，花序托有时为肉质，增厚或封闭而为隐头花序或开张而为头状或圆柱状。雄花：花被片 2~4 片，有时仅为 1 片或更多至 8 片，分离或合生，覆瓦状或镊合状排列，宿存；雄蕊通常与花被片同数而对生；花丝在芽时内折或直立；花药具尖头，或小而 2 浅裂无尖头，从新月形至陀螺形，退化雌蕊有或无。雌花：花被片 4 片，稀更多或更少，宿存；子房 1 个，稀为 2 室，上位、下位或半下位，或埋藏于花序轴上的陷穴中，每室有倒生或弯生胚珠 1 个，着生于子房室的顶部或近顶部；花柱 2 裂或单一，具 2 个或 1 个柱头臂，柱头非头状或盾形。果为瘦果或核果状，围以肉质变厚的花被，或藏于其内形成聚花果，或隐藏于壶形花序托内壁，形成隐花果，或陷入发达的花序轴内，形成大型的聚花果。种子大或小，包于内果皮中。种皮膜质或不存。胚悬垂，弯或直。幼根长或短，背倚子叶紧贴。子叶褶皱，对折或扁平。

1. 印度榕 *Ficus elastica* Roxb. ex Hornem.

中文异名：印度橡胶树、橡皮榕、印度胶树、橡皮树、印度橡皮树、橡胶榕

英文名：rubber fig, rubber bush, rubber tree, rubber plant, Indian rubber bush

分类地位：植物界（Plantae）

被子植物门（Angiosperms）

双子叶植物纲（Dicotyledoneae）

蔷薇目（Rosales）

桑科（Moraceae）

榕属（*Ficus* Linn.）

印度榕（*Ficus elastica* Roxb. ex Hornem.）

形态学特征：常绿乔木。

（1）茎：树冠开展，树皮灰白色，平滑，有乳汁。原产地植株高 20~30m，胸径 25~40cm。

（2）叶：厚革质。叶面深绿色，具光泽，叶背浅绿色，长椭圆形或矩圆形，长 5~30cm，宽 7~9cm，先端短渐尖，基部钝圆形或宽楔形，全缘。侧脉多而细，并行，不显。柄粗壮，长 2.5~6.0cm。托叶单生，披针形，长 10~15cm，淡红色。

（3）花：花序托无梗，成对着生于叶腋，矩圆形，成熟时黄色，长 1.0~1.2cm，初被帽状苞包围，苞在上部脱落后基部留一截平的杯状体。雄花、瘿花和雌花生于同一花序托中。雄花：散生于榕果内壁，无柄，花被 4 片，卵形，雄蕊 1 枚，花药卵圆形，几无花丝。瘿花：花被 4 片，子房光滑，卵圆形，花柱近顶生，弯曲。雌花：似瘿花，但花柱侧生，无柄。

（4）果实：榕果成对生于已落叶枝的叶腋，卵状长椭圆形，长8~10mm，径5~8mm，黄绿色。瘦果卵圆形，表面有小瘤体。

生物学特性：花期冬季。

分布：原产于不丹、尼泊尔、印度、缅甸、马来西亚、印度尼西亚。中国云南有野生品种。

保健功效：有净化室内二甲苯、甲苯等有毒气体的作用。

园林应用：园林树木。也可用作居室盆栽花卉。

2. 无花果 *Ficus carica* Linn.

英文名：common fig

分类地位：植物界（Plantae）

被子植物门（Angiosperms）

双子叶植物纲（Dicotyledoneae）

蔷薇目（Rosales）

桑科（Moraceae）

榕属（*Ficus* Linn.）

无花果（*Ficus carica* Linn.）

形态学特征：多年生落叶灌木。

（1）茎：多分枝，树皮灰褐色，皮孔明显，小枝直立，粗壮。植株高3~10m。

（2）叶：厚纸质。互生。广卵圆形，长、宽近相等，10~20cm，通常3~5裂，小裂片卵形，边缘具不规则钝齿。表面粗糙，背面密生细小钟乳体及灰色短柔毛，基部浅心形，基生侧脉3~5条，侧脉5~7对。叶柄长2~5cm。

（3）花：雌雄异株。雄花：生于内壁口部，花被片4~5片，雄蕊3枚。雌花：花被与雄花的同，子房卵圆形，光滑，花柱侧生，柱头2裂，线形。

（4）果实：榕果单生于叶腋，径3~5cm。

生物学特性：花果期5—7月。

分布：原产于地中海地区。

保健功效： 净化居室内细微灰尘，改善空气质量。

园林应用： 庭院、公园观赏树木。

十三、猪笼草科 Nepenthaceae

猪笼草科具1属，150余种。草本，有时多少木质。根系浅。茎直立、攀缘或平卧，长达15m，径0.5~1cm。叶互生，无柄或具柄，最完全的叶可分为叶柄、叶片、卷须、瓶状体和瓶盖五部分。花整齐，上位，单性异株，组成总状花序或圆锥花序。花被片3~4片，开展，覆瓦状排列，腹面有腺体和蜜腺。雄花：具雄蕊4~24枚；花丝合生成一柱；花药于花柱顶聚生成一头状体，外向纵裂。雌花：具一由3~4个心皮组成的雌蕊；子房卵形、长圆球形或四棱柱形，3~4室；胚珠多个；花柱极短或缺；柱头盘状，3~4裂。蒴果。种子多数，丝状，胚乳肉质，胚直立。

1. 猪笼草 *Nepenthes mirabilis* (Lour.) Rafarin

中文异名： 猴子埕

英文名： pitcher-plant

分类地位： 植物界（Plantae）

　　　　　被子植物门（Angiosperms）

　　　　　　双子叶植物纲（Dicotyledoneae）

　　　　　　　石竹目（Caryophyllales）

　　　　　　　　猪笼草科（Nepenthaceae）

　　　　　　　　　猪笼草属（*Nepenthes* Linn.）

　　　　　　　　　　猪笼草（*Nepenthes mirabilis* (Lour.) Rafarin）

形态学特征： 多年生藤本植物。食虫草本。

（1）茎：植株高达1.5m。

（2）叶：椭圆状矩圆形，长9~20cm。上面几乎无毛，下面沿中脉附近被蛛丝状柔毛，侧脉6对，自叶片下部向上伸出，近平行。卷须长2~16cm。食虫囊近圆筒形，长6~12cm，径1.6~3.0cm，盖近圆形或宽卵形，长 1.2~3.0cm。柄半抱茎，长 2~6cm。

（3）花：总状花序长 25~30cm。花单性，雌雄异株。萼片 4 片，红褐色，狭倒卵形，长 3.2~5.0mm，外面被短柔毛。花瓣缺如。雄蕊柱长 1~2mm，花药 16~20 个，密集呈球形。雌蕊子房 4 室，胚珠多数，花柱短，柱头 4 裂。

（4）果实：蒴果长 1.8~2.0cm。种子多数。

（5）种子：长 1.0~1.5mm。

生物学特性：花期 4—11 月，果期 8—12 月。

分布：中国广东南部有分布。中南半岛也有分布。生于丘陵、灌丛或小溪边。

保健功效：全草入药，有清热利水、消炎止咳之效。

园林应用：居室盆栽花卉。常采用吊挂盆栽方式。

十四、五加科 Araliaceae

五加科具 52 属，700 余种。乔木、灌木、木质藤本、多年生草本，以及肉质植物，主要分布于南北半球热带和温带地区。叶互生，稀轮生，单叶、掌状复叶或羽状复叶。托叶通常与叶柄基部合生成鞘状，稀无托叶。花整齐，两性或杂性，稀单性异株，聚生为伞形花序、头状花序、总状花序或穗状花序，通常再组成圆锥状复花序。苞片宿存或早落。小苞片不显著。花梗无关节或有关节。萼筒与子房合生，边缘波状或有萼齿。花瓣 5~10 片，在花芽中镊合状排列或覆瓦状排列，通常离生，稀合生成帽状体。雄蕊与花瓣同数而互生，有时为花瓣的两倍，或无定数，着生于花盘边缘。花丝线形或舌状。花药长圆形或卵形，"丁"字状着生。子房下位，2~15 室，稀 1 室或多室。花柱与子房室同数，离生；或下部合生上部离生，或全部合生成柱状，稀无花柱而柱头直接生于子房上。花盘上位，肉质，扁圆锥形或环形。胚珠倒生，单个悬垂于子房室的顶端。果实为浆果或核果，外果皮通常肉质，内果皮骨质、膜质或肉质而与外果皮不易区别。种子通常侧扁，胚乳均匀或嚼烂状。

1. 洋常春藤 *Hedera helix* Linn.

中文异名：常春藤

英文名：common ivy, English ivy, European ivy, ivy

分类地位：植物界（Plantae）

　　　　　　　被子植物门（Angiosperms）

　　　　　　　　双子叶植物纲（Dicotyledoneae）

　　　　　　　　伞形目（Apiales）

　　　　　　　　　五加科（Araliaceae）

　　　　　　　　　常春藤属（*Hedera* Linn.）

　　　　　　　　　洋常春藤（*Hedera helix* Linn.）

形态学特征：多年生常绿木质藤本植物。外来植物。

（1）茎：植株的幼嫩部分及花序均被灰白色星状毛。长达20~30m。常具气生根。

（2）叶：互生。长5~10cm，柄长1.5~2cm。叶二型。不育枝上的叶片常为3~5裂，上面暗绿色，叶脉带白色，下面苍绿色或黄绿色。能育枝上的叶卵形、狭卵形至菱形，全缘，基部圆形或截形。

（3）花：伞形花序球状，径3~5cm，常再组成总状花序。花小，黄绿色，富含花蜜。

（4）果实：浆果圆球形，径6~8mm，紫黑色至橘黄色，熟时黑色。含1~5粒种子。

生物学特性：花期9—12月，果期翌年4—5月。

分布：原产于欧洲。

保健功效：能吸收居室内苯等有害气体，净化空气。

园林应用：花境地被植物。

2. 鹅掌藤 *Schefflera arboricola* (Hayata) Kanehira

中文异名：大叶伞、鸭脚木、鸭母树

英文名：dwarf umbrella tree

分类地位：植物界（Plantae）

被子植物门（Angiosperms）

双子叶植物纲（Dicotyledoneae）

伞形目（Apiales）

五加科（Araliaceae）

鹅掌柴属（*Schefflera* J. R. Forst. et G.Forst.）

鹅掌藤（*Schefflera arboricola* (Hayata) Kanehira）

形态学特征：常绿藤状灌木。

（1）茎：小枝有不规则纵皱纹，无毛。植株高 2~3m。

（2）叶：掌状复叶，小叶 7~9 片，稀 5~6 片或 10 片。叶柄纤细，长 12~18cm。小叶片革质，倒卵状长圆形或长圆形，长 9~20cm，宽 4~10cm，先端急尖或钝形，稀短渐尖，基部渐狭或钝。叶面深绿色，有光泽，叶背灰绿色，两面均无毛，边缘全缘，中脉仅在叶背凸起，侧脉 4~6 对。小叶柄有狭沟，长 1.5~3.0cm，无毛。

（3）花：圆锥花序顶生，达 20cm。主轴和分枝幼时密生星状茸毛，后毛渐脱净。伞形花序十几个至几十个总状排列在分枝上，径 7~10cm，具 5~10 朵花。总花梗长不及 5mm。花梗长 1.5~2.5mm。花白色，长 2~3mm。花萼长 0.5~1mm，边缘全缘。花瓣 5~6 片，有 3 条脉。雄蕊和花瓣同数而等长。子房 5~6 室。无花柱。柱头 5~6 个。花盘略隆起。

（4）果实：卵形，具 5 棱，连花盘长 4~5mm，径 3~4mm。

生物学特性：花期 7 月，果期 8 月。耐阴，耐寒。

分布：中国台湾、广西和广东等地有分布。

保健功效：增加室内空气湿度，净化室内空气。

园林应用：园林绿地或盆栽观赏树木。

十五、菊科 Asteraceae

菊科具 1911 属，32913 种，为仅次于兰科的第二大科。草本、亚灌木或灌木，稀为乔木。有时有乳汁管或树脂道。叶常互生，稀对生或轮生，全缘或具齿或分裂，无托叶，或有时叶柄基部扩大成托叶状。花两性或单性，极少有单性异株，整齐或左右对称，5 基数，少数或多数密集成头状花序或为短穗状花序，为 1 层或多层总苞片组成的总苞所围绕。头状花序单生或数个至多数排列成总状、聚伞状、伞房状或圆锥状花序。花序托平或凸起，具窝孔或无窝孔，无毛或有毛。具托片或无托片。萼片不发育，通常形成鳞片状、刚毛状或毛状的冠毛。花冠常辐射对称，管状，或左右对称，二唇形，或舌状，头状花序盘状或辐射状，有同形的小花，全部为管状花或舌状花，或有异形小花，即外围为雌花，舌状，中央为两性的管状花。雄蕊 4~5 个，着生于花冠管上，花药内向，合生成筒状，基部钝，锐尖，戟形或具尾。花柱上端 2 裂，花柱分枝上端有附器或无附器。子房下位。合生心皮 2 个，1 室，具 1 个直立的胚珠。果为不开裂的瘦果。种子无胚乳，具 2 片，稀 1 片子叶。

1. 菊花 *Chrysanthemum morifolium* Ramat.

中文异名：秋菊、鞠

英文名：florist's daisy, hardy garden mum

分类地位：植物界（Plantae）

　　　　　　被子植物门（Angiosperms）

　　　　　　　双子叶植物纲（Dicotyledoneae）

　　　　　　　　菊目（Asterales）

　　　　　　　　　菊科（Asteraceae）

　　　　　　　　　　茼蒿属（*Chrysanthemum* Linn.）

　　　　　　　　　　　菊花（*Chrysanthemum morifolium* Ramat.）

形态学特征：多年生草本。

（1）根：具地下匍匐茎。

（2）茎：茎枝被稀疏的毛，上部及花序枝上的毛稍多或较多。植株高 0.25~1.00m。

（3）叶：基生叶和下部叶花期脱落。中部茎叶卵形、长卵形或椭圆

状卵形，羽状半裂、浅裂或分裂不明显而边缘有浅锯齿。叶柄基部无耳或有分裂的叶耳。两面同色或几乎同色，淡绿色。

（4）花：头状花序，径 1.5~20.0cm，多数在茎枝顶端排成疏松的伞房圆锥花序或少数在茎顶排成伞房花序。总苞片 5 层，外层卵形或卵状三角形，中层卵形，内层长椭圆形，长 8~12mm。全部苞片边缘白色或褐色宽膜质，顶端钝或圆。舌状花黄色，顶端全缘或具 2~3 个齿。

（5）果实：瘦果，长 1.5~1.8mm。

生物学特性：花期 6—11 月。

分布：原产于中国。

保健功效：清除居室内甲醛，净化室内空气。菊花香气的主要挥发物质为樟脑 (camphor)、α-蒎烯（α-pinene）、菊油环酮 (ehrysanthenone)、藏红花醛 (safranal)、月桂烯 (myrcene)、桉树醇 (eucalyptol)、马鞭草烯酮 (verbenone)、β-水芹烯（β-phellandrene）、莰烯 (camphene) 等。菊油环酮、龙脑、β-石竹烯等活性物质，能促进儿童智力发育，使孩儿反应敏捷，思维清晰。萜烯类化合物有益消除疲劳。β-蒎烯具抑菌作用。

园林应用：景观花卉和盆栽观赏。

参考文献：

[1] 菅琳，孙明，张启翔. 神农香菊花、茎和叶香气成分的组成分析. 西北农林大学学报（自然科学版），2014，42（11）：87-92.
[2] 孙海楠. 菊花及近缘种属植物挥发性次生代谢物的鉴定及合成机制初步研究. 南京：南京农业大学，2015.

2. 非洲菊 *Gerbera jamesonii* Bolus ex Hooker f.

中文异名：扶郎花

英文名：Barberton daisy, Transvaal daisy, Barbertonse madeliefie

分类地位：植物界（Plantae）

    被子植物门（Angiosperms）

      双子叶植物纲（Dicotyledoneae）

        菊目（Asterales）

菊科（Asteraceae）

大丁草属（*Gerbera* Cass.）

非洲菊（*Gerbera jamesonii* Bolus ex Hooker f.）

形态学特征： 多年生草本。

（1）茎：植株高 10~25cm。

（2）叶：基生，莲座状，长椭圆形至长圆形，长 10~14cm，宽 5~6cm，顶端短尖或略钝，基部渐狭，边缘不规则羽状浅裂或深裂。叶面无毛，叶背被短柔毛，老时脱毛，中脉两面均凸起，侧脉 5~7 对。柄长 7~15cm，具粗纵棱，多少被毛。

（3）花：花葶单生，稀为数个丛生，长 25~60cm。头状花序单生于花葶顶部。总苞钟形，径达 2cm。总苞片 2 层，外层线形或钻形，顶端尖，长 8~10mm，宽 1.0~1.5mm，背面被柔毛，内层长圆状披针形，顶端尾尖，长 10~14mm，宽 1~2mm，边缘干膜质，背脊上被疏柔毛。花托扁平，裸露，蜂窝状，径 6~8mm。舌状花淡红色至紫红色，或白色及黄色。舌片长圆形，长 2.5~3.5cm，宽 2~4mm，顶端具 3 个齿，内 2 个裂丝状，卷曲，长 4~5mm。花冠管短，长为舌片的 1/8，退化雄蕊丝状，长 3~4mm，伸出于花冠管之外。内层雌花比两性花纤细，管状二唇形，长 6~7mm。中央两性花多数，管状二唇形，长 8~9mm，外唇大，具 3 个齿，内唇 2 深裂，裂片通常宽，卷曲。

（4）果实：瘦果圆柱形，长 4~5mm，密被白色短柔毛。冠毛略粗糙，鲜时污白色，干时带浅褐色，长 6~7mm，基部联合。

生物学特性： 花期 11 月至翌年 4 月。

分布： 原产于非洲。

保健功效： 清除居室内甲醛等有害气体，改善室内空气质量。

园林应用： 景观花卉。常植于花坛、庭院等。

3. 雏菊 *Bellis perennis* Linn.

中文异名： 马兰头花、延命菊、英国雏菊

英文名： common daisy, lawn daisy, English daisy, bruisewort, woundwort

分类地位：植物界（Plantae）

被子植物门（Angiosperms）

双子叶植物纲（Dicotyledoneae）

菊目（Asterales）

菊科（Asteraceae）

雏菊属（*Bellis* Linn.）

雏菊（*Bellis perennis* Linn.）

形态学特征：多年生或一年生莛状草本。

（1）茎：植株高10~15cm。

（2）叶：基生，匙形，顶端圆钝，基部渐狭成柄，上半部边缘有疏钝齿或波状齿。

（3）花：头状花序单生，径2.5~3.5cm，花莛被毛。总苞半球形或宽钟形。总苞片近2层，稍不等长，长椭圆形，顶端钝，外面被柔毛。舌状花1层，雌性。舌片白色带粉红色，开展，全缘或有2~3个齿。管状花多数，两性，均能结实。

（4）果实：瘦果倒卵形，扁平，有边脉，被细毛，无冠毛。

生物学特性：花期春季。

分布：原产于欧洲。

保健功效：能有效清除三氯乙烯等有害气体，净化居室空气。

园林应用：庭院、花坛、绿地观赏花卉。也可用作盆栽花卉。

十六、牻牛儿苗科 Geraniaceae

牻牛儿苗科具5~7属，830余种。草本，稀为亚灌木或灌木。其中的龙骨葵属（*Sarcocaulon* (DC.) Sweet）为多汁植物。叶互生或对生，叶片通常掌状或羽状分裂，具托叶。聚伞花序腋生或顶生，稀花单生。花两性，整齐，辐射对称或稀为两侧对称。萼片通常5片或稀为4片，覆瓦状排列。花瓣5片或稀为4片，覆瓦状排列。雄蕊10~15枚，2轮，外轮与花瓣对生。花丝基部合生或分离。花药"丁"字状着生，纵裂。蜜腺通常5个，与花瓣互生。子房上位，心皮2~5个，通常3~5室，每室具 1~2 个倒生胚珠。花柱与心皮同数，通常下部合生，上部分离。果实为蒴果，通常由中轴延伸成喙，稀无喙，室间开裂或稀不开裂，每果瓣具 1 粒种子，成熟时果瓣通常爆裂或稀不开裂，开裂的果瓣常由基部向上反卷或成螺旋状卷曲，顶部通常附着于中轴顶端。种子具微小胚乳或无胚乳，子叶折叠。

1. 天竺葵 *Pelargonium × hortorum* L. H. Bailey

中文异名：洋绣球、石蜡红、洋葵

英文名：geranium, zonal geranium, garden geranium, malva

分类地位：植物界（Plantae）

被子植物门（Angiosperms）

双子叶植物纲（Dicotyledoneae）

牻牛儿苗目（Geraniales）

牻牛儿苗科（Geraniaceae）

天竺葵属（*Pelargonium* L'Hér.）

天竺葵（*Pelargonium × hortorum* L. H. Bailey）

形态学特征：多年生草本。由马蹄纹天竺葵（*Pelargonium zonale* (Linn.) L'Hér. ex Aiton）和小叶天竺葵（*Pelargonium inquinans* (Linn.) L'Hér.）杂交育成的园艺栽培种。

（1）茎：直立，基部木质化，上部肉质，多分枝或不分枝，具明显的节，密被短柔毛，具浓裂鱼腥味的叶互生。植株高 30~60cm。

（2）叶：圆形或肾形，茎部心形，径 3~7cm，边缘波状浅裂，具圆形齿，两面被透明短柔毛，表面叶缘以内有暗红色马蹄形环纹。柄长 3~10cm，被细柔毛和腺毛。托叶宽三角形或卵形，长 7~15mm，被柔毛和腺毛。

（3）花：伞形花序腋生，具多朵花，总花梗长于叶，被短柔毛。总苞片数片，宽卵形。花梗长 3~4cm，被柔毛和腺毛，芽期下垂，花期直立。萼片狭披针形，长 8~10mm，外面密被腺毛和长柔毛。花瓣红色、橙红、粉红或白色，宽倒卵形，长 12~15mm，宽 6~ 8mm，先端圆形，基部具短爪，

下面 3 片通常较大。子房密被短柔毛。

（4）果实：蒴果长 2~3cm，被柔毛。

（5）种子：无胚乳。

生物学特性：花 4 月以后盛开，在温室冬季也能开花。

分布：原产于非洲南部。

保健功效：叶香可使人宁静、消除疲劳。能分泌杀菌的化学物质。花香具镇定安神、消除疲劳、促进催眠的功效。

园林应用：景观花卉。也常用于盆栽。

2. 马蹄纹天竺葵 *Pelargonium zonale* (Linn.) L'Hér. ex Aiton

英文名：horse-shoe pelargonium

分类地位：植物界（Plantae）

被子植物门（Angiosperms）

双子叶植物纲（Dicotyledoneae）

牻牛儿苗目（Geraniales）

牻牛儿苗科（Geraniaceae）

天竺葵属（*Pelargonium* L'Hér.）

马蹄纹天竺葵（*Pelargonium zonale* (Linn.)

L'Hér. ex Aiton）

形态学特征：多年生直立草本或半灌木。

（1）茎：单生，肉质，被毛。植株高 30~40cm。

（2）叶：互生。心状圆形，长 3.0~3.5cm，宽 5.0~5.5cm，边缘具圆钝浅齿，叶面有深而明显的马蹄纹环带。

（3）花：伞形花序腋生，花多数。总花梗长 10~20cm。花长 8~10mm，花蕾下垂。花梗短。苞片宽卵形。萼片长 4~6mm。花瓣深红色，细长，上方 2 片稍大。

生物学特性：花期 5—7 月，果期 6—9 月。

分布：原产于非洲南部。

保健功效：花期长，花鲜艳。

园林应用：景观花卉。常用作盆栽。

3. 香叶天竺葵 *Pelargonium graveolens* L'Hér.

英文名：rose-scented pelargonium

分类地位：植物界（Plantae）

被子植物门（Angiosperms）

双子叶植物纲（Dicotyledoneae）

牻牛儿苗目（Geraniales）

牻牛儿苗科（Geraniaceae）

天竺葵属（*Pelargonium* L'Hér.）

香叶天竺葵（*Pelargonium graveolens*

L'Hér.）

形态学特征：多年生草本或灌木。

（1）茎：直立，基部木质化，上部肉质，密被具光泽的柔毛，有香味。植株高可达 1m。

（2）叶：互生。近圆形，基部心形，径 2~10cm，掌状 5~7 裂达中部或近基部，裂片矩圆形或披针形，小裂片边缘为不规则的齿裂或锯齿，两面被长糙毛。托叶宽三角形或宽卵形，长 6~9mm，先端急尖。叶柄与叶片近等长，被柔毛。

（3）花：伞形花序与叶对生，长于叶，具花 5~12 朵。苞片卵形，被短柔毛，边缘具绿毛。花梗长 3~8mm 或几无梗。萼片长卵形，绿色，长 6~9mm，宽 2~3mm，先端急尖，距长 4~9mm。花瓣玫瑰色或粉红色，长为萼片的 2 倍，先端钝圆，上面 2 片较大。雄蕊与萼片近等长，下部扩展。心皮被茸毛。

（4）果实：蒴果长 1.5~2.0cm，被柔毛。

生物学特性：花期 5—7 月，果期 8—9 月。喜温耐旱，不耐寒，怕涝。

分布：原产于非洲南部。

保健功效：植株体能挥发香叶草醇、香茅醇、芳樟醇等成分，具促进睡眠、缓解失眠、解压等功效。

园林应用：景观花卉。常用作盆栽。

参考文献：

[1] 高翔，姚蕾. 特定芳香植物组合对降压保健功能的初步研究. 中国园林，2011，27（4）：37-38.

十七、旱金莲科 Tropaeolaceae

旱金莲科具1属，80余种。一年生或多年生肉质草本，多浆汁。叶互生，盾状，全缘或分裂，具长柄。花两性，不整齐，有一长距。花萼5片，二唇状，基部合生，其中一片延长成一长距。花瓣5片或少于5片，覆瓦状排列，异形。雄蕊8枚，2轮，分离，长短不等，花药2室，纵裂。子房上位，3室。3个心皮。中轴胎座。每室有倒生胚珠1个。花柱1个。柱头线状，3裂。果为3个合生心皮，成熟时分裂为3个具1粒种子的瘦果。种子不含胚乳。

1. 旱金莲 *Tropaeolum majus* Linn.

中文异名：荷叶七、旱莲花

英文名：garden nasturtium, Indian cress, monks cress

分类地位：植物界（Plantae）

被子植物门（Angiosperms）

双子叶植物纲（Dicotyledoneae）

十字花目（Brassicales）

旱金莲科（Tropaeolaceae）

旱金莲属（*Tropaeolum* Linn.）

旱金莲（*Tropaeolum majus* Linn.）

形态学特征：一年生肉质草本。

（1）茎：蔓生，无毛或被疏毛。植株高15~25cm。

（2）叶：互生。盾状。圆形，径3~10cm，具主脉9条，由叶柄着生处向四面放射，边缘为波浪形的浅缺刻，叶背通常被疏毛或有乳突点。柄长 3.5~17.0cm。

（3）花：单花腋生。花梗长 6~13cm。花径 2.5~6.0cm。花托杯状。萼片 5 片，长椭圆状披针形，长 1.5~2.0cm，宽 5~7mm，基部合生，边缘膜质，其中 1 片延长成 1 个长距，距长 2.5~3.5cm，渐尖。花瓣 5 片，黄色、紫色、橘红色或杂色，通常圆形，边缘有缺刻，上部 2 片通常全缘，长 2.5~5.0cm，宽 1.0~1.8cm，着生在距的开口处，下部 3 片基部狭窄成爪，近爪处边缘具睫毛。雄蕊 8 枚，长短互间，分离。子房 3 室。花柱 1 个。柱头 3 裂，线形。

（4）果实：扁球形，成熟时分裂成 3 个具 1 粒种子的瘦果。

生物学特性：花期 6—10 月，果期 7—11 月。

分布：原产于南美洲。

保健功效：叶、花具很好的观赏价值。

园林应用：观赏花卉。常栽植于花坛边，也用作盆栽。

十八、景天科 Crassulaceae

景天科具 34~35 属，1400 余种。草本、半灌木或灌木，常有肥厚、肉质的茎、叶，无毛或有毛。叶不具托叶，互生、对生或轮生，常为单叶，全缘或稍有缺刻，少有为浅裂或为单数羽状复叶的。常为聚伞花序，或为伞房状、穗状、总状或圆锥状花序，有时单生。花两性，或为单性而雌雄异株，辐射对称，花各部常为 5 基数或其倍数。萼片自基部分离，少有在基部以上合生，宿存。花瓣分离，或多少合生。雄蕊 1 轮或 2 轮，与萼片或花瓣同数或为其 2 倍，分离，或与花瓣或花冠筒部多少合生。花丝丝状或钻形，少有变宽的。花药基生，少有为背着，内向开裂。心皮常与萼片或花瓣同数，分离或基部合生，常在基部外侧有腺状鳞片 1 片。花柱钻形。柱头头状或不显著。胚珠倒生，有两层珠被，常多数，排成两行沿腹缝线排列，稀少数或 1 个的。蓇葖有膜质或革质的皮，稀为蒴果。种子小，长椭圆形，种皮有皱纹或微乳头状突起，或有沟槽，胚乳不发达或缺。

1. 景天树 *Crassula arborescens* (Mill.) Willd.

中文异名：燕子章

英文名：silver dollar plant, silver jade, silver dollar plant, beestebul, Chinese jade, money plant, money tree

分类地位：植物界（Plantae）

被子植物门（Angiosperms）

双子叶植物纲（Dicotyledoneae）

虎耳草目（Saxifragales）

景天科（Crassulaceae）

青锁龙属（*Crassula* Linn.）

景天树（*Crassula arborescens* (Mill.) Willd.）

形态学特征：多浆肉质亚灌木。

（1）茎：干肉质，粗壮，干皮灰白，色浅，分枝多，小枝褐绿色，色深。植株高 1~3m。

（2）叶：肉质，卵圆形，长 3.0~5.5cm，宽 1.5~3.0cm。

（3）花：筒状花，径 1.5~2.0cm。花瓣 5 片，白色或淡粉色。雄蕊 5 枚，较花瓣短，花丝银白色，花药白色，略带紫色。鳞片 5 片，长圆形，长 3~4mm。

生物学特性：花期春末夏初。

分布：原产于非洲南部。

保健功能：防辐射，对苯有净化作用。

园林应用：盆栽花卉。

2. 长寿花 *Kalanchoe blossfeldiana* Poelln.

中文异名：圣诞长寿花、矮生伽蓝菜、寿星花

英文名：flaming katy, florist kalanchoe

分类地位：植物界（Plantae）

被子植物门（Angiosperms）

双子叶植物纲（Dicotyledoneae）

虎耳草目（Saxifragales）

景天科（Crassulaceae）

伽蓝菜属（*Kalanchoe* Adans.）

长寿花（*Kalanchoe blossfeldiana* Poelln.）

形态学特征：多年生肉质草本。

（1）茎：直立。植株高 10~30cm。

（2）叶：肉质。交互对生。椭圆状长圆形或卵圆形，长 4~8cm，宽 2~6cm，上部叶缘具波状钝齿，下部全缘，深绿色，具光泽，边略带红色。

（3）花：圆锥状聚伞花序，花序长 7~10cm。花径 1.2~1.5cm。花瓣 4 片，花色有绯红、桃红、粉红、橙红、黄、橙黄和白等。

生物学特性：花期 12 月至翌年 4 月。

分布：原产于欧洲南部。

保健功效：增加居室 O_2 浓度，提升空气质量。

园林应用：盆栽花卉。

十九、报春花科 Primulaceae

报春花科具 53 属，2790 余种。多年生，少数为一年生。APG 植物分类系统将以往的紫金牛科（Myrsinaceae）和西喔勿拉科（Theophrastaceae）归入其中。

1. 仙客来 *Cyclamen persicum* Mill.

中文异名：兔耳花、兔子花、一品冠

英文名：Persian cyclamen, florist's cyclamen

分类地位：植物界（Plantae）

被子植物门（Angiosperms）

双子叶植物纲（Dicotyledoneae）

杜鹃花目（Ericales）

报春花科（Primulaceae）

仙客来属（*Cyclamen* Linn.）

仙客来（*Cyclamen persicum* Mill.）

形态学特征：多年生草本。

（1）根：块茎扁球形，径通常 4~5cm，具木栓质的表皮，棕褐色，顶部稍扁平。

（2）茎：植株高 10~20cm。

（3）叶：叶和花葶同时自块茎顶部抽出。叶心状卵圆形，径 3~14cm，先端稍锐尖，边缘有细圆齿，质地稍厚，叶面深绿色，常有浅色的斑纹，柄长 5~18cm。

（4）花：花葶高 15~20cm，果期不卷缩。花萼通常分裂达基部，裂片三角形或长圆状三角形，全缘。花冠白色或玫瑰红色，喉部深紫色，筒部近半球形，裂片长圆状披针形，稍锐尖，基部无耳，比筒部长 3.5~5.0 倍，剧烈反折。

生物学特性：花期秋冬至春季。

分布：原产于欧洲南部等。

保健功效：能吸收三氯乙烯、氟化氢、汞等有害物质。

园林应用：盆栽花卉。

2. 朱砂根 *Ardisia crenata* Sims

中文异名：珍珠伞、龙山子

英 文 名：Christmas berry, Australian holly, coral ardisia, coral bush, coralberry, coralberry tree, hen's-eyes, spiceberry

分类地位：植物界（Plantae）

被子植物门（Angiosperms）

双子叶植物纲（Dicotyledoneae）

杜鹃花目（Ericales）

报春花科（Primulaceae）

紫金牛属（*Ardisia* Swartz）

朱砂根（*Ardisia crenata* Sims）

形态学特征：灌木。

（1）根：粗壮，具分枝。

（2）茎：粗壮，无毛，除侧生特殊花枝外，无分枝。植株高1~2m。

（3）叶：革质或坚纸质，椭圆形、椭圆状披针形至倒披针形，顶端急尖或渐尖，基部楔形，长7~15cm，宽2~4cm，边缘具皱波状或波状齿，具明显的边缘腺点，两面无毛，有时背面具极小的鳞片。侧脉12~18对，构成不规则的边缘脉。叶柄长0.6~1.0cm。

（4）花：伞形花序或聚伞花序，生于侧生特殊花枝顶端。花枝近顶端常具2~3片叶或更多，或无叶，长4~15cm。花梗长7~10mm，几乎无毛。花长4~6mm，花萼仅基部连合，萼片长圆状卵形，顶端圆形或钝，长1.5mm或略短，稀达2.5mm，全缘，两面无毛，具腺点。花瓣白色，稀略带粉红色，盛开时反卷，卵形，顶端急尖，具腺点，外面无毛，里面有时近基部具乳头状突起。雄蕊较花瓣短，花药三角状披针形，背面常具腺点。雌蕊与花瓣近等长或略长，子房卵珠形，无毛，具腺点。胚珠5个，1轮。

（5）果实：球形，径6~8mm，鲜红色，具腺点。

生物学特性：花期5—6月；果期10—12月，有时2—4月。

分布：中国西藏东南部至台湾，湖北至海南等地有分布。生于疏、密林下，荫湿灌木丛中。

保健功能：花芳香。果期长。为芳香型观赏花卉。

园林应用：居室盆栽花卉。

二十、秋海棠科 Begoniaceae

秋海棠科具2属，1825种。主要分布于热带和亚热带地区。其中1个属为希勒布兰迪氏属（*Hillebrandia* Oliv.），仅1个种，即 *H. sandwicensis*

Oliv.。而将另一个属 *Symbegonia* 划入其他科。大多数为多年生草木，部分为灌木和亚灌木。许多种拥有根茎或鳞茎。直立，茎短或贴地，一些种茎高可达 3m。叶和茎肉质，多汁。单叶，互生，不裂，两侧多少不对称。花单性，雌雄同株，稀雌雄异株，常组成聚伞花序。蒴果或浆果。种子小。

1. 四季秋海棠 *Begonia semperflorens-cultorum* Hort.

中文异名：四季海棠、蚬肉秋海棠、玻璃翠

英文名：clubbed begonia

分类地位：植物界（Plantae）

　　　　　　被子植物门（Angiosperms）

　　　　　　双子叶植物纲（Dicotyledoneae）

　　　　　　葫芦目（Cucurbitales）

　　　　　　秋海棠科（Begoniaceae）

　　　　　　秋海棠属（*Begonia* Linn.）

　　　　　　四季秋海棠（*Begonia semperflorens-cultorum* Hort.）

形态学特征：多年生肉质草本。

（1）根：根纤维状。

（2）茎：直立，肉质，无毛或上部被疏毛，基部多分枝。植株高 15~30cm。

（3）叶：互生。卵形或宽卵形，长 5~8cm，宽 3.5~6.0cm，先端急尖或稍钝，基部略偏斜，呈心形，边缘具锯齿和睫毛。两面光亮，绿色，主脉通常微红。叶柄长 1~2cm。托叶干膜质，卵状椭圆形，边缘稍具细缘毛。

（4）花：聚伞花序生于上部叶腋，具多朵花。花红色、淡红色或白色。雄花较大，径 1~3cm，花被片 4 片，雄蕊多数，花丝分离，药隔顶端圆钝。雌花稍小，花被片 5 片，花柱 3 个，基部合生，柱头叉裂，裂片螺旋状扭曲。

（5）果实：蒴果长 1~1.5cm，具 3 个翅，带红色。

生物学特性：花期 3—12 月。

分布：原产于巴西。

保健功效：能吸收居室内有害气体，净化空气。挥发物具有抗葡萄球菌活性。

园林应用：观赏花卉。常植于花坛、绿地、庭院等。

参考文献：

[1] 管开云，Fershalova T D，Tsybulya N V，等.云南秋海棠挥发物抗微生物活性的研究.云南植物研究，2005，27（4）：437-442.

二十一、茄科 Solanaceae

茄科具98属，2700余种。具7个亚科，即夜香树亚科（Cestroideae）、锈毛茄亚科（Goetzeoideae）、烟草亚科（Nicotianoideae）、碧冬茄亚科（Petunioideae）、蛾蝶花亚科（Schizanthoideae）、茄亚科（Solanoideae）和 Schwenckioideae（中文名未定）。

1. 珊瑚樱 *Solanum pseudocapsicum* Linn.

中文异名：吉庆果、冬珊瑚、假樱桃

英文名：Jerusalem cherry, Madeira winter cherry

分类地位：植物界（Plantae）

被子植物门（Angiosperms）

双子叶植物纲（Dicotyledoneae）

茄目（Solanales）

茄科（Solanaceae）

茄属（*Solanum* Linn.）

珊瑚樱（*Solanum pseudocapsicum* Linn.）

形态学特征：直立分枝小灌木，高达2m，全株光滑无毛。

（1）根：粗壮，细根多。

（2）茎：多分枝。株高20~50cm。

（3）叶：互生，狭长圆形至披针形，长 1~6cm，宽 0.5~1.5cm，先端尖或钝，基部狭楔形下延成叶柄，边全缘或波状。两面均光滑无毛，中脉在下面凸出，侧脉 6~7 对，在下面更明显。叶柄长 2~5mm，与叶片不能截然分开。

（4）花：多单生，很少成蝎尾状花序，无总花梗或近于无总花梗，腋外生或近对叶生。花梗长 3~4mm。花小，白色，径 0.8~1.0cm。萼绿色，径 3~4mm，5 裂，裂片长 1.0~1.5mm。花冠筒隐于萼内，长不及 1mm，冠檐长 3~5mm，裂片 5 片，卵形，长 3.0~3.5mm，宽 1~2mm。花丝长不及 1mm。花药黄色，矩圆形，长 1~2mm。子房近圆形，径 0.5~1.0mm。花柱短，长 1~2mm。柱头截形。

（5）果实：浆果橙红色，径 1.0~1.5cm。萼宿存。果柄长 1cm，顶端膨大。

（6）种子：盘状，扁平，径 2~3mm。

生物学特性：花期初夏，果期秋末。喜光，耐半阴环境。稍耐寒。

保健功能：珊瑚樱有活血散瘀、消肿止痛功效。根中含香豆精衍生物、生物碱毛叶冬珊瑚碱（solanocapsine），珊瑚樱根碱（solacasine）等活性物质。

园林应用：居室盆栽花卉。

参考文献：

[1] Olmstead R G, Bohs L. A summary of molecular systematic research in Solanaceae: 1982–2006. Acta Horticulturae, 2007 (745): 255-268.

二十二、绣球花科 Hydrangeaceae

绣球花科具 9 属，223 种。主要分布于亚洲、北美洲和欧洲东南部。常为多年生草本或灌木。叶片规则对生。花两性，花瓣常 4 片，稀 5~12 片。果实为蒴果或浆果，含几粒种子。胚乳肉质。

1. 绣球 *Hydrangea macrophylla* (Thunb.) Ser.

中文异名：八仙花、紫绣球、粉团花、八仙绣球

英文名：bigleaf hydrangea, French hydrangea, lacecap hydrangea, mophead hydrangea, penny mac, hortensia

分类地位：植物界（Plantae）

被子植物门（Angiosperms）

双子叶植物纲（Dicotyledoneae）

山茱萸目（Cornales）

绣球花科（Hydrangeaceae）

绣球属（*Hydrangea* Linn.）

绣球（*Hydrangea macrophylla* (Thunb.) Ser.）

形态学特征：灌木。

（1）茎：常于基部发出多数放射枝而形成圆形灌丛。枝圆柱形，粗壮，紫灰色至淡灰色，无毛，具少数长形皮孔。植株高 1~4m。

（2）叶：纸质或近革质。倒卵形或阔椭圆形，长 6~15cm，宽 4~12cm，先端骤尖，具短尖头，基部钝圆或阔楔形，边缘于基部以上具粗齿。两面无毛或仅下面中脉两侧被稀疏卷曲短柔毛，脉腋间常具少许髯毛。侧脉 6~8 对，直，向上斜举或上部近边缘处微弯拱，上面平坦，下面微凸，小脉网状，两面明显。柄粗壮，长 1.0~3.5cm，无毛。

（3）花：伞房状聚伞花序近球形，径 8~20cm。具短的总花梗，分枝粗壮，近等长，密被紧贴短柔毛。花密集，多数不育。不育花萼片 4 片，阔卵形或近圆形，长 1.5~2.5cm，宽 1.0~2.5cm，粉红色、淡蓝色或白色。孕性花极少数，具 2~4mm 长的花梗，萼筒倒圆锥状，长 1.5~2mm，与花梗疏被卷曲短柔毛，萼齿卵状三角形，长 0.5~1.0mm，花瓣长圆形，长 3.0~3.5mm，雄蕊 10 枚，近等长，不突出或稍突出，花药长圆形，长 0.5~1mm，子房大半下位。花柱 3 个，结果时长 1.0~1.5mm。柱头稍扩大，半环状。

（4）果实：蒴果长陀螺状，连花柱长 4~5mm，顶端突出部分长 0.5~1.0mm，为蒴果长度的 1/3。

生物学特性：花期 6—8 月。

分布：原产于中国华东、华中、华南、西南等地区。生于山谷溪旁或山顶疏林中。日本、朝鲜也有分布。

保健功能：能吸收居室内细微尘埃，净化室内空气。

园林应用：观赏性强。用作居室盆栽花卉。

二十三、十字花科 Cruciferae

十字花科具 372 属，4060 种。绝大多数为一年生、二年生或多年生草本，一些为灌木或小灌木，稀为藤本。茎直立或平卧。无托叶，常具柄。单叶，全缘或具锯齿，稀三出复叶或羽状复叶。基部叶有时形成莲座状。茎生叶互生，稀对生。花两性，少有退化为单性。花多数聚集成总状花序、伞房花序。萼片 4 片，分离，排成 2 轮，直立或开展，有时基部呈囊状。花瓣 4 片，分离，呈十字形排列，花瓣白色、黄色、粉红色、淡紫色、淡紫红色或紫色，基部有时具爪，少数种类花瓣退化或缺少，有的花瓣不等大。雄蕊常 6 枚，也排列成 2 轮，外轮的 2 个，具较短的花丝，内轮的 4 个，具较长的花丝，称为"四强雄蕊"。雌蕊 1 个。子房上位。子房 2 室或 1 室，每室有胚珠 1 个至多个。侧膜胎座。花柱短或缺。柱头单一或 2 裂。果实为长角果、短角果，有翅或无翅，有刺或无刺，或有其他附属物。角果成熟后自下而上呈 2 果瓣开裂，也有呈 4 果瓣开裂的。种子较小，表面光滑或具纹理，边缘有翅或无翅，有的湿时发黏，无胚乳。

1. 紫罗兰 *Matthiola incana* (Linn.) W. T. Aiton

中文异名：草紫罗兰

英文名：hoary stock, stock, tenweeks stock

分类地位：植物界（Plantae）

　　　　　　被子植物门（Angiosperms）

双子叶植物纲（Dicotyledoneae）

十字花目（Brassicales）

十字花科（Cruciferae）

紫罗兰属（*Matthiola* R. Br. corr. Spreng.）

紫罗兰（*Matthiola incana* (Linn.) W. T. Aiton）

形态学特征：二年生或多年生草本。全株密被灰白色具柄的分枝柔毛。

（1）茎：直立，多分枝，基部稍木质化。植株高达 60cm。

（2）叶：长圆形至倒披针形或匙形，连叶柄长 6~14cm，宽 1.2~2.5cm，全缘或呈微波状，顶端钝圆，稀具短尖头，基部渐狭成柄。

（3）花：总状花序顶生和腋生。花多数。花序轴果期伸长。花梗粗壮，斜上开展，长达 1.5mm。萼片直立，长椭圆形，长 10~15mm，内轮萼片基部呈囊状，边缘膜质，白色透明。花瓣紫红、淡红或白色，近卵形，长 10~12mm，顶端 2 浅裂或微凹，边缘波状，下部具长爪。花丝向基部逐渐扩大。子房圆柱形，柱头微 2 裂。

（4）果实：长角果圆柱形，长 7~8cm，径 2~3mm，果瓣中脉明显，顶端浅裂。果梗粗壮，长 10~15mm。

（5）种子：近圆形，径 1~2mm，扁平，深褐色，边缘具白色膜质的翅。

生物学特性：花期 4—5 月。

分布：原产于欧洲南部。

保健功效：能分泌杀菌素，对结核菌、肺炎球菌、葡萄球菌具抑制作用。具镇定、消除疲劳等功效，改善人的情绪。缓解咳嗽感冒症状，对呼吸系统有保健作用。

园林应用：栽于庭院花坛或温室中，供观赏。

参考文献：

[1] 周青前.养颜花草茶.现代养生，2018（1）：20.

二十四、仙人掌科 Cactaceae

仙人掌科具 127 属，1750 种。多年生肉质草本、灌木或乔木，地生或附生。根系浅，开展，有时具块根。茎直立、匍匐、悬垂或攀缘，圆柱状、球状、侧扁或叶状。节常缢缩，节间具棱、角、瘤突或平坦，具水汁，稀具乳汁。小窠螺旋状散生，或沿棱、角或瘤突着生，常有腋芽或短枝变态形成的刺，稀无刺，分枝和花均从小窠发出。叶扁平，全缘或圆柱状、针状、钻形至圆锥状，互生，或完全退化，无托叶。花通常单生，无梗，稀具梗并组成总状、聚伞状或圆锥状花序，两性花，稀单性花，辐射对称或左右对称。花托通常与子房合生，稀分生，上部常延伸成花托筒（或称花被筒），外面覆以鳞片（苞片）和小窠，稀裸露。花被片多数，螺旋状贴生于花托或花托筒上部，外轮萼片状，内轮花瓣状，或无明显分化。雄蕊多枚，着生于花托或花托筒内面中部至口部，螺旋状或排成2列。花药基部着生，2室，药室平行，纵裂。雄蕊基部至子房之间常有蜜腺或蜜腺腔。雌蕊由 3 个至多心皮合生而成。子房常下位，稀半下位或上位，1室，具 3 个至多数侧膜胎座，或侧膜胎座简化为基底胎座状或悬垂胎座状。胚珠多数至少数，弯生至倒生。花柱 1 个，顶生。柱头 3 个至多数，不分裂或分裂，内面具多数乳突。浆果肉质，常具黏液，稀干燥或开裂，散生鳞片和小窠，稀裸露。种子多数，稀少数至单生。种皮坚硬，有时具骨质假种皮和种阜，无毛或被绵毛。胚通常弯曲，稀直伸。胚乳存在或缺失。子叶叶状扁平至圆锥状。

1. 单刺仙人掌 *Opuntia monacantha* Haw.

中文异名：仙人掌、扁金铜、绿仙人掌

英文名：prickly pear, drooping prickly pear, cochineal prickly pear, Barbary fig

分类地位：植物界（Plantae）

　　　　　　　被子植物门（Angiosperms）

　　　　　　　双子叶植物纲（Dicotyledoneae）

石竹目（Caryophyllales）

仙人掌科（Cactaceae）

仙人掌属（*Opuntia* Mill.）

单刺仙人掌（*Opuntia monacantha* Haw.）

形态学特征：肉质灌木或小乔木。外来植物。

（1）茎：分枝多数，开展。倒卵形、倒卵状长圆形或倒披针形，长 10~30cm，宽 7.5~12.5cm，先端圆形，边缘全缘或略呈波状，基部渐狭至柄状，嫩时薄、鲜绿、有光泽，无毛，疏生小窠。小窠圆形，径 3~5mm，具短绵毛、倒刺刚毛和刺。刺针状，单生或 2~3 根聚生，直立，长 1~5cm，灰色，具黑褐色尖头，基部径 0.2~1.5mm，有时嫩小窠无刺，老时生刺，在主干上每小窠可具 10~12 根刺，刺长达 7.5cm，短绵毛灰褐色，密生，宿存，倒刺刚毛黄褐色至褐色，有时隐藏于短绵毛中。

（2）叶：钻形，长 2~4mm，绿色或带红色，早落。

（3）花：辐射状，径 5.0~7.5cm。花托倒卵形，长 3~4cm，先端截形，凹陷，径 1.5~2.2cm，基部渐狭，绿色，无毛，疏生小窠，小窠具短绵毛和倒刺刚毛，无刺或具少数刚毛状刺。萼状花被片深黄色，外面具红色中肋，卵圆形至倒卵形，长 0.8~2.5cm，宽 0.8~1.5cm，先端圆形，有时具小尖头，边缘全缘。瓣状花被片深黄色，倒卵形至长圆状倒卵形，长 2.3~4.0cm，宽 1.2~3.0cm，先端圆形或截形，有时具小尖头，边缘近全缘。花丝长 12mm，淡绿色。花药淡黄色，长 1mm。花柱淡绿色至黄白色，长 12~20mm，径 1.5mm。柱头 6~10 个，长 4.5~6.0mm，黄白色。

（4）果实：浆果梨形或倒卵球形，长 5.0~7.5cm，径 4~5cm，顶端凹陷，基部狭缩成柄状，无毛，紫红色，每侧具 10~20 个小窠，小窠突起，具短绵毛和倒刺刚毛，通常无刺。

（5）种子：多数，肾状椭圆形，长 4mm，宽 3mm，高 1.5mm，淡黄褐色，无毛。

生物学特性：花期 4—8 月。

分布：原产于南美洲。生于海边、石灰岩山地等。

保健功效：能吸收甲醛、CO、氟化氢、汞等有害物质，净化空气。

园林应用：栽培花卉。

二十五、木樨科 Oleaceae

1. 茉莉花 *Jasminum sambac* (Linn.) Ait.

中文异名：茉莉

英文名：Arabian jasmine

分类地位：植物界（Plantae）

被子植物门（Angiosperms）

双子叶植物纲（Dicotyledoneae）

唇形目（Lamiales）

木樨科（Oleaceae）

素馨属（*Jasminum* Linn.）

茉莉花（*Jasminum sambac* (Linn.) Ait.）

形态学特征：直立或攀缘灌木。

（1）根：稍木质，分枝多。

（2）茎：小枝圆柱形或稍压扁状，有时中空，疏被柔毛。植株高25~40cm。

（3）叶：纸质。单叶对生。圆形、椭圆形、卵状椭圆形或倒卵形，长4.0~12.5cm，宽2.0~7.5cm，两端圆或钝，基部有时微心形，侧脉4~6对，在叶面稍凹入，在叶背凸起，细脉在两面常明显，微凸起，除叶背脉腋间常具簇毛外，其余无毛。叶柄长2~6mm，被短柔毛，具关节。

（4）花：聚伞花序顶生，通常有花3朵，有时单花或多达5朵。花序梗长1.0~4.5cm，被短柔毛。苞片微小，锥形，长4~8mm。花梗长0.3~2.0cm。花萼无毛或疏被短柔毛，裂片线形，长5~7mm。花冠白色，花冠管长0.7~1.5cm，裂片长圆形至近圆形，宽5~9mm，先端圆或钝。

（5）果实：球形，径0.7~1.0cm，紫黑色。

生物学特性：花极芳香。花期5—8月，果期7—9月。

分布：原产于印度。

保健功效：花芳香，含茉莉油。花香气的主要成分为樟醇、乙酸苄酯、反式–金合欢烯和吲哚等。花、叶具止咳化痰功效。花香气具有镇定神经、消除疲劳、改善情绪的功效，同时，给人愉悦、爽朗的感受。

园林应用：景观花卉。常用于盆栽。

参考文献：

[1] 李丽华，郑玲，刘晓松. 固相微萃取气质联用分析茉莉花的香气成分. 化学分析计量，2006，15（2）：37-39.

[2] 赵国飞，罗理勇，常睿，等. 离体茉莉花释香过程的香气成分特征. 食品科学，2015，36（18）：120-126.

二十六、唇形科 Lamiaceae/Labiatae

唇形科具 236 属，6900~7200 种。很大部分为芳香植物。一年生至多年生草本，半灌木或灌木，极稀乔木或藤本，常具含芳香油的表皮，有柄或无柄的腺体，及各种各样的单毛、具节毛、星状毛和树枝状毛，常具有 4 棱及沟槽的茎和对生或轮生的枝条。

根纤维状，稀增厚成纺锤形，极稀具小块根。

偶有新枝形成具多少退化叶的气生走茎或地下匍匐茎，后者往往具肥短节间及无色叶片。

单叶，全缘至具有各种锯齿，浅裂至深裂，稀为复叶，对生（常交互对生），稀 3~8 片轮生，极稀部分互生。

花序聚伞式，常形成轮状的轮伞花序，再聚合成顶生或腋生的总状、穗状、圆锥状，稀头状的复合花序。每花下常又有一对纤小的苞片。花两侧对称，稀辐射对称，两性。花萼下位，宿存，果时增大，加厚，合萼，5 基数，稀 4 基数。花冠合瓣，冠檐 5 裂，稀 4 裂。雄蕊在花冠上着生，与花冠裂片互生，通常 4 枚，二强，有时退化为 2 枚。花丝有毛或否，通常直伸。药隔伸出或否。花药通常长圆形、卵圆形至线形，稀球形，2 室，内向。下位花盘通常肉质，显著，全缘至通常 2~4 浅裂。雌蕊由 2 个中向心皮形成。子房上位，无柄，稀具柄。胚珠单被，倒生，直立，基生，着生于中轴胎座上。花柱顶端具 2 个等长稀不等长的裂片。

果通常裂成 4 个小坚果，稀核果状，倒卵圆形或四棱形，光滑，具

毛或有皱纹、雕纹。

种子每坚果单生，直立，极稀横生而皱曲，具薄而以后常全部被吸收的种皮，基生，稀侧生。胚乳在果时无或如存在则极不发育。胚具扁平，稀凸或有折，微肉质，与果轴平行或横生的子叶。

1. 薰衣草 *Lavandula angustifolia* Mill.

英文名：true lavender, English lavender, garden lavender, common lavender, narrow-leaved lavender

分类地位：植物界（Plantae）

被子植物门（Angiosperms）

双子叶植物纲（Dicotyledoneae）

唇形目（Lamiales）

唇形科（Lamiaceae/Labiatae）

薰衣草属（*Lavandula* Linn.）

薰衣草（*Lavandula angustifolia* Mill.）

形态学特征：半灌木或矮灌木。

（1）根：具分枝。

（2）茎：分枝，被星状茸毛，在幼嫩部分较密。老枝灰褐色或暗褐色，皮层作条状剥落，具有长的花枝及短的更新枝。植株高 25~40cm。

（3）叶：线形或披针状线形，在花枝上的叶较大，疏离，长 3~5cm，宽 0.3~0.5cm，被密或疏的灰色星状茸毛，干时灰白色或橄绿色。在更新枝上的叶小，簇生，长不超过 1.7cm，宽 0.1~0.2cm，密被灰白色星状茸毛，干时灰白色，均先端钝，基部渐狭成极短柄，全缘，边缘外卷，中脉在下面隆起，侧脉及网脉不明显。

（4）花：轮伞花序通常具 6~10 朵花，多数，在枝顶聚集成间断或近连续的穗状花序。穗状花序长 3~5cm，花序梗长约为花序的 3 倍，密被星状茸毛。苞片菱状卵圆形，先端渐尖成钻状，具 5~7 条脉，干时常带锈色，被星状茸毛，小苞片不明显。花具短梗，蓝色，密被灰色、分枝或不分枝茸毛。花萼卵状管形或近管形，长 4~5mm，13 条脉，内面近无毛，二唇形，上唇1个齿较宽而长，下唇具4个短齿，齿相等而明显。花冠长约为花萼的2倍，具13条脉纹，外面与花萼同一毛被，但基部近无毛，内面在喉部及冠檐部分被腺状毛，中部具毛环，冠檐二唇形，上唇直伸，2裂，裂片较大，圆形，且彼此稍重叠，下唇开展，3裂，裂片较小。雄蕊4枚，着生在毛环上方，不外伸，前对较长，花丝扁平，无毛，花药被毛。花柱被毛，在先端压扁，卵圆形。花盘4浅裂，裂片与子房裂片对生。

（5）果实：小坚果4个，光滑。

生物学特性：花期6月。

分布：原产于地中海地区。

保健功效：花含芳香油，主要成分为乙酸芳樟醇、丁酸芳樟醇及香荳素。芳香油可镇定神经，消除疲劳，改善情绪，给人愉悦、爽朗的感觉。薰衣草还有驱赶蚊虫的作用。

园林应用：观赏及芳香油植物。地被花卉。常用作盆栽。

第三章 儿童适宜型园林保健植物

儿童适宜型园林保健植物，首先应满足无飞絮、无刺、无毒，并不会引起过敏反应等基本要素，同时，又要有利于增强儿童体质，促进智力开发，更有利于儿童的身心健康。这些保健植物通常释放的有益化学物质，包括桉树脑、β-石竹烯、α-草烯、水芹烯、柠檬醇、柠檬醛、龙脑大蒜新素等，有利于提高儿童的免疫力，在色泽选择上，宜选用鲜艳、美丽，散发各类花香的视觉型、呼吸型保健植物。本章介绍了 19 种儿童适宜型园林保健植物。

一、豆科 Fabaceae

1. 紫荆 *Cercis chinensis* Bunge

中文异名：老茎生花、满条红
英文名：Chinese redbud
分类地位：植物界（Plantae）
　　　　　　被子植物门（Angiosperms）
　　　　　　双子叶植物纲（Dicotyledoneae）
　　　　　　豆目（Fabales）
　　　　　　豆科（Fabaceae）
　　　　　　紫荆属（*Cercis* Linn.）
　　　　　　紫荆（*Cercis chinensis* Bunge）

形态学特征：丛生或单生灌木。

（1）茎：树皮和小枝灰白色。植株高 2~5m。

（2）叶：纸质，近圆形或三角状圆形，长 5~10cm，宽 6~15cm，先端急尖，基部浅至深心形，两面通常无毛，嫩叶绿色，仅叶柄略带紫色，叶缘膜质透明。

（3）花：紫红色或粉红色，2~10 朵成束，簇生于老枝和主干上，尤以主干上花束较多，花长 1~1.5cm。花梗长 3~9mm。龙骨瓣基部具深紫色斑纹。子房嫩绿色，花蕾时光亮无毛，后期则密被短柔毛，有胚珠 6~7 个。

（4）果实：荚果扁狭长形，绿色，长 4~8cm，宽 1~1.2cm，翅宽 1~1.5mm，先端急尖或短渐尖，喙细而弯曲，基部长渐尖，两侧缝线对称或近对称。果颈长 2~4mm。

（5）种子：2~6 粒，阔长圆形，长 5~6mm，宽 3~4mm，黑褐色，光亮。

生物学特性：花通常先于叶开放，但嫩枝或幼株上的花则与叶同时开放。花期 3—4 月，果期 8—10 月。

分布：中国西南、华南、华北、华中、华东和东北有分布。

保健功效：花鲜艳。为视觉型园林保健植物。紫荆叶挥发油对人白血病细胞 K562 具有一定的抑制活性。紫荆叶挥发油活性成分芳樟醇对人白血病细胞 U937 和淋巴瘤细胞 P3HRI 生长具有明显抑制作用，也具有较好的杀虫、抗菌、除臭、镇静、抗龋齿等功用。

园林应用：观赏灌木。常采用孤植、群植。

参考文献：

[1] 王燕，陈光英，陈文豪，等.洋紫荆挥发油气相色谱－质谱联用分析及抗肿瘤活性研究.时珍国医国药，2013，24（8）：1830-1832.

2. 紫藤 *Wisteria sinensis* (Sims) Sweet

中文异名：紫藤萝

英文名：Chinese wisteria

分类地位：植物界（Plantae）

被子植物门（Angiosperms）

双子叶植物纲（Dicotyledoneae）

豆目（Fabales）

豆科（Fabaceae）

紫藤属（*Wisteria* Nutt.）

紫藤（*Wisteria sinensis* (Sims) Sweet）

形态学特征：落叶藤本。

（1）茎：左旋，枝粗壮，嫩枝被白色柔毛，后秃净，冬芽卵形。

（2）叶：奇数羽状复叶长 15~25cm，小叶 3~6 对。小叶纸质，卵状椭圆形至卵状披针形，上部小叶较大，基部 1 对最小，长 5~8cm，宽 2~4cm，先端渐尖至尾尖，基部钝圆或楔形，或歪斜。小叶柄长 3~4mm。

（3）花：总状花序长 15~30 cm，径 8~10cm，花序轴被白色柔毛。苞片披针形。花长 2.0~2.5cm。花梗细，长 2~3cm。花萼杯状，具 5 个齿。花冠紫色，旗瓣圆形，先端略凹陷，花开后反折，翼瓣长圆形，基部圆，龙骨瓣较翼瓣短，阔镰形。子房线形，密被茸毛。花柱无毛，上弯。胚珠 6~8 个。

（4）果实：荚果倒披针形，长 10~15cm，宽 1.5~2.0cm，密被茸毛，悬垂于枝上不脱落。

（5）种子：褐色，具光泽，圆形，宽 1.0~1.5cm，扁平。

生物学特性：花芳香。花期 4 月中旬至 5 月上旬，果期 5—8 月。

分布：中国大部分地区有分布。

保健功效：香气成分主要为罗勒烯、乙酸叶醇脂柠檬烯、α-蒎烯等。观花植物。儿童感受不同花色的保健植物，有利于激发学习兴趣。

园林应用：庭院棚架和绿地观赏植物。

参考文献：

[1] 王琦，王丹，张汝民，等.日本紫藤开花进程中挥发性有机化合物组分与含量的变化.浙江农林大学学报，2014，31(4)：647-653.

二、紫茉莉科 Nyctaginaceae

紫茉莉科具33属,290余种。草本、灌木或乔木,有时为具刺藤状灌木。单叶,对生、互生或假轮生,全缘。具柄。无托叶。花辐射对称,两性,稀单性或杂性。花单生、簇生或呈聚伞花序、伞形花序。常具苞片或小苞片,有的苞片色彩鲜艳。花被单层,常为花冠状,圆筒形或漏斗状,有时钟形,下部合生成管,顶端5~10裂,在芽内镊合状或折扇状排列,宿存。雄蕊1枚至多枚,通常3~5枚,下位,花丝离生或基部连合,芽时内卷。花药2室,纵裂。子房上位,1室,内有1个胚珠。花柱单一。柱头球形,不分裂或分裂。瘦果有棱或槽,有时具翅,常具腺。种子有胚乳。胚直生或弯生。

1. 紫茉莉 *Mirabilis jalapa* Linn.

中文异名:胭脂花、粉豆花、夜饭花、状元花、丁香叶、苦丁香、野丁香

英文名:four o'clock flower, marvel of Peru

分类地位:植物界(Plantae)

　　　　　　被子植物门(Angiosperms)

　　　　　　　双子叶植物纲(Dicotyledoneae)

　　　　　　　　石竹目(Caryophyllales)

　　　　　　　　紫茉莉科(Nyctaginaceae)

　　　　　　　　　紫茉莉属(*Mirabilis* Linn.)

　　　　　　　　　　紫茉莉(*Mirabilis jalapa* Linn.)

形态学特征:一年生草本。外来入侵杂草。

(1)根:粗大,呈倒圆锥形,黑色或黑褐色。

(2)茎:直立,圆柱形,多分枝,节稍膨大。植株高50~70cm。

(3)叶:单叶,对生。卵形或卵状三角形,长4~12cm,宽2.5~7.0cm,先端渐尖,基部心形,无毛。柄长2~6cm。

（4）花：头状花序。花两性，花常数朵簇生于枝端，花晨、夕开放而午收。总苞钟形，长 1cm，顶端 5 深裂，果期宿存。花被紫红色、黄色、白色或杂色，漏斗状，筒部长 4~6cm，顶部开展，5 裂，径 2.5cm，基部膨大成球形，包裹子房。雄蕊 5 枚，花丝细长，常伸出花外，花药扁圆形。花柱单一，线形，与雄蕊近等长。柱头头状，微裂。

（5）果实：瘦果球形，革质，径 5~8mm，黑色有棱，表面具皱纹。

（6）种子：白色，胚乳粉质。

生物学特性：花期 7—10 月，果期 8—11 月。

分布：原产于南美洲。

保健功效：呼吸芳香型保健植物。散发的香味使易激动、爱哭闹的孩子安静下来。挥发的气体，能杀死白喉、结核菌、痢疾杆菌等病菌。对二氧化硫、氟化氢、氯气等具有吸收功能，有吸收光化学烟雾、防尘降低噪音等作用。

园林应用：绿地花卉，用作绿化美观。也用作盆栽。

参考文献：

[1] 陈军. 紫茉莉栽培管理. 中国花卉园艺，2012（18）：24.

三、唇形科 Lamiaceae

1. 薄荷 *Mentha canadensis* Linn.

中文异名：野薄荷、夜息香、南薄荷、水薄荷

英文名：corn mint, wild mint, American wild mint, East Asian wild mint

分类地位：植物界（Plantae）

被子植物门（Angiosperms）

双子叶植物纲（Dicotyledoneae）

唇形目（Lamiales）

唇形科（Lamiaceae）

薄荷属（*Mentha* Linn.）

薄荷（*Mentha canadensis* Linn.）

形态学特征：多年生草本。

（1）根：须根发达，具匍匐根茎。

（2）茎：下部匍匐，上部直立，多分枝，锐四棱形，上部有倒向柔毛，下部仅沿棱上有微柔毛。植株高 30~100cm。

（3）叶：单叶，对生。长圆状披针形、披针形或卵状披针形，长 3~8cm，宽 0.6~3.0cm，先端急尖或稍钝，基部楔形，边缘在基部以上疏生粗大牙齿状锯齿，两面疏生微柔毛和腺点，侧脉 5~6 对。叶柄长 0.3~2.0cm。

（4）花：轮伞花序多花，腋生，轮廓球形。具总花梗或近无梗。小苞片狭披针形。花梗纤细，长 2~3mm，有微柔毛或近无毛。花萼管状钟形，长 2.5mm，外面有微柔毛及腺点，内面无毛，萼齿三角形或狭三角形，长不到 1mm。花冠二唇形，淡红色、青紫色或白色，长 4~5mm，外面略有微柔毛，冠檐 4 裂，裂片长圆形，上唇先端 2 裂，下唇 3 裂全缘。雄蕊伸出，前对较长，花丝无毛。花柱略超出雄蕊。

（5）果实：小坚果长圆状卵形，平滑，具小腺窝。1 朵花最多能结 4 粒种子，贮于钟形花萼内。

（6）种子：长 0.1~0.2mm，淡褐色。

生物学特性：花果期 8—11 月。

分布：中国各地有分布。日本、朝鲜、俄罗斯及北美洲也有分布。

保健功效：芳香型保健植物。主要香气成分有 d-柠檬烯和 2-乙基 -1- 己醇。散发的香气有助于儿童自我完善，走出失望和忧郁的心境。香气促进人的想象力，有利于儿童智力发育。

园林应用：花境植物。

参考文献：

[1] 李小龙，段树生，胡增辉，等.薄荷和留兰香香气成分的分析与比较.北京农学院学报，2014，29（1）：41-45.

四、芭蕉科 Musaceae

芭蕉科具2属，即芭蕉属（*Musa* Linn.）和象腿蕉属（*Ensete* Bruce），91种。多年生草本，具匍匐茎或无。茎或假茎高大，不分枝，有时木质，或无地上茎。叶通常较大，螺旋排列或两行排列，由叶片、叶柄及叶鞘组成。叶脉羽状。花两性或单性，两侧对称，常排成顶生或腋生的聚伞花序，生于一大型而有鲜艳颜色的苞片（佛焰苞）中，或1~2朵至多朵直接生于由根茎生出的花葶上。花被片3基数，花瓣状或有花萼、花瓣之分，形状种种，分离或连合呈管状，而仅内轮中央的1片花被片离生。雄蕊5~6枚，花药2室。子房下位，3室。胚珠多数。中轴胎座或单个基生。花柱1个。柱头3个，浅裂或头状。浆果或为室背或室间开裂的蒴果，或革质不开裂。种子坚硬，有假种皮或无，胚直，具粉质外胚乳及内胚乳。

1. 地涌金莲 *Ensete lasiocarpa* (Franch.) Cheesman

中文异名：地金莲、地涌莲、地母金莲

英文名：Chinese dwarf banana, Chinese yellow banana, golden lotus banana, hairyfruit musella

分类地位：植物界（Plantae）

　　　　　　被子植物门（Angiosperms）

　　　　　　单子叶植物纲（Monocotyledoneae）

　　　　　　姜目（Zingiberales）

　　　　　　芭蕉科（Musaceae）

　　　　　　象腿蕉属（*Ensete* Brucc）

　　　　　　地涌金莲（*Ensete lasiocarpa* (Franch.)

　　　　　　　　Cheesman）

形态学特征：多年生丛生草本。

（1）根：具根状茎。

（2）茎：假茎矮小。植株高不及0.6m。

（3）叶：大型，长椭圆形，叶柄下部增大，具抱茎叶鞘。

（4）花：花序直立，直接生于假茎上，密集如球穗状。苞片淡黄色或黄色，干膜质，宿存，每一苞片内有花2列，下部苞片内的花为两性花或雌花，上部苞片内的花为雄花。合生花被片先端具5个齿，离生花被片先端微凹，凹陷处有短尖头。雄蕊5枚。子房3室，胚珠多个。

（5）果实：浆果三棱状卵形，被极密硬毛。

（6）种子：较大，扁球形，光滑，腹面有大而明显的种脐。

生物学特性：花期8—10月。

分布：中国西部有分布。

保健功效：花奇特，能激发儿童的好奇心，促进智力发育。

园林应用：地被观赏植物。

五、美人蕉科 Cannaceae

美人蕉科具1属，10种。产于美洲的热带和亚热带地区。多年生、直立、粗壮草本，有块状的地下茎。叶大，互生，有明显的羽状平行脉，具叶鞘。花两性，大而美丽，不对称，排成顶生的穗状花序、总状花序或狭圆锥花序，有苞片。萼片3片，绿色，宿存。花瓣3片，萼状，通常披针形，绿色或其他颜色，下部合生成一管并常和退化雄蕊群连合。退化雄蕊花瓣状，基部连合，为花中最美丽、最显著的部分，红色或黄色，3~4枚，外轮的3枚（有时2枚或无）较大，内轮的1枚较狭，外反，称为唇瓣。发育雄蕊的花丝亦增大呈花瓣状，多少旋卷，边缘有1枚1室的花药室，基部或一半和增大的花柱连合。子房下位，3室，每室有胚珠多个。花柱扁平或棒状。果为蒴果，3瓣裂，多少具3棱，有小瘤体或柔刺。种子球形。

1. 蕉芋 *Canna edulus* Ker

中文异名：蕉藕、食用美人蕉

英文名：Indian shot, African arrowroot, edible canna, purple arrowroot,

Sierra Leone arrowroot

分类地位：植物界（Plantae）

被子植物门（Angiosperms）

单子叶植物纲（Monocotyledoneae）

姜目（Zingiberales）

美人蕉科（Cannaceae）

美人蕉属（*Canna* Linn.）

蕉芋（*Canna edulus* Ker）

形态学特征：一年生或二年生草本。

（1）根：根茎发达，多分枝，块状。

（2）茎：粗壮，高可达 3m。

（3）叶：长圆形或卵状长圆形，长 30~60cm，宽 10~20cm，叶面绿色，边缘或背面紫色，叶柄短。叶鞘边缘紫色。

（4）花：总状花序单生或分叉，少花，被蜡质粉霜，基部有阔鞘。花单生或 2 朵聚生，小苞片卵形，长 6~8mm，淡紫色。萼片披针形，长 1.0~1.5cm，淡绿而染紫。花冠管杏黄色，长 1.0~1.5cm，花冠裂片杏黄而顶端染紫，披针形，长 3.5~4.0cm，直立。外轮退化雄蕊 2~3 枚，倒披针形，长 5~5.5cm，宽 0.7~1.0cm，红色，基部杏黄，直立，其中 1 枚微凹。唇瓣披针形，长达 4.5cm，卷曲，顶端 2 裂，上部红色，基部杏黄。发育雄蕊披针形，长达 4cm，杏黄而染红，花药室长 6~9mm。子房圆球形，径 4~6mm，绿色，密被小疣状突起。花柱狭带形，长 5~6cm，杏黄色。

生物学特性：花期 9—10 月。

分布：原产于西印度群岛和南美洲。块茎可煮食或用于提取淀粉。

保健功效：蕉芋为美人蕉科可食用的食物。通常与美人蕉叶色差异大，能吸引儿童观察，提高鉴别能力。

园林应用：地被观赏植物。

参考文献：

[1] 徐正浩，周国宁，顾哲丰，等.浙大校园花卉与栽培作物.杭州：浙江大学出版社，2017.

六、蔷薇科 Rosaceae

1. 皱皮木瓜 *Chaenomeles speciosa* (Sweet) Nakai

中文异名： 贴梗海棠、贴梗木瓜、铁脚梨

英文名： flowering quince, Chinese quince, Japanese quince

分类地位： 植物界（Plantae）

　　　　　被子植物门（Angiosperms）

　　　　　　双子叶植物纲（Dicotyledoneae）

　　　　　　蔷薇目（Rosales）

　　　　　　蔷薇科（Rosaceae）

　　　　　　　木瓜属（*Chaenomeles* Lindl.）

　　　　　　　皱皮木瓜（*Chaenomeles speciosa* (Sweet) Nakai）

形态学特征： 多年生落叶灌木。

（1）茎：枝条直立开展，有刺。小枝圆柱形，微屈曲，无毛，紫褐色或黑褐色，有疏生浅褐色皮孔。冬芽三角卵形，先端急尖，近于无毛或在鳞片边缘具短柔毛，紫褐色。植株高达 2m。

（2）叶：卵形至椭圆形，稀长椭圆形，长 3~9cm，宽 1.5~5.0cm，先端急尖，稀圆钝，基部楔形至宽楔形，边缘具有尖锐锯齿，齿尖开展，无毛或在萌蘖上沿下面叶脉有短柔毛。柄长 0.5~1.0cm。托叶大形，草质，肾形或半圆形，稀卵形，长 5~10mm，宽 12~20mm，边缘有尖锐重锯齿，无毛。

（3）花：花先于叶开放，3~5 朵簇生于二年生老枝上。花梗短粗，长 2~3mm 或近于无柄。花径 3~5cm。萼筒钟状，外面无毛。萼片直立，半圆形，稀卵形，长 3~4mm，宽 4~5mm，长为萼筒的 1/2，先端圆钝，全缘或有波状齿及黄褐色睫毛。花瓣倒卵形或近圆形，基部延伸成短爪，长 10~15mm，宽 8~13mm，猩红色，稀淡红色或白色。雄蕊 45~50 枚，长为花瓣的 1/2。花柱 5 个，基部合生，无毛或稍有毛，柱头头状，有

不明显分裂，与雄蕊等长。

（4）果实：球形或卵球形，径 4~6cm，黄色或带黄绿色，有稀疏不明显斑点，味芳香。萼片脱落，果梗短或近于无梗。

生物学特性：花期 3—5 月，果期 9—10 月。

分布：中国广东、四川、贵州、云南、陕西、甘肃等地有分布。缅甸也有分布。

保健功能：观赏型园林保健植物。春季观花，夏秋赏果。花蕾和花的挥发性物质有邻苯二甲酸二 (2-乙基己基) 酯和己二酸二 (2-乙基己基) 酯。经 GC-MS 分析，中药木瓜挥发油主要成分为糠醛、苯甲醛、苯乙醛、4-己基 -2,5-二氢 -2,5-二氧呋喃乙酸、邻苯二甲酸二异丁酯、肉豆蔻酸、棕榈酸甲酯、邻苯二甲酸二丁酯、棕榈酸、10,13-十八碳二烯酸甲酯、8-十八碳烯酸甲酯、邻苯二甲酸单 (2-乙基己基) 酯等；从其乙醇提取物中分离鉴定出二十九烷 -10-醇、β-谷甾醇、齐墩果酸、乌苏酸和齐墩果酸混合物、β-胡萝卜苷、莽草酸和奎尼酸等；果实含苹果酸、酒石酸、枸橼酸及维生素 C 等。入药有舒筋、活络、和胃、化湿等功效。

园林应用：观赏树木。庭院绿化树种。枝密多刺，可用作绿篱材料。孤植或与迎春、连翘等观赏植物丛植。

参考文献：

[1] 王金梅，康文艺.贴梗海棠挥发性成分研究.天然产物研究与开发，2010，22(2)：248-252.

[2] 林怡，汪涓涓，刘文涵.中药木瓜挥发油成分的 GC-MS 分析.分析化学，2009，37（增刊）：101.

[3] 陈洪超，丁立生，彭树林，等.皱皮木瓜化学成分的研究.中草药，2005，36(1)：30-31.

2. 海棠花 *Malus spectabilis* (Aiton) Borkh.

中文异名：海棠

英文名：Asiatic apple, Chinese crab, Chinese flowering apple

分类地位：植物界（Plantae）

被子植物门（Angiosperms）

双子叶植物纲（Dicotyledoneae）

蔷薇目（Rosales）

蔷薇科（Rosaceae）

苹果属（*Malus* Linn.）

海棠花（*Malus spectabilis* (Aiton) Borkh.）

形态学特征：多年生乔木。

（1）茎：小枝粗壮，圆柱形，幼时具短柔毛，逐渐脱落，老时红褐色或紫褐色，无毛。冬芽卵形，先端渐尖，微被柔毛，紫褐色，有数枚外露鳞片。植株高可达 8m。

（2）叶：椭圆形至长椭圆形，长 5~8cm，宽 2~3cm，先端短渐尖或圆钝，基部宽楔形或近圆形，边缘有紧贴细锯齿，有时部分近于全缘，幼嫩时上下两面具稀疏短柔毛，以后脱落，老叶无毛。叶柄长 1.5~2.0cm，具短柔毛。托叶膜质，窄披针形，先端渐尖，全缘，内面具长柔毛。

（3）花：花序近伞形，有花 4~6 朵，花梗长 2~3cm，具柔毛。苞片膜质，披针形，早落。花直径 4~5cm。萼筒外面无毛或有白色茸毛。萼片三角卵形，先端急尖，全缘，外面无毛或偶有稀疏茸毛，内面密被白色茸毛，萼片比萼筒稍短。花瓣卵形，长 2.0~2.5cm，宽 1.5~2cm，基部有短爪，白色，在芽中呈粉红色。雄蕊 20~25 枚，花丝长短不等，长为花瓣的 1/2。花柱 5 个，稀 4 个，基部有白色茸毛，比雄蕊稍长。

（4）果实：近球形，径 1.5~2.0cm，黄色，萼片宿存，基部不下陷，梗洼隆起。果梗细长，先端肥厚，长 3~4cm。

生物学特性：花期 4—5 月，果期 8—9 月。

分布：中国河北、山东、陕西、江苏、浙江、云南等地有分布。

保健功能：观赏型园林保健植物。海棠花花期挥发性化合物有 3-甲基-1-丁醇、苯甲醇、3-甲基-4-氧代戊酸、庚烷、罗勒烯、壬烷等。海棠花叶的挥发性物质有 2-氟乙酰胺、顺-3-己烯-1-醇、酸二乙酯、顺-3-己烯-1-醇乙酸酯等；共性挥发物质为罗勒烯、癸醛、月桂醇、酸二乙酯、2,6,10-三甲基十五烷、肉豆蔻醇、鲸蜡烷、2,6,10,14-四甲基十五烷、

2,6,10,15-四甲基十七烷和邻苯二甲酸二丁酯。

园林应用：观赏树木。孤植、对植、列植、丛植等。

参考文献：

[1] 海棠无香胜有香. 浙江林业, 2017（1）：38-39.
[2] 罗思谦, 李玉霞. 苹果属海棠的形态、分类以及香气研究. 农家科技, 2014（6）：97.

3. 棣棠花 *Kerria japonica* (Linn.) DC.

中文异名：棣棠、金棣棠、土黄条、鸡蛋黄花

英文名：kerria

分类地位：植物界（Plantae）

　　　　　　　被子植物门（Angiosperms）

　　　　　　　　双子叶植物纲（Dicotyledoneae）

　　　　　　　　　蔷薇目（Rosales）

　　　　　　　　　　蔷薇科（Rosaceae）

　　　　　　　　　　棣棠花属（*Kerria* DC.）

　　　　　　　　　　　棣棠花（*Kerria japonica* (Linn.) DC.）

形态学特征：多年生落叶灌木。

（1）茎：小枝绿色，圆柱形，无毛，常拱垂，嫩枝有棱角。植株高1~2m，稀达3m。

（2）叶：互生，三角状卵形或卵圆形，顶端长渐尖，基部圆形、截形或微心形，边缘有尖锐重锯齿。两面绿色，上面无毛或有稀疏柔毛，下面沿脉或脉腋有柔毛。柄长5~10mm，无毛。托叶膜质，带状披针形，有缘毛，早落。

（3）花：单花，着生在当年生侧枝顶端，花梗无毛。花直径2.5~6.0cm。萼片卵状椭圆形，顶端急尖，有小尖头，全缘，无毛，果时宿存。花瓣黄色，宽椭圆形，顶端下凹，比萼片长1~4倍。

（4）果实：瘦果倒卵形至半球形，褐色或黑褐色，表面无毛，有皱褶。

生物学特性：花期 4—6 月，果期 6—8 月。

分布：中国江苏、浙江、安徽、江西、福建、湖北、湖南、四川、贵州、云南、山东、河南、山西、甘肃有分布。日本也有分布。

保健功能：观赏型园林保健植物。棣棠花中鉴定出 3 种共同成分，分别为石竹烯氧化物、芳香醇化合物和 6,10,14-三甲基十五烷酮，其中 6,10,14-三甲基十五烷酮占挥发油的相对质量分数较高。

园林应用：观赏灌木。用作绿地、篱栏、河边等景观植物。丛植为主。

参考文献：

[1] 孙彩云，柳鑫华，王庆辉，等.中药棣棠花 *Kerria japonica* 化学成分的初步分析. 广东药学院学报，2013，29（5）：514-517.

4. 桃 *Prunus persica* (Linn.) Batsch

中文异名：桃子、陶古日

英文名：peach, nectarine

分类地位：植物界（Plantae）

被子植物门（Angiosperms）

双子叶植物纲（Dicotyledoneae）

蔷薇目（Rosales）

蔷薇科（Rosaceae）

李属（*Prunus* Linn.）

桃（*Prunus persica* (Linn.) Batsch）

形态学特征：多年生乔木。

（1）茎：树冠宽广而平展。树皮暗红褐色，老时粗糙呈鳞片状。小枝细长，无毛，有光泽，绿色，向阳处转变成红色，具大量小皮孔。冬芽圆锥形，顶端钝，外被短柔毛，常 2~3 个簇生，中间为叶芽，两侧为花芽。植株高 3~8m。

（2）叶：长圆披针形、椭圆披针形或倒卵状披针形，长 7~15cm，宽 2.0~3.5cm，先端渐尖，基部宽楔形。上面无毛，下面在脉腋间具少数短柔毛或无毛，叶边具细锯齿或粗锯齿，齿端具腺体或无腺体。叶柄粗壮，长 1~2cm，常具 1 个至数个腺体，有时无腺体。

（3）花：单生。先于叶开放。径 2.5~3.5cm。花梗极短或几无梗。萼筒钟形，被短柔毛，稀几乎无毛，绿色而具红色斑点。萼片卵形至长圆形，顶端圆钝，外被短柔毛。花瓣长圆状椭圆形至宽倒卵形，粉红色，罕为白色。雄蕊 20~30 枚。花药绯红色。花柱几乎与雄蕊等长或稍短。子房被短柔毛。

（4）果实：形状和大小均有变异，卵形、宽椭圆形或扁圆形，径 3~12cm，长几乎与宽相等。色泽变化由淡绿白色至橙黄色，常在向阳面具红晕。外面密被短柔毛，稀无毛，腹缝明显。果梗短而深入果洼。果肉白色、浅绿白色、黄色、橙黄色或红色，多汁有香味，甜或酸甜。

（5）种子：核大，离核或黏核。椭圆形或近圆形，两侧扁平，顶端渐尖，表面具纵、横沟纹和孔穴。种仁味苦，稀味甜。

生物学特性： 花期 3—4 月，果实成熟期因品种而异，通常为 8—9 月。

分布： 原产于中国。

保健功能： 观赏型保健植物。观花、观果的观赏树木。花朵鲜艳。果实的主要香气成分有 (E)-2-己烯醛、苯甲醛、1-己醇、(Z)-3-己烯-1-醇、(E)-2-己烯-1-醇、乙酸乙酯、乙酸顺式-3-己烯酯、γ-己内酯、γ-癸内酯、δ-癸内酯等。

园林应用： 景观树木。

参考文献：

[1] 李明，王利平，张阳，等.水蜜桃品种间果香成分的固相微萃取–气质联用分析.园艺学报，2006，33（5）：1071-1074.

5. 千瓣白桃 *Prunus persica* 'Albo-plena'

中文异名： 白花碧桃、白碧桃

分类地位： 植物界（Plantae）

被子植物门（Angiosperms）

双子叶植物纲（Dicotyledoneae）

蔷薇目（Rosales）

蔷薇科（Rosaceae）

李属（*Prunus* Linn.）

千瓣白桃（*Prunus persica* 'Albo-plena'）

形态学特征：与桃的主要区别在于花大，白色，重瓣或半重瓣。

生物学特性：花期3—4月。

保健功能：观赏型保健植物。花色洁白，绚丽多姿。

园林应用：园林观赏树木。

6. 碧桃 *Prunus persica* 'Duplex'

分类地位：植物界（Plantae）

被子植物门（Angiosperms）

双子叶植物纲（Dicotyledoneae）

蔷薇目（Rosales）

蔷薇科（Rosaceae）

李属（*Prunus* Linn.）

碧桃（*Prunus persica* 'Duplex'）

形态学特征：桃的栽培变种。与桃的主要区别在于花较小，重瓣或半重瓣，粉红色。

生物学特性：花期3—4月。

保健功能：观赏型保健植物。花色鲜艳。

园林应用：观赏树木。

7. 紫叶桃 *Prunus persica* 'Atropurpurea'

中文异名：紫叶碧桃、红叶碧桃

分类地位：植物界（Plantae）

被子植物门（Angiosperms）

双子叶植物纲（Dicotyledoneae）

蔷薇目（Rosales）

蔷薇科（Rosaceae）

李属（*Prunus* Linn.）

紫叶桃（*Prunus persica* 'Atropurpurea'）

形态学特征：桃的栽培变种。与桃的主要区别为嫩叶紫红色，后渐变为近绿色。花具单瓣、重瓣，花色粉红或大红。

生物学特性：花期3—4月，果期6—7月。

保健功能：观赏型保健植物。花色鲜艳。观花、观叶植物。

园林应用：观赏树木。

8. 红花碧桃 *Prunus persica* 'Rubro-plena'

中文异名：红碧桃

分类地位：植物界（Plantae）

被子植物门（Angiosperms）

双子叶植物纲（Dicotyledoneae）

蔷薇目（Rosales）

蔷薇科（Rosaceae）

李属（*Prunus* Linn.）

红花碧桃（*Prunus persica* 'Rubro-plena'）

形态学特征：桃的栽培变种。与桃的主要区别在于花半重瓣或近于重瓣，红色。

生物学特性：花期3—4月。

保健功能：观赏型保健植物。花色鲜艳。

园林应用：观赏树木。

9. 撒金碧桃 *Prunus persica* 'Versicolor'

中文异名：花碧桃

分类地位：植物界（Plantae）

被子植物门（Angiosperms）

双子叶植物纲（Dicotyledoneae）

蔷薇目（Rosales）

蔷薇科（Rosaceae）

李属（*Prunus* Linn.）

撒金碧桃（*Prunus persica* 'Versicolor'）

形态学特征：桃的栽培变种。与桃的主要区别在于花半重瓣，白色，有时一枝上的花兼有红色和白色，或白花而有红色条纹。

生物学特性：花期3—4月。

保健功能：观赏型保健植物。花色鲜艳，红白相间。

园林应用：观赏树木。

10. 绛桃 *Prunus persica* 'Camelliaeflora'

分类地位：植物界（Plantae）

被子植物门（Angiosperms）

双子叶植物纲（Dicotyledoneae）

蔷薇目（Rosales）

蔷薇科（Rosaceae）

李属（*Prunus* Linn.）

绛桃（*Prunus persica* 'Camelliaeflora'）

形态学特征：桃的栽培变种。与桃的主要区别在于花半重瓣，深红色，花大，密生。

生物学特性：花期3—4月。

保健功能：观赏型保健植物。花色鲜艳，花朵大。

园林应用：观赏树木。

11. 寿星桃 *Prunus persica* 'Densa'

分类地位：植物界（Plantae）

　　　　　　被子植物门（Angiosperms）

　　　　　　　双子叶植物纲（Dicotyledoneae）

　　　　　　　　蔷薇目（Rosales）

　　　　　　　　　蔷薇科（Rosaceae）

　　　　　　　　　　李属（*Prunus* Linn.）

　　　　　　　　　　　寿星桃（*Prunus persica* 'Densa'）

形态学特征：桃的栽培变种。与桃的主要区别在于植株矮小，枝条节间短，花芽密集。花具单瓣或半重瓣，花红色或白色，结实或不结实。

生物学特性：花期 3—4 月。

保健功能：观赏型保健植物。花色鲜艳。

园林应用：观赏树木。

12. 绯桃 *Prunus persica* 'Magnifica'

分类地位：植物界（Plantae）

　　　　　　被子植物门（Angiosperms）

　　　　　　　双子叶植物纲（Dicotyledoneae）

　　　　　　　　蔷薇目（Rosales）

　　　　　　　　　蔷薇科（Rosaceae）

　　　　　　　　　　李属（*Prunus* Linn.）

　　　　　　　　　　　绯桃（*Prunus persica* 'Magnifica'）

形态学特征：桃的栽培变种。与桃的主要区别在于花重瓣，基部变白色、鲜红色或亮红色。

生物学特性：花期 3—4 月。

保健功能：观赏型保健植物。花色鲜艳。

园林应用：观赏树木。

七、芍药科 Paeoniaceae

1. 牡丹 *Paeonia suffruticosa* Andr.

中文异名：鼠姑、鹿韭、白茸、木芍药、百雨金、洛阳花、富贵花

分类地位：植物界（Plantae）

　　　　　　被子植物门（Angiosperms）

　　　　　　双子叶植物纲（Dicotyledoneae）

　　　　　　虎耳草目（Saxifragales）

　　　　　　芍药科（Paeoniaceae）

　　　　　　芍药属（*Paeonia* Linn.）

　　　　　　牡丹（*Paeonia suffruticosa* Andr.）

形态学特征：落叶灌木。

（1）根：根系发达，细根多。

（2）茎：树皮黑灰色，分枝短而粗。植株高达 2m。

（3）叶：纸质。通常为二回三出复叶。顶生小叶长达 10cm，3 裂近中部，裂片上部 3 浅裂或不裂。侧生小叶较小，斜卵形，不等 2 浅裂。上面绿色，无毛，下面有白粉，只在中脉上有疏柔毛或近无毛。

（4）花：单生枝顶，大，径 12~20cm。萼片 5 片，绿色。花瓣 5 片，或为重瓣，白色、红紫色或黄色，倒卵形，先端常 2 浅裂。雄蕊多数，花丝狭条形，花药黄色。花盘杯状，红紫色，包住心皮，在心皮成熟时开裂。心皮 5 个，密生柔毛。

（5）果实：菁葵果卵形，密生褐黄色毛。

生物学特性：花期 4 月下旬至 5 月上旬。9 月果熟。喜光，耐寒，喜凉爽，畏炎热。要求土壤排水良好，否则易烂根，生长慢。

分布：原产于我国北部及中部，秦岭有野生。中国是牡丹的发源地。

保健功效：花蕾期挥发性物质的主要成分为叶醇、正己醇、乙酸己烯酯、十一烷、苯乙醇、香茅醇、十三烷、十四烷、1,3,5- 三甲氧基苯、十五烷、十六烷和十七烷；盛开期挥发性物质的主要成分为叶醇、正己醇、

1R-α-蒎烯、乙酸己烯酯、乙酸己酯、十一烷、1,4-二甲氧基苯、香茅醇、香叶醇、十三烷、十四烷、1,3,5-三甲氧基苯、十五烷、金合欢烯、十六烷、十七烷；衰败期挥发性物质的主要成分为叶醇、香茅醇和金合欢烯。花大、色艳，被誉为花中之王、国色天香。

园林应用：观赏花卉。

参考文献：

[1] 张静，周小婷，胡立盼，等. SPME-GC-MS 测定不同品种牡丹花挥发性物质成分分析. 西北林学院学报，2013，28（4）：136-143.

第四章 成人适宜型园林保健植物

成人适宜型园林保健植物，应选择能缓解精神疲劳，促进睡眠，有效改善亚健康，同时，有利于提高工作效率的园林保健植物。这类保健植物挥发出的化学物质，常含有石竹烯、旅烯、水芹烯、桉树脑、大蒜新素等活性成分，能有效舒缓中枢神经系统，减少疲劳。构建的植物群落富含负离子，树形优美，且具有一定的色彩。这类保健植物，通常可加快人体的血液循环，有利于释压、减负，使人轻松，消除紧张情绪，从而提高机体的免疫力。本章介绍了4种成人适宜型园林保障植物。

一、菊科 Asteraceae

1. 万寿菊 *Tagetes erecta* Linn.

中文异名：臭芙蓉
英文名：Mexican marigold, Aztec marigold, African marigold
分类地位：植物界（Plantae）
  被子植物门（Angiosperms）
    双子叶植物纲（Dicotyledoneae）
      菊目（Asterales）
        菊科（Asteraceae）
          万寿菊属（*Tagetes* Linn.）
            万寿菊（*Tagetes erecta* Linn.）

形态学特征：一年生草本。

（1）茎：直立，粗壮，具纵细条棱，分枝向上平展。植株高50~150cm。

（2）叶：羽状分裂，长5~10cm，宽4~8cm，裂片长椭圆形或披针形，边缘具锐锯齿。上部叶裂片的齿端有长细芒，沿叶缘有少数腺体。

（3）花：头状花序单生，径5~8cm。花序梗顶端棍棒状膨大。总苞长1.8~2.0cm，宽1.0~1.5cm，杯状，顶端具齿尖。舌状花黄色或暗橙色，长2.5~3.0cm，舌片倒卵形，长1.0~1.5cm，宽1.0~1.2cm，基部收缩成长爪，顶端微弯缺。管状花花冠黄色，长7~9mm，顶端5个齿裂。

（4）果实：瘦果线形，基部缩小，黑色或褐色，长8~11mm，被短微毛。冠毛有1~2个长芒和2~3片短而钝的鳞片。

生物学特性：花期7—9月。

分布：原产于墨西哥。

保健功效：主要香气成分为萜品油烯（23.63%）、罗勒烯（22.40%）、柠檬烯（16.12%）、石竹烯（6.36%）和反－罗勒烯（3.5%）。视觉型园林保健植物。释放的挥发性活性植物可使成年人消除疲劳，释放压力，提高工作效率。

园林应用：景观花卉。

参考文献：

[1] 高群英，高岩，张汝民，等. 3种菊科植物香气成分的热脱附气质联用分析. 浙江农林大学学报，2011，28（2）：326-332.

2. 孔雀草 *Tagetes patula* Linn.

中文异名：孔雀菊、法国万寿菊、小万寿菊、红黄草、西番菊、臭菊花、缎子花

英文名：French marigold

分类地位：植物界（Plantae）

被子植物门（Angiosperms）

双子叶植物纲（Dicotyledoneae）

菊目（Asterales）

菊科（Asteraceae）

万寿菊属（*Tagetes* Linn.）

孔雀草（*Tagetes patula* Linn.）

形态学特征：一年生草本。

（1）茎：直立，通常近基部分枝，分枝斜开展。植株高 30~100cm。

（2）叶：羽状分裂，长 2~9cm，宽 1.5~3.0cm，裂片线状披针形，边缘有锯齿，齿端常有长细芒，齿的基部通常有 1 个腺体。

（3）花：头状花序单生，径 3.5~4.0cm，花序梗长 5.0~6.5cm，顶端稍增粗。总苞长 1.5cm，宽 0.7cm，长椭圆形，上端具锐齿，有腺点。舌状花金黄色或橙色，带有红色斑。舌片近圆形，长 8~10mm，宽 6~7mm，顶端微凹。管状花花冠黄色，长 10~14mm，与冠毛等长，5 个齿裂。

（4）果实：瘦果线形，基部缩小，长 8~12mm，黑色，被短柔毛，冠毛鳞片状，其中 1~2 片长芒状，2~3 片短而钝。

生物学特性：花期 7—9 月。

分布：原产于墨西哥和危地马拉。

保健功效：视觉型园林保健植物。可使成年人消除疲劳，精神放松。

园林应用：景观花卉。

参考文献：

[1] 李宝剑.孔雀草在华南地区的应用.中国花卉园艺，2012（6）：28-30.

3. 剑叶金鸡菊 *Coreopsis lanceolata* Linn.

中文异名：除虫菊、大金鸡菊、剑叶波斯菊

英文名：lance-leaf coreopsis

分类地位：植物界（Plantae）

被子植物门（Angiosperms）

双子叶植物纲（Dicotyledoneae）

菊目（Asterales）

菊科（Asteraceae）

金鸡菊属（*Coreopsis* Linn.）

剑叶金鸡菊（*Coreopsis lanceolata* Linn.）

形态学特征：多年生草本。外来入侵杂草。

（1）根：呈纺锤状。

（2）茎：直立，无毛或稍被柔毛，上部分枝。植株高 30~80cm。

（3）叶：基部叶成对簇生。匙形或线状倒披针形，长 5~8cm，宽 1.0~1.5cm，先端圆钝，基部楔形，下延。茎生叶少数，全缘或 3~5 裂，裂片长圆形或线状披针形，顶裂片较大，长 5~11cm，宽 1.5~2.0cm，先端钝，基部狭，全缘。两面具短毛，侧生裂片较小，线状披针形，中脉背面隆起。柄长 3~7cm。

（4）花：头状花序腋生或顶生，径 4~6cm，花梗长 10~30cm。总苞片 2 层，每层 8 片，外层披针形，绿色，内层长椭圆形，黄绿色，近等长。花序托突起，托片线形。缘花舌状，黄色，1 层，舌片倒卵形或楔形，先端具 4 个浅齿，雌性，结实。盘花管状，黄色，多数，顶端 5 浅裂。

（5）果实：瘦果冠毛短鳞片状。

（6）种子：圆形或椭圆形，长 2.5mm，紫褐色，扁，内弯，边缘具膜质宽翅，内面具少数乳状突起。

生物学特性：花果期 6—10 月。

分布：原产于美国中东部。

保健功效：视觉型园林保健植物。香气成分主要为萜烯类、醇类物质。

园林应用：景观花卉。花境栽培植物，用于观赏，或逸生路边、草丛等。

参考文献：

[1] 徐正浩，戚航英，陆永良，等. 杂草识别与防治. 杭州：浙江大学出版社，2014.

二、伞形科 Apiaceae

伞形科具 434 属，200 余种。一年生至多年生草本，很少是矮小的灌木。

根通常直生，肉质而粗，有时为圆锥形或有分枝自根颈斜出。茎直立或匍匐上升，通常圆形，稍有棱和槽，或有钝棱，空心或有髓。叶互生，叶片通常分裂或多裂，一回掌状分裂或一回至四回羽状分裂的复叶，或一回或二回三出式羽状分裂的复叶，很少为单叶。叶柄的基部有叶鞘，通常无托叶，稀为膜质。花小，两性或杂性，呈顶生或腋生的复伞形花序或单伞形花序。伞形花序的基部有总苞片，全缘，齿裂，很少羽状分裂。小伞形花序的基部有小总苞片，全缘或很少羽状分裂。花萼与子房贴生，萼齿 5 片或无。花瓣 5 片，在花蕾时呈覆瓦状或镊合状排列。雄蕊 5 枚，与花瓣互生。子房下位，2 室，每室有 1 个倒悬的胚珠，顶部有盘状或短圆锥状的花柱基。花柱 2 个，直立或外曲。柱头头状。果实常为干果，裂成两个分生果，很少不裂，呈卵形、圆心形、长圆形至椭圆形，果实由 2 个背面或侧面扁压的心皮合成，成熟时 2 个心皮从合生面分离，每个心皮有 1 个纤细的心皮柄和果柄相连而倒悬其上。2 个分生果又称双悬果。胚乳软骨质，胚乳的腹面有平直、凸出或凹入的，胚小。

1. 芫荽 *Coriandrum sativum* Linn.

中文异名：香菜

英文名：coriander, cilantro, Chinese parsley

分类地位：植物界（Plantae）

被子植物门（Angiosperms）

双子叶植物纲（Dicotyledoneae）

伞形目（Apiales）

伞形科（Apiaceae）

芫荽属（*Coriandrum* Linn.）

芫荽（*Coriandrum sativum* Linn.）

形态学特征：一年生或二年生草本，全株无毛。外来植物。

（1）茎：直立，多分枝，有网纹。植株高 30~100cm。

（2）叶：基生叶一回或二回羽状全裂，柄长 2~8cm。羽片广卵形或扇形半裂，长 1~2cm，宽 1.0~1.5cm，边缘有钝锯齿、缺刻或深裂。

上部茎生叶三回至多回羽状分裂，末回裂片狭线形，长 5~15mm，宽 0.5~1.5mm，先端钝，全缘。

（3）花：伞形花序顶生或与叶对生，花序梗长 2~8cm。无总苞。伞辐 3~8 个。小总苞片 2~5 片，线形，全缘。小伞形花序有花 3~10 朵。花白色或带淡紫色，萼齿通常大小不等，卵状三角形或长卵形。花瓣倒卵形，长 1.0~1.2mm，宽 1mm，先端微凹，辐射瓣长 2~4mm，2 深裂，裂片长圆状倒卵形。药柱于果成熟时向外反曲。

（4）果实：近球形，径 1.0~1.5mm。背面主棱及相邻的次棱明显，油管不明显，或有 1 个位于次棱下方。

（5）种子：胚乳腹面内凹。

生物学特性：有强烈香气。花果期 4—11 月。

分布：原产于意大利。中国大部分地区有栽培。

保健功效：新鲜芫荽的主要香气成分为反-2-十二烯醛、反-2-十三烯醛、反-2-十四烯醛、3-甲硫基丙醛、反-2-癸烯醛等。芫荽籽的主要香气成分为香樟醇等。芫荽根部的芳香成分中，含有丰富的糠醛、不饱和脂肪酸酯以及萜类等对人体有用的化学成分。香气或挥发性物质具有抗抑郁效果。含有的挥发成分和黄酮类成分可缓解人的焦虑。

园林应用：地被植物。

参考文献：

[1] 马明娟，王丹，谢恬，等. 新鲜芫荽关键性香气成分的鉴定与分析. 精细化工，2017，34（8）：893-899.

[2] 陆占闲，封丹，李伟. 黑龙江产芫荽籽香气成分研究. 化学与黏合，2007，29（6）：404-407.

[3] 陆占国，郭红转，李伟. 芫荽根部芳香成分研究. 化学与黏合，2007，29（2）：79-81.

第五章　老年人适宜型园林保健植物

老年人适宜型园林保健植物，应选择含旅烯、贝壳杉烯、石竹烯、柠檬烯等对心血管系统等有保健作用的植物，有效增强身体机能，延年益寿。这类园林保健植物释放的化学物质，可使高血压患者血压降低，另外，一些生命力旺盛的植物，可使人精神焕发，其中散发出的化学物质，能使老年人祛除风湿，缓解关节疼痛等。

针对老年人的生理、心理等设计的老年公园，应用的保健植物，既要满足观赏、休憩、娱乐、趣味、科普等基本需求，更要强调适合老年人特点的养生、保健、修身、养息等重点需要，真正使老年人乐在其中，留连忘返。本章介绍了 11 种老年人适宜型园林保健植物。

一、罗汉松科 Podocarpaceae

罗汉松科具 19 属，156 种。常绿乔木或灌木。叶条形、披针形、椭圆形、钻形、鳞形，或退化成叶状枝，螺旋状散生、近对生或交叉对生。球花单性，雌雄异株，稀同株。雄球花：穗状，单生或簇生于叶腋，或生于枝顶，雄蕊多数，螺旋状排列，各具 2 个外向一边排列有背腹面区别的花药，药室斜向或横向开裂，花粉有气囊，稀无气囊。雌球花：单生于叶腋或苞腋，或生于枝顶，稀穗状，具多数至少数螺旋状着生的苞片，全部或仅顶端的苞腋着生 1 个倒转生或半倒转生、直立或近于直立的胚珠，胚珠由辐射对称或近于辐射对称的囊状或杯状的套被所包围，稀无套被，有梗或无梗。种子核果状或坚果状，全部或部分为肉质或较薄而

干的假种皮所包，或苞片与轴愈合发育成肉质种托，有梗或无梗，有胚乳，子叶 2 片。

1. 罗汉松 *Podocarpus macrophyllus* (Thunb.) *Sweet*

中文异名：土杉、罗汉杉

英文名：yew plum pine, Buddhist pine, fern pine

分类地位：植物界（Plantae）

　　　　　　松柏门（Pinophyta）

　　　　　　　松柏纲（Pinopsida）

　　　　　　　松目（Pinales）

　　　　　　　　罗汉松科（Podocarpaceae）

　　　　　　　　罗汉松属（*Podocarpus* L'Hér. ex Pers.）

　　　　　　　　罗汉松（*Podocarpus macrophyllus* (Thunb.) Sweet）

形态学特征：常绿乔木。

（1）茎：树皮灰色或灰褐色，浅纵裂，呈薄片状脱落。枝开展或斜展，较密。植株高达 20m，胸径达 60cm。

（2）叶：螺旋状着生，条状披针形，微弯，长 7~12cm，宽 7~10mm，先端尖，基部楔形。叶面深绿色，有光泽，中脉显著隆起，叶背草白色、灰绿色或淡绿色，中脉微隆起。

（3）花：雄球花穗状，腋生，常 3~5 个簇生于极短的总梗上，长 3~5cm，基部有数片三角状苞片。雌球花单生于叶腋，有梗，基部有少数苞片。

（4）种子：卵圆形，径 0.8~1.0cm，先端圆，熟时肉质假种皮紫黑色，被白粉。

生物学特性：花期 4—5 月，种子 8—9 月成熟。

分布：中国西南、华南至华东等地有分布。日本也有分布。

保健功效：罗汉松精油中的主要成分是 α-蒎烯、β-石竹烯、α-石竹烯，含量分别是 9.32%、15.34%、14.03%。挥发性化学物质对缓解关节疼痛、痉挛等具一定作用。

园林应用：园林景观树木。

参考文献：

[1] 方欣，张棋彬，朱振宝，等.水蒸气蒸馏罗汉松精油工艺及有效成分分析.广州化工，2015，43（2）：85-87，150.

[2] 王彬.罗汉松和金果榄的化学成分及生物活性研究.青岛：山东大学，2016.

二、杨柳科 Salicaceae

杨柳科具 56 属，1220 种。而在克朗奎斯特系统，杨柳科仅 3 个属，即柳属（*Salix* Linn.）、杨属（*Populus* Linn.）和钻天柳属（*Chosenia* Nakai），且归属杨柳目（Salicales）。

1. 响叶杨 *Populus adenopoda* Maxim.

中文异名：风响树、团叶白杨、白杨树

英文名：Chinese aspen

分类地位：植物界（Plantae）

　　　　　　被子植物门（Angiosperms）

　　　　　　　双子叶植物纲（Dicotyledoneae）

　　　　　　　金虎尾目（Malpighiales）

　　　　　　　杨柳科（Salicaceae）

　　　　　　　　杨属（*Populus* Linn.）

　　　　　　　　响叶杨（*Populus adenopoda* Maxim.）

形态学特征：乔木。

（1）茎：树皮灰白色，光滑，老时深灰色，纵裂，树冠卵形。小枝较细，暗赤褐色，被柔毛，老枝灰褐色，无毛。芽圆锥形。植株高 15~30m。

（2）叶：卵状圆形或卵形，长 5~15cm，宽 4~7cm，先端长渐尖，基部截形或心形，边缘有内曲圆锯齿。柄侧扁，长 2~10cm，顶端有 2 个腺点。

（3）花：雄花序长 6~10cm，苞片条裂，有长缘毛，花盘齿裂。

（4）果实：果序长 12~30cm。蒴果卵状长椭圆形，长 4~6mm，先端锐尖，具短柄，2 瓣裂。

（5）种子：倒卵状椭圆形，长 2.0~2.5mm，暗褐色。

生物学特性：花期 3—4 月，果期 4—5 月。

分布：中国华东、华中、西南以及陕西等地有分布。

保健功效：挥发性化学物质可杀灭结核菌、霍乱病菌、伤寒病菌和白喉病原菌等。

园林应用：景观树木。

参考文献：

[1] Christenhusz M J M, Byng J W. The number of known plants species in the world and its annual increase. Phytotaxa, 2016, 261 (3): 201-217.

三、石蒜科 Amaryllidaceae

1. 君子兰 *Clivia miniata* (Lindl.) Verschaff.

中文异名：大花君子兰、大叶石蒜、剑叶石蒜、达木兰

英文名：Natal lily, bush lily, Kaffir lily

分类地位：植物界（Plantae）

被子植物门（Angiosperms）

单子叶植物纲（Monocotyledoneae）

天门冬目（Asparagales）

石蒜科（Amaryllidaceae）

君子兰属（*Clivia* Lindl.）

君子兰（*Clivia miniata* (Lindl.) Verschaff.）

形态学特征：多年生草本。

（1）根：花茎宽 1~2cm。

（2）茎：基部宿存的叶基呈鳞茎状。植株高 20~35cm。

（3）叶：基生叶质厚，深绿色，具光泽，带状，长30~50cm，宽3~5cm，下部渐狭。

（4）花：伞形花序有花10~20朵，有时更多。花梗长2.5~5.0cm。花直立向上，花被宽漏斗形，鲜红色，内面略带黄色。花被管长3~5mm，外轮花被裂片顶端有微凸头，内轮顶端微凹，略长于雄蕊。花柱长，稍伸出于花被外。

（5）果实：浆果紫红色，宽卵形。

生物学特性：花期为春夏季，有时冬季也可开花。

分布：原产于非洲南部。

保健功效：香气芬芳清幽。植株端庄优美，叶片苍翠挺拔，花大色艳，果实红亮，叶、花、果并美，可一季观花、三季观果、四季观叶。花期长，常早春开花，为节庆花卉。

园林应用：观赏花卉。常用作盆栽。

参考文献：

[1] 周树榕.君子兰的魅力.中国花卉园艺，2001（3）：41.

四、松科 Pinaceae

1. 白皮松 *Pinus bungeana* Zucc. et Endi

中文异名：蟠龙松、虎皮松、白果松、三针松、白骨松、美人松

英文名：Bunge's pine, lacebark pine, white-barked pine

分类地位：植物界（Plantae）

　　　　　　松柏门（Pinophyta）

　　　　　　松柏纲（Pinopsida）

　　　　　　松目（Pinales）

　　　　　　松科（Pinaceae）

　　　　　　松属（*Pinus* Linn.）

　　　　　　白皮松（*Pinus bungeana* Zucc. et Endi）

形态学特征：常绿乔木。

（1）茎：有时多分枝而缺主干。树干不规则薄鳞片状剥落后留下大片黄白色斑块，老树树皮乳白色。树皮灰绿色或灰褐色，内皮白色，裂成不规则薄片脱落。一年生枝灰绿色，无毛。冬芽红褐色，无树脂。植株高达30m。

（2）叶：针叶3针一束，粗硬，长5~10cm，宽1.5~2.0mm，叶的背面与腹面两侧均有气孔线。树脂管4~7个，通常边生或兼有边生与中生。叶鞘早落。

（3）球果：常单生，卵圆形，长5~7cm，成熟后淡黄褐色。种鳞先端厚，鳞盾多为菱形，有横脊。鳞脐生于鳞盾的中央，具刺尖。

（4）种子：倒卵圆形，长0.5~1.0cm，种翅长5mm，有关节，易脱落。

生物学特性：喜光，适应干冷气候。耐瘠薄和轻盐碱土壤，对二氧化硫及烟尘抗性强。生长缓慢，寿命可长达千年以上。

分布：中国特有树种。产于中国华北及西北南部地区，辽宁、河北、山东和江苏等省习见栽培。

保健功效：精油植物。挥发物含有萜烯类、醇类、酮类、醛类、烷烃类和芳烃类等化合物，其中以 α-蒎烯为主，占66.92%，其次为莰烯和三环萜，分别占7.50%、7.33%。枝叶释放的挥发物质可降低人体心率、收缩压和舒张压。白皮松叶片对细菌的抑制率>50%。

园林应用：树姿优美，树皮洁白雅净。为珍贵庭院观赏树种，也可作行道树。孤植、对植、列植和丛植均可。

参考文献：

[1] 谢小洋，冯永忠，王得祥，等.5种园林树木挥发性成分分析.西北农林科技大学学报（自然科学版），2016，44（7）：146-153.

[2] 张国帅，张义坤，谷衍川，等.5种常绿园林树种抑菌能力研究.山东林业科技，2012，42（1）：8-10, 76.

2. 雪松 *Cedrus deodara* (Roxb.) G. Don

英文名：deodar

分类地位：植物界（Plantae）

　　　　　　松柏门（Pinophyta）

　　　　　　松柏纲（Pinopsida）

　　　　　　松目（Pinales）

　　　　　　松科（Pinaceae）

　　　　　　松属（*Pinus* Linn.）

　　　　　　雪松（*Cedrus deodara* (Roxb.) G. Don）

形态学特征：常绿乔木。

（1）茎：树皮深灰色，裂成不规则的鳞状块片，枝平展、微斜展或微下垂，基部宿存芽鳞向外反曲，小枝常下垂。植株高可达 50m，胸径可达 3m。

（2）叶：在长枝上辐射伸展，针形，坚硬，淡绿色或深绿色，长 2.5~5.0cm，宽 1.0~1.5mm，上部较宽，先端锐尖，下部渐窄。

（3）花：雄球花长卵圆形或椭圆状卵圆形，长 2~3cm，径 0.7~1.0cm。雌球花卵圆形，长 6~8mm，径 4~5mm。球果成熟前淡绿色，微有白粉，熟时红褐色，卵圆形或宽椭圆形，长 7~12cm，径 5~9cm，顶端圆钝，有短梗。

（4）种子：近三角状，种翅宽大。

生物学特性：种子 10 月成熟。

分布：原产于中国西南地区。阿富汗、印度、尼泊尔和巴基斯坦等地有分布。

保健功效：雪松枝叶挥发物主要是萜烯类物质，相对含量达 84.0%以上，主要成分是 α、β-蒎烯、β-月桂烯、D-柠檬烯、β-石竹烯、吉马烯 D 等。雪松挥发物质对人非小细胞肺癌细胞株 NCI-H460 的抑制作用较大，浓度为 100μg/mL 时抑制率为 65.01%~81.89%。树干挺拔，苍劲有力，使人精神焕发。其挥发物质对骨关节疼痛具缓解作用。

园林应用：绿化树种。可作庭院树。

参考文献：

[1] 宋秀华，李传荣，许景伟，等.元宝枫、雪松挥发物释放的昼夜规律.林业科学，

2015，51（4）：141-147.

[2] 卓盼，陈先晖，朱峰，等. 雪松枝叶弱极性物质的 GC-MS 分析及抗肿瘤活性. 江苏农业科学，2011，39（3）：429-431.

五、柏科 Cupressaceae

1. 柏木 *Cupressus funebris* Endl.

中文异名：柏树、柏木树、扫帚柏、垂丝柏

英文名：Chinese weeping cypress, funereal cypress

分类地位：植物界（Plantae）

　　　　　　松柏门（Pinophyta）

　　　　　　　松柏纲（Pinopsida）

　　　　　　　　松目（Pinales）

　　　　　　　　　柏科（Cupressaceae）

　　　　　　　　　　柏木属（*Cupressus* Linn.）

　　　　　　　　　　　柏木（*Cupressus funebris* Endl.）

形态学特征：常绿乔木。

（1）茎：小枝细长，下垂，扁平，排成一平面。植株高达 20m。

（2）叶：鳞形，交互对生，先端尖。小枝上下之叶的背面有纵腺体，两侧之叶折覆着上下之叶的下部。两面均为绿色。

（3）花：雌雄同株。球花单生于小枝顶端。球果翌年夏季成熟，球形，径 8~12mm，熟时褐色。种鳞 4 对，木质，盾形，顶部中央有凸尖，能育种鳞有 5~6 粒种子。

（4）种子：长 3cm，两侧具窄翅。

生物学特性：花期 3—5 月，种子翌年 5—6 月成熟。

分布：中国华东、中南、西南以及甘肃南部、陕西南部有分布。

保健功效：树干挺拔，让老人精神抖擞，有益健康。挥发的莰萜、柠檬萜等萜类芳香气体，能松弛精神，稳定情绪。萜类化合物具杀菌、抑菌、抗病毒的功效，净化空气，增加负离子浓度，有益人体健康。

园林应用：园林树种。

2. 侧柏 *Platycladus orientalis* (Linn.) Franco

中文异名： 香柯树、香树、扁桧、香柏

英文名： Chinese thuja, Oriental arborvitae, Chinese arborvitae, biota, oriental thuja

分类地位： 植物界（Plantae）

　　　　　　　松柏门（Pinophyta）

　　　　　　　　松柏纲（Pinopsida）

　　　　　　　　　松目（Pinales）

　　　　　　　　　　柏科（Cupressaceae）

　　　　　　　　　　　侧柏属（*Platycladus* Spach）

　　　　　　　　　　　　侧柏（*Platycladus orientalis* (Linn.) Franco）

形态学特征： 乔木。

（1）茎：树皮薄，浅灰褐色，纵裂成条片。枝条向上伸展或斜展，幼树树冠卵状尖塔形，老树树冠则为广圆形。生鳞叶的小枝细，向上直展或斜展，扁平，排成一平面。植株高达 20m，胸径达 1m。

（2）叶：鳞形，长 1~3mm，先端微钝，小枝中央的叶的露出部分呈倒卵状菱形或斜方形，背面中间有条状腺槽，两侧的叶船形，先端微内曲，背部有钝脊，尖头的下方有腺点。

（3）花：雄球花黄色，卵圆形，长 1~2mm；雌球花近球形，径 1~2mm，蓝绿色，被白粉。

（4）球果：近卵圆形，长 1.5~2.5cm，成熟前近肉质，蓝绿色，被白粉，成熟后木质，开裂，红褐色。中间两对种鳞倒卵形或椭圆形，鳞背顶端的下方有一向外弯曲的尖头，上部 1 对种鳞窄长，近柱状，顶端有向上的尖头。下部 1 对种鳞极小，长达 13mm，稀退化而不显著。

（5）种子：卵圆形或近椭圆形，顶端微尖，灰褐色或紫褐色，长 6~8mm，稍有棱脊，无翅或有极窄之翅。

生物学特性： 花期 3—4 月，球果 10 月成熟。

保健功效： 侧柏挥发油的主要成分为罗汉柏烯、蓝桉醇和柏木脑。

侧柏树干上部心材精油与下部和中部树皮精油中相对含量最高的成分均为柏木醇，三者共有组分为4-松油醇、α-柏木烯、罗汉柏烯、雪松烯、γ-依兰油烯、花侧柏烯、榄香醇、柏木醇、α-杜松醇和乙酸柏木酯。

园林应用：园林观赏树木。

参考文献：

[1] 高苏岚. 旋转蒸发萃取侧柏木挥发油及气相色谱－质谱分析. 北京园林，2013（2）：46-49.
[2] 刘志明，王海英，王芳，等. 侧柏心材和树皮精油的GC-MS分析. 西北林业科学，2011，40（1）：26-29.

六、木兰科 Magnoliaceae

1.荷花玉兰 *Magnolia grandiflora* Linn.

中文异名：大花玉兰、洋玉兰、广玉兰

英文名：southern magnolia, bull bay, evergreen magnolia

分类地位：植物界（Plantae）

被子植物门（Angiosperms）

双子叶植物纲（Dicotyledoneae）

木兰目（Magnoliales）

木兰科（Magnoliaceae）

木兰属（*Magnolia* Linn.）

荷花玉兰（*Magnolia grandiflora* Linn.）

形态学特征：多年生常绿乔木。

（1）茎：树皮淡褐色或灰色，薄鳞片状开裂。小枝粗壮，具横隔的髓心。小枝、芽、叶背、叶柄均密被褐色或灰褐色短茸毛。原产地植株高达30m。

（2）叶：厚革质。椭圆形、长圆状椭圆形或倒卵状椭圆形，长10~20cm，宽4~10cm，先端钝或短钝尖，基部楔形。叶面深绿色，有光泽，侧脉每边8~10条。叶柄长1.5~4.0cm。

（3）花：白色。径 15~20cm。花被片 9~12 片，厚肉质，倒卵形，长 6~10cm，宽 5~7cm。雄蕊长 1.5~2.0cm。花丝扁平，紫色。花药向内。药隔伸出呈短尖。雌蕊群椭圆形，密被长茸毛。心皮卵形，长 1.0~1.5cm。花柱呈卷曲状。

（4）果实：聚合果圆柱状长圆形或卵圆形，长 7~10cm，径 4~5cm。

（5）种子：近卵圆形或卵形，长 1.0~1.5cm，径 4~6mm，外种皮红色。

生物学特性：花芳香。花期 5—6 月，果期 9—10 月。

分布：原产于美国东南部。

保健功效：芳香植物。富含芳樟醇，能调节老年人心肌功能，协调生理机能。含厚朴酚等化合物，能抑制金黄色葡萄球菌、大肠杆菌等病原菌。叶片含香豆素、倍半萜等化合物，是重要的活性化合物。

园林应用：庭院绿化观赏树种。

参考文献：

[1] 蒋继宏，李晓储，陈凤美，等.芳香型植物挥发油抑菌活性的研究.江苏林业科技，2004，31（3）：6-7, 12.

七、猕猴桃科　Actinidiaceae

猕猴桃科具 3 属，即猕猴桃属（*Actinidia* Lindl.）、藤山柳属（*Clematoclethra* Maxim.）和水东哥属（*Saurauia* Willd.），共 360 余种。乔木、灌木或藤本。常绿、落叶或半落叶。毛被发达，多样。单叶，互生，无托叶。花序腋生，聚伞式或总状式，或 1 朵花单生。花两性或雌雄异株，辐射对称。萼片 5 片，稀 2~3 片，覆瓦状排列，稀镊合状排列。花瓣 5 片或更多，覆瓦状排列，分离或基部合生。花药背部着生，纵缝开裂或顶孔开裂。心皮多数或少至 3 个。子房多室或 3 室。花柱分离或合生为一体，胚珠每室多个或少个。中轴胎座。果为浆果或蒴果。种子每室多颗至 1 颗，具肉质假种皮，胚乳丰富。

1. 中华猕猴桃 *Actinidia chinensis* Planch.

中文异名：阳桃、藤梨、猕猴桃

英文名：kiwifruit

分类地位：植物界（Plantae）

被子植物门（Angiosperms）

双子叶植物纲（Dicotyledoneae）

杜鹃花目（Ericales）

猕猴桃科（Actinidiaceae）

猕猴桃属（*Actinidia* Lindl.）

中华猕猴桃（*Actinidia chinensis* Planch.）

形态学特征：大型落叶藤本。

（1）茎：幼枝被灰白色茸毛或褐色长硬毛。植株长 2~4m。

（2）叶：纸质。倒阔卵形至倒卵形或阔卵形至近圆形，长 6~17cm，宽 7~15cm，顶端截平形，凹陷或具急尖至短渐尖，基部钝圆形、截平形至浅心形，边缘具小齿，侧脉 5~8 对。叶柄长 3~10cm。

（3）花：聚伞花序具 1~3 朵花。花序梗长 7~15mm。花梗长 9~15mm。花径 1.8~3.5cm。萼片 3~7 片。花瓣 5 片，阔倒卵形，有短距，长 10~20mm，宽 6~17mm。雄蕊多数。花丝狭条形，长 5~10mm。花药黄色，长圆形，长 1.5~2.0mm，基部叉开或不叉开。子房球形，径 3~5mm，花柱狭条形。

（4）果实：黄褐色，近球形、圆柱形、倒卵形或椭圆形，长 4~6cm，被茸毛、长硬毛或刺毛状长硬毛，成熟时秃净或不秃净。

（5）种子：径 2.0~2.5mm。

生物学特性：花期 4—5 月，果期 8—10 月。花初放时白色，开放后变淡黄色，有香气。

分布：原产于中国长江流域以南地区。

保健功效：果实香气主要成分为丁酸甲酯（50.8％）、丁酸乙酯（21.4％）、己酸甲酯（1.3％）、苯甲酸甲酯（7.4％）、邻苯二甲酸单丁酯（3.2%）和邻苯二甲酸二丁酯（3.6%）。丁酸乙酯、苯甲酸酯、己烯醛类等为猕猴桃特征香气成分。具抗衰老、降血脂等功效，增强人体体质。

园林应用：观赏藤本植物。

参考文献：

[1] 郑孝华，翁雪香，邓春晖. 中华猕猴桃果实香气成分的气相色谱 / 质谱分析. 分析化学，2004，32（6）：834.

[2] 李华，涂正顺，王华，等. 中华猕猴桃果实香气成分的 GC-MS 分析. 分析测试学报，2002，21（2）：58-60.

[3] Li J, Huang H, Sang T. Molecular phylogeny and infrageneric classification of *Actinidia* (Actinidiaceae). Systematic Botany, 2002, 27(2): 408-415.

[4] He Z C, Li J Q, Cai Q. The cytology of *Actinidia*, *Saurauia*, and *Clematoclethra* (Actinidiaceae). Botanical Journal of the Linnean Society, 2005, 147(3): 369-374.

八、茄科 Solanaceae

1. 枸杞 *Lycium chinense* Mill.

英文名：Chinese boxthorn, Chinese matrimony-vine, Chinese teaplant, Chinese wolfberry, wolfberry, Chinese desert-thorn

分类地位：植物界（Plantae）

　　　　被子植物门（Angiosperms）

　　　　　双子叶植物纲（Dicotyledoneae）

　　　　　　茄目（Solanales）

　　　　　　茄科（Solanaceae）

　　　　　　　枸杞属（*Lycium* Linn.）

　　　　　　　枸杞（*Lycium chinense* Mill.）

形态学特征：多分枝灌木。

（1）茎：枝条细弱，弓状弯曲或俯垂，淡灰色，有纵条纹。棘刺长0.5~2.0cm。生叶和花的棘刺较长。小枝顶端锐尖，呈棘刺状。植株高0.5~1.5m。

（2）叶：纸质。单叶互生或 2~4 片簇生。卵形、卵状菱形、长椭圆形或卵状披针形，顶端急尖，基部楔形，长 1.5~5.0cm，宽 0.5~2.5cm。叶柄长 0.4~1.0cm。

（3）花：在长枝上单生或双生于叶腋，在短枝上与叶簇生。花梗长 1~2cm。花萼长 3~4mm，常 3 中裂或 4~5 个齿裂。花冠漏斗状，长 9~12mm，淡紫色，筒部向上骤然扩大，5 深裂。雄蕊较花冠稍短，或因花冠裂片外展而伸出花冠。花柱稍伸出雄蕊，上端弓弯。柱头绿色。

（4）果实：浆果红色，卵状，顶端尖或钝，长 7~15mm，径 5~8mm。

（5）种子：扁肾形，长 2.5~3.0mm，黄色。

生物学特性：花果期 6—11 月。

分布：中国各地广布。尼泊尔、巴基斯坦、泰国、蒙古、朝鲜、韩国、日本及欧洲也有分布。

保健功效：观赏型保健植物。果实香气成分包括酯类、醛酮类、羧酸类、醇类和杂环类等化合物。枸杞对慢性病、身体虚弱的老年人具良好的保健作用。

园林应用：观赏灌木。

参考文献：

[1] 樊振江，高愿军，常广双，等. 保健枸杞酒的配制及香气成分分析. 酿酒，2008，35（2）：84-86.

九、石竹科 Caryophyllaceae

1. 石竹 *Dianthus chinensis* Linn.

中文异名：洛阳花

英文名：fainbow pink, China pink

分类地位：植物界（Plantae）

被子植物门（Angiosperms）

双子叶植物纲（Dicotyledoneae）

石竹目（Caryophyllales）

石竹科（Caryophyllaceae）

石竹属（*Dianthus* Linn.）

石竹（*Dianthus chinensis* Linn.）

形态学特征：多年生草本。全株无毛，带粉绿色。

（1）根：直根系。

（2）茎：直立，疏丛生，光滑无毛或有时被疏柔毛。株高 30~50cm。

（3）叶：线状披针形，长 3~7cm 或更长，宽 4~8mm，先端渐尖，基部稍窄，全缘或具微齿。叶具 3 条脉，主脉明显。

（4）花：单生或呈聚伞花序。花梗长 1~3cm。苞片 4~6 片，卵形，长渐尖，长达花萼的 1/2 以上。花萼圆筒形，长 15~25mm，径 4~5mm，具纵纹，萼齿 5 个，披针形，长 5mm，先端尖。花瓣 5 片，瓣片倒卵状三角形，长 13~15mm，紫红、粉红、鲜红或白色，先端不整齐齿裂，喉部具斑纹，疏生髯毛。雄蕊 10 枚，贴生于子房基部。子房长圆形。花柱 2 个，线形。

（5）果实：蒴果圆筒形，包于宿存萼内，顶端 4 个裂。

（6）种子：黑色，扁圆形，径 1.5~2.0mm，边缘有狭翅。

生物学特性：花期 5—7 月，果期 8—9 月。生于田边、路旁、草丛等。

分布：原产于中国北方地区。俄罗斯西伯利亚地区、蒙古和朝鲜也有分布。

保健功效：石竹对患有慢性肾炎以及心脏病的老年患者有保健作用。

园林应用：观赏花卉。常用作花境植物。

第六章　特殊人群适宜型园林保健植物

　　特殊人群适宜型园林保健植物，其挥发物通常需要具杀菌、抗病毒等功效，从而缓解病情，提高病人的抗病能力，提升体质。本章介绍了13种特殊人群适宜型园林保健植物。

一、银杏科 Ginkgoaceae

　　银杏科具1属，1种。我国浙江天目山有野生状态的树木。落叶乔木，树干高大，分枝繁茂。枝分长枝与短枝。叶扇形，有长柄，具多数叉状并列细脉，在长枝上螺旋状排列散生，在短枝上呈簇生状。雌雄异株。球花单性，生于短枝顶部的鳞片状叶的腋内，呈簇生状。雄球花：具梗，葇荑花序状，雄蕊多数，螺旋状着生，排列较疏，具短梗，花药2个，药室纵裂，药隔不发达。雌球花：具长梗，梗端常分2个叉，稀不分叉或分成3~5个叉，叉项生珠座，各具1个直立胚珠。种子核果状，具长梗，下垂，外种皮肉质，中种皮骨质，内种皮膜质。胚乳丰富。子叶常2片，发芽时不出土。

1. 银杏 *Ginkgo biloba* Linn.

中文异名：白果
英文名：ginkgo, gingko, ginkgo tree, maidenhair tree
分类地位：植物界（Plantae）

银杏门（Ginkgophyta）

银杏纲（Ginkgoopsida）

银杏目（Ginkgoales）

银杏科（Ginkgoaceae）

银杏属（*Ginkgo* Linn.）

银杏（*Ginkgo biloba* Linn.）

形态学特征：落叶乔木。

（1）茎：幼树树皮浅纵裂，大树皮灰褐色，深纵裂，粗糙。树冠圆锥形，老则广卵形。枝近轮生，雌株大枝常较雄株开展。短枝密被叶痕，黑灰色。冬芽黄褐色，卵圆形，先端钝尖。植株高达 40m，胸径可达 4m。

（2）叶：扇形，具长柄。淡绿色，无毛，具叉状并列细脉。顶端宽 5~8cm。柄长 3~10cm，秋季落叶前渐变为黄色。

（3）花：球花雌雄异株。单性。生于短枝顶端叶腋，簇生状。雄球花：柔荑花序状，下垂，雄蕊排列疏松，具短梗，花药常 2 个，长椭圆形。雌球花：具长梗，梗端常分两叉。

（4）种子：俗称白果。由肉质外种皮、骨质中种皮、膜质内种皮、种仁组成。具长梗，下垂，椭圆形、长倒卵形、卵圆形或近圆球形，长 2.5~3.5cm，径 1.5~2cm。

生物学特性：花期 3—4 月，种子 9—10 月成熟。

分布：中国特色树种。现世界各地均广泛栽培。

保健功效：抑菌化学成分有间羟基苯甲酸、水杨酸甲酯、邻苯二酚等；挥发性芳香化合物有乙酰乙酸乙酯、丁酮醇等。其挥发的气体，可杀灭结核菌、霍乱病原菌和伤寒病原体。其叶挥发的特有活性物质银杏酮类，具防癌、润肺等疗效。常为医院、养老院等区块的重要园林保健植物。

园林应用：园林观赏树木。孤植、对植、列植、丛植均可。

参考文献：

[1] 张薇. 几种园林植物挥发性物质成分分析及抑菌作用研究. 长沙：湖南大学，2007.

二、唇形科 Lamiaceae

1. 迷迭香 *Rosmarinus officinalis* Linn.

英文名：rosemary

分类地位：植物界（Plantae）

被子植物门（Angiosperms）

双子叶植物纲（Dicotyledoneae）

唇形目（Lamiales）

唇形科（Lamiaceae）

迷迭香属（*Rosmarinus* Linn.）

迷迭香（*Rosmarinus officinalis* Linn.）

形态学特征：灌木。

（1）茎：茎及老枝圆柱形，皮层暗灰色，不规则地纵裂，块状剥落。幼枝四棱形，密被白色星状细茸毛。植株高达 2m。

（2）叶：革质。常常在枝上丛生，具极短的柄或无柄。叶片线形，长 1.0~2.5cm，宽 1~2mm，先端钝，基部渐狭，全缘，向背面卷曲。上面稍具光泽，近无毛，下面密被白色的星状茸毛。

（3）花：花近无梗。对生。少数聚集在短枝的顶端组成总状花序。苞片小，具柄。花萼卵状钟形，长 3~4mm，外面密被白色星状茸毛及腺体，内面无毛，具 11 条脉，二唇形，上唇近圆形，全缘或具很短的 3 个齿，下唇 2 个齿，齿卵圆状三角形。花冠蓝紫色，长不及 1cm，外被疏短柔毛，内面无毛，冠筒稍外伸，冠檐二唇形，上唇直伸，2 浅裂，裂片卵圆形，下唇宽大，3 裂，中裂片最大，内凹，下倾，边缘为齿状，基部缢缩成柄，侧裂片长圆形。雄蕊 2 枚发育，着生于花冠下唇的下方，花丝中部有 1 个向下的小齿，药室平行，仅 1 室能育。花柱细长，远超过雄蕊，先端 2 浅裂不相等，裂片钻形，后裂片短。花盘平顶，具相等的裂片。子房裂片与花盘裂片互生。

生物学特性：花期 11 月。

分布: 原产于欧洲及北非地中海沿岸。

保健功效: 闻香保健植物。迷迭香的主要香气成分为 α-蒎烯、桉叶素、马鞭烯酮、香叶醇、龙脑等。福建产迷迭香挥发油中含量较高的成分有 α-蒎烯(10.54%)、莰烯(4.63%)、柠檬烯(7.27%)、桉叶油素(11.76%)、樟脑(9.25%)等。香气具有一定的抗抑郁作用。可用于盲人保健园。

园林应用: 景观花卉。常用作盆栽。

参考文献:

[1] 佟芩琴，姚雷.迷迭香和柠檬草的精油以及活体香气的抗抑郁作用的研究.上海交通大学学报(农业科学版)，2009，27(1): 82-85.

[2] 张冲，李嘉诚，周雪晴，等.超临界 CO_2 萃取迷迭香精油及其化学成分分析.精细化工，2008，25(1): 62-64, 67.

2. 五彩苏 *Plectranthus scutellarioides* (Linn.) R. Br.

中文异名: 洋紫苏、锦紫苏

英文名: coleus

分类地位: 植物界(Plantae)

　　　　被子植物门(Angiosperms)

　　　　　双子叶植物纲(Dicotyledoneae)

　　　　　唇形目(Lamiales)

　　　　　　唇形科(Lamiaceae)

　　　　　　马刺花属(*Plectranthus* L'Hér.)

　　　　　　五彩苏(*Plectranthus scutellarioides* (Linn.)

　　　　　　　R. Br.)

形态学特征: 直立或上升草本。

(1)茎:通常紫色，四棱形，被微柔毛，具分枝。植株高 30~50cm。

(2)叶:膜质，其大小、形状及色泽变异很大，通常卵圆形，长 4~12cm，宽 2.5~9.0cm，先端钝至短渐尖，基部宽楔形至圆形，边缘具圆齿状锯齿或圆齿。具黄色、暗红色、紫色及绿色等色泽，两面被微柔毛，叶背常散布红褐色腺点，侧脉 4~5 对，斜上升，与中脉两面微凸出。柄伸长，

长 1~5cm，扁平，被微柔毛。

（3）花：轮伞花序多花，花期时径 1.0~1.5cm。多数密集排列成长 5~20cm、宽 3~8cm 的简单或分枝的圆锥花序。花梗长 1~2mm。花萼钟形，具 10 条脉，花期时长 2~3mm，果期时长达 7mm，萼檐二唇形。花冠浅紫至紫或蓝色，长 8~13mm，外被微柔毛，冠筒骤然下弯，至喉部增大至 2.5mm，冠檐二唇形，上唇短，直立，4 裂，下唇延长，内凹，舟形。雄蕊 4 枚，内藏，花丝在中部以下合生成鞘状。花柱超出雄蕊，伸出，先端 2 浅裂相等。

（4）果实：小坚果宽卵圆形或圆形，扁压，褐色，具光泽，长 1.0~1.2mm。

生物学特性：花期 7 月。

分布：原产于印度。

保健功效：五彩苏叶能消炎退肿。可用于盲人保健园。

园林应用：景观花卉。常植于绿地、花坛等，也用作盆栽。

三、豆科 Fabaceae

1. 含羞草 *Mimosa pudica* Linn.

中文异名：知羞草、呼喝草、怕丑草、感应草

英文名：sensitive plant, sleepy plant, touch-me-not

分类地位：植物界（Plantae）

　　　　　　　被子植物门（Angiosperms）

　　　　　　　　双子叶植物纲（Dicotyledoneae）

　　　　　　　　豆目（Fabales）

　　　　　　　　豆科（Fabaceae）

　　　　　　　　　含羞草属（*Mimosa* Linn.）

　　　　　　　　　　含羞草（*Mimosa pudica* Linn.）

形态学特征：多年生草本或亚灌木。外来入侵杂草。因羽毛般的纤细叶子受到外力触碰，会立即闭合，故名含羞草。叶片也同样会对热和

光产生反应，因此，每天傍晚的时候叶片同样会收拢。

（1）茎：直立、蔓生或攀缘，圆柱状，茎、枝具散生钩刺及倒生刺毛。植株高可达 1m。

（2）叶：二回羽状复叶，羽片通常 4 片，掌状排列。每羽片有小叶 14~48 片，触之即闭合而下垂。小叶线状长圆形，长 8~11mm，宽 1~2mm，先端短渐尖，基部稍不对称，两面散生刺毛，边缘及叶脉也有刺毛。托叶披针形，边缘有纤毛。

（3）花：头状花序圆球形，径 1cm，单生或 2~3 个生于叶腋，具长的总花梗。花小，多数，淡红色。苞片线形，较花小。萼钟状，长仅为花瓣的 1/6，有 8 个微小萼齿。花瓣 4 片，淡红色，基部合生，外面有短柔毛。雄蕊 4 枚，花丝基部合生，伸出花瓣外。子房具短柄，胚珠 3~5 个，无毛。花柱丝状。

（4）果实：荚果扁平，长圆形，长 1.2~2.0cm，宽 4mm，边缘有刺毛。有 3~4 个荚节，每荚节有 1 粒种子，成熟时节间脱落，有长刺毛的荚缘宿存。

（5）种子：宽卵圆形，长 3.0~3.5mm。

生物学特性：苗期 4—5 月，花期 6—8 月。

分布：原产于美洲热带地区。

保健功效：感官保健型植物。应用于盲人公园。

园林应用：绿地或盆栽花卉。

2. 合欢 *Albizia julibrissin* Durazz.

中文异名：马缨花、绒花树

英文名：Persian silk tree, pink silk tree

分类地位：植物界（Plantae）

　　　　　　　被子植物门（Angiosperms）

　　　　　　　　双子叶植物纲（Dicotyledoneae）

　　　　　　　　　豆目（Fabales）

　　　　　　　　　　豆科（Fabaceae）

合欢属（*Albizia* Durazz.）

合欢（*Albizia julibrissin* Durazz.）

形态学特征：落叶乔木。

（1）茎：树冠开展，小枝有棱角，嫩枝、花序和叶轴被茸毛或短柔毛。植株高可达 16m。

（2）叶：二回羽状复叶，羽片 4~12 对，小叶 10~30 对。小叶线形至长圆形，长 6~12mm，宽 1~4mm，向上偏斜，先端有小尖头，中脉紧靠上边缘。

（3）花：头状花序在枝顶排成圆锥状花序。花粉红色。花萼管状，长 2~3mm。花冠长 6~8mm，裂片三角形，长 1.0~1.5mm。花丝长 2.0~2.5cm。

（4）果实：荚果带状，长 9~15cm，宽 1.5~2.5cm，嫩荚有柔毛，老荚无毛。

生物学特性：花期 6—7 月，果期 8—10 月。

分布：中国东北至华南及西南地区有分布。东亚其他国家、中亚、非洲和北美洲也有分布。

保健功效：合欢花含有合欢甙，鞣质，解郁安神，理气开胃，活络止痛，用于心神不安、忧郁失眠。

园林应用：行道树和观赏树。

四、苋科 Amaranthaceae

苋科具 165 属，2040 种。常为一年生或多年生草本、亚灌木。一些种为肉质。一些种节增厚。单叶，互生，有时对生。叶扁平或四棱形，全缘或具锯齿。花单生或形成总状、穗状、圆锥状花序。完全花两性，辐射对称。一些为单性花。苞片和小苞片草质或干膜质。花被片常 5 片，稀 8 片，通常合生。雄蕊 1~5 枚，与花被片对生或互生。花药 2 室或 4 室。心皮 1~3 个。子房上位，1 室。果实为胞果或小坚果，少数为蒴果或浆果。种皮常较厚。胚螺旋形或环状，无胚乳，稀直生。

1. 地肤 *Bassia scoparia* (Linn.) A. J. Scott

中文异名：扫帚草、地麦、落帚、扫帚苗、扫帚菜、孔雀松

英文名：broomsedge, broom cypress, burningbush, ragweed, summer cypress, mock-cypress, kochia, belvedere, Mexican firebrush, Mexican fireweed

分类地位：植物界（Plantae）

被子植物门（Angiosperms）

双子叶植物纲（Dicotyledoneae）

石竹目（Caryophyllales）

苋科（Amaranthaceae）

雾冰草属（*Bassia* All.）

地肤（*Bassia scoparia* (Linn.) A. J. Scott）

形态学特征：一年生草本。

（1）茎：直立，多分枝而斜展，淡绿色或浅红色，生短柔毛。植株高 50~100cm。

（2）叶：互生，披针形至条状披针形，长 3~7cm，宽 0.3~1.0cm，近基三出脉。叶面无毛或具细软毛，上部的叶较小，具 1 条脉。近无柄。

（3）花：花序穗状，稀疏。花两性或雌性，通常 1~3 朵生于叶腋。花被黄绿色，被片 5 片，果期自背部生三角状横突起或翅。雄蕊 5 枚，花丝丝状，花药淡黄色。柱头 2 个，紫褐色，花柱极短。

（4）果实：胞果扁球形，包于宿存的花被内。

（5）种子：扁平，倒卵形，长 1.5~1.8mm，宽 1.1~1.2mm，表面暗褐色至淡褐色，有小颗粒，无光泽。

生物学特性：春季出苗，花期 6—9 月，种子于 8—10 月成熟。耐旱，也适生于湿地。生于农田、路旁、荒地，在各种土壤中均能生长，在轻度盐碱地生长较多。

分布：遍布中国。亚洲其他国家和欧洲也有分布。

保健功效：触摸型保健植物。叶片细腻柔软，趣味性强，适合用于

盲人公园。

园林应用：湿地和旱地草本植物。可用作花境植物。

参考文献：

[1] Kadereit G, Freitag H. Molecular phylogeny of Camphorosmeae (Camphorosmoideae, Chenopodiaceae): implications for biogeography, evolution of C_4-photosynthesis and taxonomy. Taxon, 2011, 60 (1): 51-78.

五、冬青科 Aquifoliaceae

冬青科具1属，400~600种。乔木或灌木，常绿或落叶。单叶，互生，稀对生或假轮生。叶片通常革质、纸质，稀膜质，具锯齿或刺齿，或全缘，具柄。托叶无或小，早落。花小，辐射对称。单性，稀两性或杂性。雌雄异株。排列成腋生、腋外生或近顶生的聚伞花序、假伞形花序、总状花序、圆锥花序或簇生，稀单生。花萼4~6片，覆瓦状排列，宿存或早落。花瓣4~6片，分离或基部合生，通常圆形，或先端具1个内折的小尖头，覆瓦状排列，稀镊合状排列。雄蕊常与花瓣同数、互生。花丝短。花药2室，内向，纵裂。花盘缺。子房上位。心皮2~5个，合生，2室至多室，每室具1个，稀2个悬垂、横生或弯生的胚珠。花柱短或无。柱头头状、盘状或浅裂。果通常为浆果状核果，具2个至多个分核，通常4个，稀1个。每个分核具1粒种子。种子含丰富的胚乳，胚小，直立，子房扁平。

1. 枸骨 *Ilex cornuta* Lindl. et Paxt.

中文异名：枸骨冬青、枸骨刺
英文名：Chinese holly, horned holly
分类地位：植物界（Plantae）

　　　　　　　被子植物门（Angiosperms）

　　　　　　　　双子叶植物纲（Dicotyledoneae）

　　　　　　　　　冬青目（Aquifoliales）

　　　　　　　　　　冬青科（Aquifoliaceae）

冬青属（*Ilex* Linn.）

枸骨（*Ilex cornuta* Lindl. et Paxt.）

形态学特征：常绿灌木或小乔木。

（1）茎：幼枝具纵脊及沟，沟内被微柔毛或变无毛。二年生枝褐色，三年生枝灰白色，具纵裂缝及隆起的叶痕，无皮孔。植株高 0.6~3.0m。

（2）叶：厚革质。二型，四角状长圆形或卵形，长 4~9cm，宽 2~4cm，先端具 3 个尖硬刺齿，中央刺齿常反曲，基部圆形或近截形，两侧各具 1~2 个刺齿。叶面深绿色，具光泽，叶背淡绿色，侧脉 5 对或 6 对。叶柄长 4~8mm。

（3）花：花序簇生于二年生枝的叶腋内。苞片卵形，先端钝或具短尖头。花淡黄色，4 基数。雄花：花梗长 5~6mm；花萼盘状，径 2.0~2.5mm；花冠辐状，径 5~7mm；花瓣长圆状卵形，长 3~4mm，反折，基部合生；雄蕊与花瓣近等长或比花瓣稍长；花药长圆状卵形，长 0.5~1.0mm；退化子房近球形，先端钝或圆形。雌花：花梗长 8~9mm，果期长 13~14mm；花萼与花瓣似雄花；退化雄蕊长为花瓣的 4/5，略长于子房；子房长圆状卵球形，长 3~4mm，径 1.5~2.0mm；柱头盘状，4 浅裂。

（4）果实：果球形，径 8~10mm，熟时鲜红色。分核 4 个，轮廓倒卵形或椭圆形，长 7~8mm，背部宽 4~5mm。

生物学特性：花期 4—5 月，果期 9—11 月。

分布：中国华中、华东等地有分布。朝鲜、韩国也有分布。

保健功效：触觉型保健植物。叶刺扎手，可用于盲人花园，让特殊人群感触体验。

园林应用：庭院观赏和城市绿化树种。

2. 无刺枸骨 *Ilex cornuta* Lindl. var. *fortunei* S. Y. Hu

分类地位：植物界（Plantae）

被子植物门（Angiosperms）

双子叶植物纲（Dicotyledoneae）

冬青目（Aquifoliales）

冬青科（Aquifoliaceae）

冬青属（*Ilex* Linn.）

无刺枸骨（*Ilex cornuta* Lindl. var. *fortunei*
S. Y. Hu）

形态学特征：常绿灌木或小乔木。

（1）茎：主干不明显，基部以上开叉分枝。植株高 0.5~2.0m。

（2）叶：硬革质。互生。椭圆形或卵形，长 2~4cm，宽 1.5~3.0cm，全缘，先端聚尖。叶面绿色，具光泽。

（3）花：伞形花序，花黄白色。

（4）果实：近球形，径 0.6~0.8cm，熟时红色。

生物学特性：花期 5—6 月，果期 8—11 月。

分布：中国华南、华中、华东等地有分布。朝鲜、韩国也有分布。

保健功效：触觉型保健植物。可用于盲人花园。

园林应用：优良的观赏树种。

3. 龟甲冬青 *Ilex crenata* Thunb. cv. *convexa* Makino

中文异名：龟甲冬青、豆瓣冬青

英文名：Japanese holly

分类地位：植物界（Plantae）

被子植物门（Angiosperms）

双子叶植物纲（Dicotyledoneae）

冬青目（Aquifoliales）

冬青科（Aquifoliaceae）

冬青属（*Ilex* Linn.）

龟甲冬青（*Ilex crenata* Thunb. cv. convexa
Makino）

形态学特征：钝齿冬青（*Ilex crenata* Thunb.）的栽培变种。常绿小灌木。

（1）茎：多分枝。植株高 0.5~1.0m。

（2）叶：小，密，叶面拱起。椭圆形至长倒卵形，长 1~3cm，宽 0.4~1.2mm，先端圆钝，基部楔形，边缘具圆齿，侧脉 3~5 对，网脉不显，叶柄长 2~3mm。

（3）花：雄花：1~7 朵组成聚伞花序，花 4 基数，花瓣白色。雌花：单生，或 2~3 朵组成聚伞花序。

（4）果实：球形，径 6~8mm，熟后黑色。分核 4 个，长 4~5mm。

生物学特性：花期 4—5 月，果期 9—11 月。

分布：中国长江下游至华南、华东、华北部分地区有分布。

保健功效：触觉型保健植物。叶片甲壳状，可用于盲人花园。

园林应用：可作绿篱，也可作盆栽。

六、日光兰科 Asphodelaceae

1. 小萱草 *Hemerocallis dumortieri* Morr.

分类地位：植物界（Plantae）

　　　　　　被子植物门（Angiosperms）

　　　　　　　单子叶植物纲（Monocotyledoneae）

　　　　　　　　天门冬目（Asparagales）

　　　　　　　　　日光兰科（Asphodelaceae）

　　　　　　　　　　萱草属（*Hemerocallis* Linn.）

　　　　　　　　　　　小萱草（*Hemerocallis dumortieri* Morr.）

形态学特征：多年生草本。

（1）根：鳞茎。

（2）茎：植株高 20~35cm。

（3）叶：披针形，长 20~35cm，宽 3~6mm。

（4）花：较小，长 5~7cm。内花被裂片较窄，披针形，宽 1.0~1.5cm。根粗，多少肉质。花蕾上部带红褐色。花葶明显短于叶。苞片较狭，卵状披针形。

（5）果实：蒴果近圆形。

生物学特性：花期 9—11 月。

分布：中国东北等地有分布。朝鲜、日本和俄罗斯也有分布。

保健功效：触觉型保健植物。可用于盲人花园。

园林应用：观赏草本花卉。

2. 萱草 *Hemerocallis fulva* (Linn.) Linn.

中文异名：忘萱草、忘忧草

分类地位：植物界（Plantae）

  被子植物门（Angiosperms）

  单子叶植物纲（Monocotyledoneae）

  天门冬目（Asparagales）

  日光兰科（Asphodelaceae）

  萱草属（*Hemerocallis* Linn.）

  萱草（*Hemerocallis fulva* (Linn.) Linn.）

形态学特征：多年生宿根草本植物。

（1）根：多数，稍肉质，顶端膨大呈棍棒状或纺锤状。

（2）茎：植株高 20~40cm。

（3）叶：基生，对排成 2 列。宽线形至线状披针形，长 40~80cm，宽 1.5~3.5cm，背面有龙骨突起，嫩绿色。

（4）花：花葶细长坚挺，高 60~100cm，花 6~10 朵，呈顶生聚伞花序。以橘黄色为主，有时紫红色。花大，漏斗形，内部颜色较深，径 10cm。花被裂片长圆形，下部合成花被筒，上部开展而反卷，边缘波状。

（5）果实：蒴果长圆形，长 2.5~3.5cm，具 3 棱，背裂，内有种子数粒。

（6）种子：黑色，有棱角。

生物学特性：花期 6—8 月。每花仅开放 1 天。

分布：中国秦岭以南各地有分布。生于山坡林下或沟边阴湿处。

保健功效：具消肿、解毒、止血等功效。

园林应用：供观赏。园林中多丛植或于花境、路旁栽植。

七、丝缨花科 Garryaceae

丝缨花科具2属：丝穗木属（*Garrya Dougalas* ex Lindl.），16~18种；桃叶珊瑚属（*Aucuba* Thunb.），3~10种。主要分布于亚热带和温带地区，其中丝穗木属主要分布于北美洲，而桃叶珊瑚属主要分布于亚洲东部。常绿小乔木或灌木。单叶，对生。雌雄异株。花小，组成柔夷花序或聚伞花序。花瓣4片。果实为浆果或核果。

1. 花叶青木 *Aucuba japonica* 'Variegata'

中文异名：洒金桃叶珊瑚

英文名：spotted laurel, Japanese laurel, Japanese aucuba, gold dust plant

分类地位：植物界（Plantae）

被子植物门（Angiosperms）

双子叶植物纲（Dicotyledoneae）

丝缨花目（Garryales）

丝缨花科（Garryaceae）

桃叶珊瑚属（*Aucuba* Thunb.）

花叶青木（*Aucuba japonica* 'Variegata'）

形态学特征：常绿灌木。

（1）茎：植株丛生，树皮初时绿色，平滑，后转为灰绿色。植株高1~5m。

（2）叶：对生，肉革质，矩圆形至阔披针形，长5~8cm，宽2~5cm，缘疏生粗齿牙，两面油绿而富光泽，叶面常密布洒金黄斑。

（3）花：圆锥状花序顶生。花单性，雌雄异株。花小，径4~8mm，花瓣4片，棕紫色，10~30朵花组成疏散的聚伞花序。

（4）果实：坚果径0.8~1cm。

生物学特性：花期3—4月，果期8—10月。

分布：青木的园艺变种。

保健功效：对治疗肾炎有一定的功效。

园林应用：观赏灌木。

参考文献：

[1] Angiosperm Phylogeny Group. An update of the Angiosperm Phylogeny Group classification for the orders and families of flowering plants: APG Ⅲ. Botanical Journal of the Linnean Society, 2009, 161 (2): 105-121.

八、三尖杉科 Cephalotaxaceae

三尖杉科具3属，即三尖杉属（*Cephalotaxus* Sieb. et Zucc. ex Endl.）、穗花杉属（*Amentotaxus* Pilg.）和榧树属（*Torreya* Arn.），20余种。多数分布于亚洲东部。多分枝，为小乔木和灌木。叶常绿，螺旋状排列，常扭曲，呈2列。叶片线形至披针形，背面灰绿色，具气孔带。雌雄同株、混株或异株。雄球花径0.4~2.5cm；雌球花退化。

1. 三尖杉 *Cephalotaxus fortunei* Hook.

中文异名： 山榧树、头形树

英文名： Chinese plum-yew, Fortune's yew plum, plum yew, Chinese cowtail pine

分类地位： 植物界（Plantae）

　　　　松柏门（Pinophyta）

　　　　松柏纲（Pinopsida）

　　　　松柏目（Pinales）

　　　　三尖杉科（Cephalotaxaceae）

　　　　三尖杉属（*Cephalotaxus* Sieb. et Zucc. ex Endl.）

　　　　三尖杉（*Cephalotaxus fortunei* Hook.）

形态学特征： 乔木。

（1）茎：树皮褐色或红褐色，裂成片状脱落。枝条较细长，稍下垂。树冠广圆形。植株高达20m，胸径达40cm。

（2）叶：排成2列。披针状条形，通常微弯，长4~12cm，宽3.5~4.5mm，上部渐窄，先端有渐尖的长尖头，基部楔形或宽楔形。上面深绿色，中脉隆起，下面气孔带白色，较绿色边带宽 3~5 倍，绿色中脉带明显或微明显。

（3）花：雄球花 8~10 个聚生成头状，径 0.5~1.0cm。总花梗粗，通常长 6~8mm。基部及总花梗上部有 18~24 片苞片。每一雄球花有 6~16 枚雄蕊，花药 3 个，花丝短。雌球花的胚珠 3~8 个发育成种子，总梗长 1.5~2.0cm。

（4）种子：椭圆状卵形或近圆球形，长 2.0~2.5cm，假种皮成熟时紫色或红紫色，顶端有小尖头。子叶 2 片，条形，长 2.2~3.8cm，宽 1~2mm，先端钝圆或微凹。下面中脉隆起，无气孔线，上面有凹槽，内有一窄的白粉带。初生叶镰状条形，最初 5~8 片，形小，长 4~8mm，下面有白色气孔带。

生物学特性：花期 4 月，种子 8—10 月成熟。

分布：中国特有树种。中国华东、华中、西南、华南以及陕西、甘肃等地有分布。

保健功效：对治疗淋巴肉瘤等有一定的疗效。散发的气体对癌细胞生长有抑制作用。

园林应用：观赏树木。孤植和群植。

参考文献：

[1] 张晓玮. 观赏芳香植物在园林绿化中的作用与应用. 安徽农业科学，200，37（33）：16632-16635.

第七章 其他园林保健植物

其他园林保健植物种类多，可挥发出具有保健功能的化学物质，促进人体身心健康，也可能是视觉型、听觉型、触摸型或药用型保健植物。本章介绍了 20 种其他园林保健植物。

一、莲科 Nelumbonaceae

莲科具 1 属，2 种，即美洲黄莲（*Nelumbo lutea* Willd.），产于北美洲；莲（*Nelumbo nucifera* Gaertn.），广泛分布于亚洲。多年生水生草本。根状茎横生，粗壮。叶漂浮或高出水面，近圆形，盾状，全缘，叶脉放射状。花大，美丽，伸出水面。萼片 4~5 片。花瓣大，黄色、红色、粉红色或白色，内轮渐变成雄蕊。雄蕊药隔先端呈一细长内曲附属物。花柱短。柱头顶生。花托海绵质，果期膨大。坚果矩圆形或球形。种子无胚乳，子叶肥厚。

1. 莲 *Nelumbo nucifera* Gaertn.

中文异名：荷花、莲花
英文名：Indian lotus, sacred lotus, bean of India, lotus
分类地位：植物界（Plantae）
　　　　　　　被子植物门（Angiosperms）
　　　　　　　双子叶植物纲（Dicotyledoneae）

山龙眼目（Proteales）

莲科（Nelumbonaceae）

莲属（*Nelumbo* Adans.）

莲（*Nelumbo nucifera* Gaertn.）

形态学特征：多年生水生草本。

（1）根：根状茎横生，肥厚，节间膨大，内有多数纵行通气孔道，节部缢缩，上生黑色鳞叶，下生须状不定根。

（2）茎：植株高 30~50cm。

（3）叶：圆形，盾状，径 25~90cm，全缘稍呈波状，叶面光滑，具白粉，叶背脉从中央射出，有 1~2 次叉状分枝，柄粗壮，圆柱形，长 1~2m，中空，外面散生小刺。

（4）花：花梗和叶柄等长或稍长，散生小刺。花径 10~20cm。花瓣多数，红色、粉红色或白色，瓣片矩圆状椭圆形至倒卵形，长 5~10cm，宽 3~5cm，由外向内渐小，先端圆钝或微尖。花药条形，花丝细长。心皮多个，埋藏于倒圆锥形的花托孔穴内，花后花托逐渐增大，径 5~10cm，具孔穴 15~30 个。花柱极短，柱头顶生。

（5）果实：坚果椭圆形或卵形，长 1.8~2.5cm，果皮革质，坚硬，熟时褐色。

（6）种子：卵形或椭圆形，长 1.2~1.7cm，种皮红色或白色。

生物学特性：花芳香。花期 6—8 月，果期 8—10 月。

分布：中国南北各地有分布。俄罗斯、朝鲜、日本、越南以及南亚、大洋洲也有分布。

保健功效：花芳香，沁人心脾。为嗅觉型、听觉型、视觉型保健植物。清风拂面，可感受荷花的飘香。听雨打荷叶之声，可感触美妙的雨滴声响。

园林应用：浅水域景观草本花卉。也用于盆栽。

参考文献：

[1] Angiosperm Phylogeny Group. An update of the Angiosperm Phylogeny Group classification for the orders and families of flowering plants: APG Ⅳ. Botanical Journal of the Linnean Society, 2016, 181 (1): 1-20.

二、睡莲科 Nymphaeaceae

睡莲科具5属，即合瓣莲属（*Barclaya* Wall.）、芡属（*Euryale* Salisb.）、萍蓬草属（*Nuphar* Sibth. et Sm.）、睡莲属（*Nymphaea* Linn.）和王莲属（*Victoria* Lindley），共70余种。多年生，少数一年生，水生或沼泽生草本。具根状茎。叶互生、对生，有时轮生。单叶，盾状，全缘至锯齿或分裂，具柄。叶沉水、漂浮或高于水面，具掌状至羽状脉。托叶有或无。花单生，两性，辐射对称，花梗长。萼片4~12片，分离或合生，覆瓦状排列，花瓣状。花瓣缺，或8片至多片。雄蕊3枚至多枚，最内层雄蕊退化。花丝分离或合生。心皮3个至多个，离生或合生。坚果、浆果，或蒴果，不规则开裂。种子常有假种皮，有或无胚乳。

1. 白睡莲 *Nymphaea alba* Linn.

中文异名：欧洲白睡莲

英文名：white water lily, white waterlily, white pond lily, European white water lily, white water rose, white nenuphar

分类地位：植物界（Plantae）

　　　　　　　被子植物门（Angiosperms）

　　　　　　　　双子叶植物纲（Dicotyledoneae）

　　　　　　　　　睡莲目（Nymphaeales）

　　　　　　　　　　睡莲科（Nymphaeaceae）

　　　　　　　　　　　睡莲属（*Nymphaea* Linn.）

　　　　　　　　　　　　白睡莲（*Nymphaea alba* Linn.）

形态学特征：多年生水生草本。

（1）根：根状茎匍匐。

（2）茎：地上茎缺如。

（3）叶：纸质，近圆形，径10~25cm，基部具深弯缺，裂片尖锐，近平行或开展，全缘或波状，两面无毛，叶面深绿色，平滑，叶背淡褐色，具深褐色斑纹，柄长达 50cm。

（4）花：径 10~20cm。花梗和叶柄近等长。萼片披针形，长3~5cm，脱落或花期后腐烂。花瓣 20~25 片，白色，卵状矩圆形，长3.0~5.5cm，外轮比萼片稍长。花托圆柱形。花药先端不延长，花粉粒皱缩，具乳突。柱头扁平，具 14~20 条辐射线。

（5）果实：浆果扁平至半球形，长 2.5~3.0cm。

（6）种子：椭圆形，长 2~3cm。

生物学特性：花芳香。花期 6—8 月，果期 8—10 月。

分布：中国河北、山东、陕西、浙江等地有分布。印度及欧洲也有分布。

保健功效：听觉型、视觉型园林保健植物。在耐寒睡莲品种中，香气主要成分是醇类，包括丁香花醇、橙花叔醇和 3,7,11-三甲基-1,6,10-十二碳三烯-3-醇。在热带睡莲中，大多数香气成分是酯类和酮类，包括苯甲酸乙酯、2-十五碳酮、3-(1,5-二甲基-4-己烯基)-6-亚甲基环己烯和乙酸苯酯。

园林应用：浅水域景观草本花卉。

参考文献：

[1] 袁茹玉. 不同品种睡莲花挥发物组成及其茶汤功能成分和抗氧化活性评价. 南京：南京农业大学，2014.

2. 红睡莲 *Nymphaea rubra* Roxb. ex Andrews

英文名：red water lily, red pond lily, red water rose, red nenuphar

分类地位：植物界（Plantae）

被子植物门（Angiosperms）

双子叶植物纲（Dicotyledoneae）

睡莲目（Nymphaeales）

睡莲科（Nymphaeaceae）

睡莲属（*Nymphaea* Linn.）

红睡莲（*Nymphaea rubra* Roxb. ex Andrews）

形态学特征：和白睡莲近似。花瓣玫瑰红色。

生物学特性：花芳香，近全日开放。花期 6—8 月，果期 8—10 月。

分布：原产于印度。

保健功效：听觉型、视觉型保健植物。

园林应用：浅水域景观草本花卉。

参考文献：

[1] Christenhusz M J M, Byng J W. The number of known plants species in the world and its annual increase. Phytotaxa, 2016, 261 (3): 201-217.

三、芭蕉科 Musaceae

1. 芭蕉 *Musa basjoo* Sieb. et Zucc. ex Iinuma

中文异名：甘蕉、大叶芭蕉、大头芭蕉、芭蕉头、芭苴

英文名：Japanese banana, Japanese fibre banana, hardy banana

分类地位：植物界（Plantae）

　　　　　　被子植物门（Angiosperms）

　　　　　　　单子叶植物纲（Monocotyledoneae）

　　　　　　　　姜目（Zingiberales）

　　　　　　　　　芭蕉科（Musaceae）

　　　　　　　　　　芭蕉属（*Musa* Linn.）

　　　　　　　　　　　芭蕉（*Musa basjoo* Sieb. et Zucc. ex Iinuma）

形态学特征：多年生高大草本。

（1）根：须根由球茎抽出。

（2）茎：植株高 2.5~4.0m。

（3）叶：长圆形，长 2~3m，宽 25~30cm，先端钝，基部圆形或不对称。叶面鲜绿色，有光泽。柄粗壮，长达 30cm。

（4）花：花序顶生，下垂。苞片红褐色或紫色。雄花生于花序上部，

雌花生于花序下部。每一苞片内雌花 10~16 朵，排成 2 列。合生花被片长 4.0~4.5cm，5 个齿裂，离生花被片几乎与合生花被片等长，顶端具小尖头。

（5）果实：浆果三棱状，长圆形，长 5~7cm，具 3~5 棱，近无柄，肉质，内具多数种子。

（6）种子：黑色，具疣突及不规则棱角，宽 6~8mm。

生物学特性：花期夏季至秋季，果期翌年 5—6 月。

分布：原产于中国琉球群岛。

保健功效：听觉型保健植物。是能开花结果的植物，也是观赏型、芳香型园林保健植物。

园林应用：观赏植物。孤植或群植，可植于屋旁、路旁、绿地等。

四、马齿苋科 Portulacaceae

根据 APG Ⅲ 植物分类系统，马齿苋科仅具 1 属，115 种。以往分类系统的属，分别划归至小鸡草科（Montiaceae）、龙树科（Didiereaceae）、回欢草科（Anacampserotaceae）和土人参科（Talinaceae）。一年生或多年生肉质草本，广布于热带、亚热带至温带地区。无毛或被疏柔毛。茎铺散，平卧或斜升。叶互生或近对生或在茎上部轮生，叶片圆柱状或扁平。托叶膜质鳞片状，或具毛状附属物，稀完全退化。花顶生，单生或簇生。花梗有或无。常具数片叶状总苞。萼片 2 片，筒状，其分离部分脱落。花瓣 4~5 片，离生或下部连合，花开后黏液质，先落。雄蕊 4 枚至多枚，着生于花瓣上。子房半下位，1 室。胚珠多个。花柱线形，上端 3~9 个裂成线状柱头。蒴果盖裂。种子细小，多数，肾形或圆形，光亮，具疣状凸起。

1. 马齿苋 *Portulaca oleracea* Linn.

中文异名：马齿菜、长命菜、马舌菜、酱瓣草、酸菜

英文名：purslane, common purslane, verdolaga, pigweed, little hogweed,

pursley, moss rose

分类地位：植物界（Plantae）

被子植物门（Angiosperms）

双子叶植物纲（Dicotyledoneae）

石竹目（Caryophyllales）

马齿苋科（Portulacaceae）

马齿苋属（*Portulaca* Linn.）

马齿苋（*Portulaca oleracea* Linn.）

形态学特征：一年生草本，肉质，光滑无毛。

（1）茎：多分枝，平卧或斜倚，伏地铺散，圆柱形，长 10~15cm，淡绿色或带暗红色。植株高或长 10~25cm。

（2）叶：互生，有时近对生。扁平肥厚，肉质，多汁，楔状长圆形或倒卵形，长 1.0~2.5cm，宽 0.5~1.5cm，先端钝圆，截形或微凹，基部楔形，全缘。叶上面暗绿色，下面淡绿色或带暗红色，中脉微隆起。叶柄粗短。

（3）花：无梗，径 4~5mm，常 3~5 朵簇生于枝端。总苞片 4~5 片，三角状卵形。萼片 2 片，基部与子房合生。花瓣 5 片，黄色，先端凹，倒卵状长圆形。雄蕊通常 8~12 枚，长 12mm，花药黄色。子房无毛，花柱比雄蕊稍长。柱头 4~6 裂，线形。

（4）果实：蒴果圆锥形，长 5mm，盖裂。

（5）种子：细小，极多，扁圆，黑褐色，有光泽，表面具小疣状突起。

生物学特性：花期 6—8 月，果期 7—9 月。

分布：广布于世界温带和热带地区。

保健功效：食用型保健植物。也具有观赏性。

园林应用：湿地和旱地草本植物。

五、石蒜科 Amaryllidaceae

1. 洋葱 *Allium cepa* Linn.

英文名：onion, garden onion, bulb onion, common onion

分类地位：植物界（Plantae）

　　　　　被子植物门（Angiosperms）

　　　　　单子叶植物纲（Monocotyledoneae）

　　　　　天门冬目（Asparagales）

　　　　　石蒜科（Amaryllidaceae）

　　　　　葱属（*Allium* Linn.）

　　　　　洋葱（*Allium cepa* Linn.）

形态学特征：一年生草本。

（1）根：鳞茎粗大，近球状至扁球状。鳞茎外皮紫红色、褐红色、淡褐红色、黄色至淡黄色，纸质至薄革质，内皮肥厚，肉质，均不破裂。

（2）茎：植株高 20~35cm。

（3）叶：圆筒状，中空，中部以下最粗，向上渐狭，比花葶短，径在 0.5cm 以上。

（4）花：花葶粗壮，高可达 1m，中空的圆筒状，在中部以下膨大，向上渐狭，下部被叶鞘。伞形花序球状，具多而密集的花。小花梗长 2.0~2.5cm。花粉白色。花被片具绿色中脉，矩圆状卵形，长 4~5mm，宽 1~2mm。花丝等长，稍长于花被片。子房近球状。花柱长 3~4mm。

生物学特性：花果期 5—7 月。

分布：原产于西亚。

保健功效：食用型保健植物。鳞茎供食用。

园林应用：湿地和旱地草本植物。

2. 葱 *Allium fistulosum* Linn.

英文名：bunching onion, green onion, Japanese bunching onion, scallion, spring onion, Welsh onion

分类地位：植物界（Plantae）

　　　　　被子植物门（Angiosperms）

　　　　　单子叶植物纲（Monocotyledoneae）

　　　　　天门冬目（Asparagales）

石蒜科（Amaryllidaceae）

葱属（*Allium* Linn.）

葱（*Allium fistulosum* Linn.）

形态学特征：一年生草本。

（1）根：鳞茎单生，圆柱状，径 1~2cm，有时可达 4.5cm。鳞茎外皮白色，稀淡红褐色，膜质至薄革质，不破裂。

（2）茎：植株高 20~35cm。

（3）叶：圆筒状，中空，向顶端渐狭，与花葶等长，径在 0.5cm 以上。

（4）花：花葶圆柱状，中空，高 30~50cm，中部以下膨大。伞形花序球状，多花。小花梗纤细，基部无小苞片。花白色。花被片长 6.0~8.5mm，近卵形，先端渐尖，具反折的尖头。花丝为花被片长度的 1.5~2.0 倍，锥形，在基部合生并与花被片贴生。子房倒卵状。花柱细长，伸出花被外。

生物学特性：花果期 4—7 月。

分布：常见栽培作物。

保健功效：食用型保健植物。

园林应用：湿地和旱地草本植物。

3. 蒜 *Allium sativum* Linn.

中文异名：大蒜

英文名：garlic

分类地位：植物界（Plantae）

被子植物门（Angiosperms）

单子叶植物纲（Monocotyledoneae）

天门冬目（Asparagales）

石蒜科（Amaryllidaceae）

葱属（*Allium* Linn.）

蒜（*Allium sativum* Linn.）

形态学特征：一年生草本。

（1）根：鳞茎球状至扁球状，通常由多数肉质、瓣状的小鳞茎紧密地排列而成，外面被数层白色至带紫色的膜质鳞茎外皮。

（2）茎：植株高 25~40cm。

（3）叶：宽条形至条状披针形，扁平，先端长渐尖。比花葶短，宽可达 2.5cm。

（4）花：花葶实心，圆柱状，高可达 60cm，中部以下被叶鞘。伞形花序密具珠芽，间有数朵花。小花梗纤细。花常为淡红色。花被片披针形至卵状披针形，长 3~4mm。花丝比花被片短，基部合生并与花被片贴生。子房球状。花柱不伸出花被外。

生物学特性：花期 7 月。

分布：原产于西亚和中亚。

保健功效：食用型保健植物。

园林应用：湿地和旱地草本植物。

4. 韭 *Allium tuberosum* Rottl. ex Spreng.

中文异名：韭菜

英文名：leek, garlic chives, Oriental garlic, Asian chives, Chinese chives, Chinese leek

分类地位：植物界（Plantae）

被子植物门（Angiosperms）

单子叶植物纲（Monocotyledoneae）

天门冬目（Asparagales）

石蒜科（Amaryllidaceae）

葱属（*Allium* Linn.）

韭（*Allium tuberosum* Rottl. ex Spreng.）

形态学特征：一年生草本。

（1）根：具倾斜的横生根状茎。鳞茎簇生，近圆柱状。鳞茎外皮暗黄色至黄褐色，破裂成纤维状，呈网状或近网状。

（2）茎：植株高 15~30cm。

（3）叶：条形，扁平，实心，比花葶短，宽 1.5~8.0mm，边缘平滑。

（4）花：花葶圆柱状，常具 2 条纵棱，高 25~60cm，下部被叶鞘。伞形花序半球状或近球状，具多但较稀疏的花。小花梗近等长，比花被片长 2~4 倍。花白色。花被片常具绿色或黄绿色的中脉。花丝等长，为花被片长度的 2/3~4/5，基部合生并与花被片贴生。子房倒圆锥状球形，具 3 条圆棱，外壁具细的疣状突起。

生物学特性：花果期 7—9 月。

分布：原产于亚洲东南部。

保健功效：食用型保健植物。

园林应用：湿地和旱地草本植物。

六、姜科 Zingiberaceae

姜科具 50 属，1600 种。多年生，稀一年生，陆生，稀附生，草本，常具芳香、匍匐或块状的根状茎，或有时根的末端膨大呈块状。地上茎高大或很矮或无，基部通常具鞘。叶基生或茎生，通常 2 行排列，少数螺旋状排列。叶片较大，常为披针形或椭圆形，有多数致密、平行的羽状脉自中脉斜出。有叶柄或无。具有闭合或不闭合的叶鞘，叶鞘的顶端有明显的叶舌。花单生或组成穗状、总状或圆锥状花序，生于具叶的茎上或单独由根茎发出，而生于花葶上。花两性，稀杂性，两侧对称，具苞片。花被片 6 片，2 轮，外轮萼状，通常合生成管，一侧开裂及顶端齿裂，内轮花冠状，基部合生成管状，上部具 3 片裂片，通常位于后方的一片花被裂片较两侧大。退化雄蕊 2 枚或 4 枚，其中外轮的 2 枚称侧生退化雄蕊，呈花瓣状，齿状或不存在，内轮的 2 枚联合成一唇瓣，极稀无；发育雄蕊 1 枚，花丝具槽，花药 2 室，具药隔附属体或无。子房下位，3 室，中轴胎座，或 1 室，侧膜胎座，稀基生胎座。胚珠通常多个，倒生或弯生。花柱 1 个，丝状，通常经发育雄蕊花丝的槽中由花药室之间穿出。柱头漏斗状，具缘毛。子房顶部有 2 个形状各式的蜜腺或无蜜腺而代之以陷入子房的隔膜腺。果为室背开裂或不规则开裂的蒴果，或肉质不开裂，呈浆果状。种子圆形或有棱角，有假种皮，胚直，胚乳丰富，白色，坚硬或粉状。

1. 姜 *Zingiber officinale* Roscoe

中文异名：生姜

英文名：ginger, ginger root, garden ginger

分类地位：植物界（Plantae）

被子植物门（Angiosperms）

单子叶植物纲（Monocotyledoneae）

姜目（Zingiberales）

姜科（Zingiberaceae）

姜属（*Zingiber* Mill.）

姜（*Zingiber officinale* Roscoe）

形态学特征：多年生草本。

（1）根：根茎肥厚，多分枝，有芳香及辛辣味。

（2）茎：短缩。植株高 0.5~1.0m。

（3）叶：披针形或线状披针形，长 15~30cm，宽 2.0~2.5cm，无毛，无柄。叶舌膜质，长 2~4mm。总花梗长达 25cm。

（4）花：穗状花序球果状，长 4~5cm。花萼管长 0.7~1.0cm。花冠黄绿色，管长 2.0~2.5cm，裂片披针形，长不及 2cm。雄蕊暗紫色，花药长 7~9mm，药隔附属体钻状，长 5~7mm。

生物学特性：花期秋季。

分布：栽培作物。

保健功效：食用型保健植物。

园林应用：湿地和旱地草本植物。

七、唇形科 Lamiaceae

1. 紫苏 *Perilla frutescens* (Linn.) Britton

中文异名：白苏、桂荏、荏子、赤苏、红苏

英文名：perilla, basil, perilla mint, Chinese basil, wild basil

分类地位：植物界（Plantae）

被子植物门（Angiosperms）

双子叶植物纲（Dicotyledoneae）

唇形目（Lamiales）

唇形科（Lamiaceae）

紫苏属（*Perilla* Linn.）

紫苏（*Perilla frutescens* (Linn.) Britton）

形态学特征：一年生草本。

（1）茎：直立，钝四棱形，具4槽，紫色、绿紫色或绿色，有长柔毛，棱与节上较密。植株高30~50cm。

（2）叶：单叶对生，宽卵形或圆卵形，长4~21cm，宽2.5~16.0cm，先端急尖、渐尖或尾状尖，基部圆形或宽楔形，边缘具粗锯齿。两面绿色或紫色，或仅下面紫色，上面被疏柔毛，下面有贴生柔毛。侧脉7~8对。叶柄长2.5~12.0cm，密被长柔毛。

（3）花：轮伞花序2朵花，组成偏向一侧的顶生和腋生假总状花序，长2~15cm。每朵花有1片苞片，苞片卵圆形或近圆形，径4mm，先端急尖，具腺点。花梗长1.5mm，密被微柔毛。花萼钟状，长3mm，果期增大，长达11mm，萼筒外密生长柔毛，并杂有黄色腺点。萼檐二唇形，上唇宽大，萼齿近三角形，下唇稍长。花冠长3~4mm，二唇形，紫红色至白色，上唇微凹，外面略有微柔毛。花冠筒短，冠檐近二唇形。雄蕊不外伸，前对稍长。柱头2裂。

（4）果实：小坚果三棱状球形，径1.5~2.8mm，棕褐色或灰白色，有网纹。

生物学特性：花果期7—11月。生于路边、低山疏林下或林缘。

分布：中国各地有栽培或野生。日本、朝鲜、印度尼西亚、不丹、印度等也有分布。

保健功效：食用型保健植物。

园林应用：花境植物。

八、葫芦科 Cucurbitaceae

葫芦科具98属，975种。主要分布于热带和亚热带地区。不耐霜冻。绝大多数为一年生藤本。多数具黄色或白色的大花。茎毛状，五角形。卷须与叶柄呈90°角。单叶互生，掌状分裂或掌状复叶。雌雄同株或异株。子房下位。浆果称瓠果。

1. 苦瓜 *Momordica charantia* Linn.

中文异名：凉瓜

英文名：bitter melon, bitter gourd, bitter squash, balsam-pear

分类地位：植物界（Plantae）

　　　　　　被子植物门（Angiosperms）

　　　　　　　双子叶植物纲（Dicotyledoneae）

　　　　　　　　葫芦目（Cucurbitales）

　　　　　　　　葫芦科（Cucurbitaceae）

　　　　　　　　　苦瓜属（*Momordica* Linn.）

　　　　　　　　　苦瓜（*Momordica charantia* Linn.）

形态学特征：一年生攀缘状柔弱草本。

（1）茎：多分枝，茎、枝被柔毛。卷须纤细，长达20cm，具微柔毛，不分歧。

（2）叶：轮廓卵状肾形或近圆形，膜质，长、宽均为4~12cm，叶面绿色，叶背淡绿色，5~7深裂，裂片卵状长圆形，边缘具粗齿或有不规则小裂片，先端多半钝圆形，稀急尖，基部弯缺半圆形，叶脉掌状。叶柄细，初时被白色柔毛，后变近无毛，长4~6cm。

（3）花：雌雄同株。雄花：单生于叶腋；花梗纤细，被微柔毛，长3~7cm；花萼裂片卵状披针形，长4~6mm，宽2~3mm，急尖；花冠黄色，裂片倒卵形，先端钝，急尖或微凹，长1.5~2.0cm，宽0.8~1.2cm；雄蕊3枚，离生。雌花：单生，长10~12cm；子房纺锤形，密生瘤状突起；

柱头 3 个，2 裂。

（4）果实：纺锤形或圆柱形，多有瘤状突起，长 10~20cm，成熟后橙黄色。

（5）种子：多数，长圆形，具红色假种皮，长 1.5~2.0cm，宽 1.0~1.5cm。

生物学特性：花果期 5—10 月。

分布：原产于印度。

保健功效：食用型保健植物。

园林应用：花境植物。

九、柳叶菜科 Onagraceae

柳叶菜科具 2 个亚科，即柳叶菜亚科（Onagroideae）和丁香蓼亚科（Ludwi-gioideae）。共 17 属，650 余种。一年生或多年生草本，有时为半灌木或灌木，稀为小乔木，有的为水生草本。叶互生或对生。托叶小或不存在。花两性，稀单性，辐射对称或两侧对称，单生于叶腋或排成顶生的穗状花序、总状花序或圆锥状花序。花通常 4 基数，稀 2 基数或 5 基数。花管（由花萼、花冠，有时还有花丝之下部合生而成）存在或不存在。萼片 2~4 片或 5 片。花瓣 0~4 片或 5 片，在芽时常旋转或覆瓦状排列，脱落。雄蕊 2~4 枚，或 8 枚或 10 枚，排成 2 轮。花药"丁"字形着生，稀基部着生。花粉单一，或为四分体，花粉粒间以黏丝连接。子房下位，1~5 室，每室有少数或多数胚珠。中轴胎座。花柱 1 个。柱头头状、棍棒状或具裂片。果为蒴果，室背开裂、室间开裂或不开裂，有时为浆果或坚果。种子多数或少数，稀 1 粒。无胚乳。

1. 月见草 *Oenothera biennis* Linn.

中文异名：夜来香、山芝麻

英文名：common evening-primrose, evening star, sun drop, weedy evening primrose

分类地位：植物界（Plantae）

被子植物门（Angiosperms）

双子叶植物纲（Dicotyledoneae）

桃金娘目（Myrtales）

柳叶菜科（Onagraceae）

月见草属（*Oenothera* Linn.）

月见草（*Oenothera biennis* Linn.）

形态学特征：二年生粗壮草本。

（1）茎：直立，不分枝或分枝。植株高 50~200cm。

（2）叶：基生叶莲座状，倒披针形，长 10~25cm，宽 2~4.5cm，先端锐尖，基部楔形，边缘疏生不整齐的浅钝齿，侧脉每侧 12~15 条，柄长 1.5~3cm。茎生叶椭圆形至倒披针形，长 7~20cm，宽 1~5cm，先端锐尖至短渐尖，基部楔形，边缘具稀疏钝齿，侧脉每侧 6~12 条，柄长 0~15mm。

（3）花：花序穗状。花管长 2.5~3.5cm，径 1.0~1.2mm。萼片绿色，有时带红色，长圆状披针形，长 1.8~2.2cm，下部宽大处 4~5mm，先端骤缩成尾状，长 3~4mm。花瓣黄色，宽倒卵形，长 2.5~3.0cm，宽 2.0~2.8cm，先端微凹缺。花丝近等长，长 10~18mm。花药长 8~10mm。子房绿色，圆柱状，具 4 棱，长 1.0~1.2cm。花柱长 3.5~5.0cm，伸出花管部分长 0.7~1.5cm。

（4）果实：蒴果锥状圆柱形，向上变狭，长 2.0~3.5cm，径 4~5mm，直立。

（5）种子：暗褐色，长 1.0~1.5mm，径 0.5~1.0mm，具棱角。

生物学特性：耐旱，耐贫瘠。常生于开旷荒坡路旁。

分布：原产于北美洲。

保健功效：夜间开花，可应用于夜花园。

园林应用：观赏花卉。常植于绿地、河畔等。

2. 粉花月见草 *Oenothera rosea* L'Hér. ex Aiton

英文名：rose evening primrose, pink evening primrose, rose of Mexico

分类地位：植物界（Plantae）

被子植物门（Angiosperms）

双子叶植物纲（Dicotyledoneae）

桃金娘目（Myrtales）

柳叶菜科（Onagraceae）

月见草属（*Oenothera* Linn.）

粉花月见草（*Oenothera rosea* L'Hér. ex

Aiton）

形态学特征：宿根草本。外来植物。

（1）根：根木质化，具粗大主根，径达 1.5cm。

（2）茎：丛生，匍匐上升，多分枝，近无毛，幼枝被曲柔毛。植株高 30~50cm。

（3）叶：基生叶紧贴地面，多数，倒披针形，长 1.5~4.0cm，宽 1.0~1.5cm，先端锐尖或钝圆，自中部渐狭或骤狭，并不规则羽状深裂下延至柄，柄淡紫红色，长 0.5~1.5cm，开花期基生叶枯萎。茎生叶互生，灰绿色，披针形或长圆状卵形，长 3~6cm，宽 1.0~2.2cm，先端下部的钝状锐尖，中上部的锐尖至渐尖，基部宽楔形并骤缩下延至柄，边缘具齿突，基部细羽状裂，侧脉 6~8 对，两面被曲柔毛，柄长 1~2cm。

（4）花：单生于茎、枝顶部叶腋。花蕾绿色，锥状圆柱形，长 1.5~2.2cm，顶端萼齿紧缩成喙。花管淡红色，长 5~8mm，被曲柔毛。萼片 4 片，披针形，长 6~9mm，宽 2.0~2.5mm，绿色，带红色，先端萼齿长 1~1.5mm，背面被曲柔毛，开花期反折再向上翻。花瓣近圆形或宽倒卵形，长 6~9mm，宽 3~4mm，先端钝圆，具 4~5 对羽状脉，粉红至紫红色。雄蕊 8 枚，花丝白色至淡紫红色，长 5~7mm。花药粉红色至黄色，长圆状线形，长 3mm，背着，侧向纵裂。子房花期狭椭圆状，具 4 棱，连同花梗长 7mm，上部宽 2mm，密被曲柔毛。花柱白色，长 8~12mm，伸出花管部分长 4~5mm。柱头红色，4 裂，裂片线形，围以花药，裂片长 2mm，花粉直接授在裂片上。

（5）果实：蒴果棒状，长 8~10mm，宽 3~4mm，具 4 条纵翅，4 室，室背开裂，翅间具棱，顶端具短喙。果梗长 6~12mm。每室多数，近横向簇生。

（6）种子：长圆状倒卵形，长 0.7~0.9mm，径 0.3~0.5mm，光滑。

生物学特性：花期 4—11 月，果期 9—12 月。

分布：原产于美国得克萨斯州南部至墨西哥，在美国西南部及中美洲、南美洲暖温带的山地也有发现。

保健功效：夜间开花，可用于夜花园。

园林应用：用作花境植物。

十、伞形科 Apiaceae

1. 茴香 *Foeniculum vulgare* Mill.

中文异名：小茴香

英文名：fennel

分类地位：植物界（Plantae）

  被子植物门（Angiosperms）

  双子叶植物纲（Dicotyledoneae）

  伞形目（Apiales）

  伞形科（Apiaceae）

  茴香属（*Foeniculum* Mill.）

  茴香（*Foeniculum vulgare* Mill.）

形态学特征：多年生草本。

（1）茎：直立，光滑，灰绿色或苍白色，多分枝。植株高 0.4~2.0m。

（2）叶：轮廓为阔三角形，长 4~30cm，宽 5~40cm。四回或五回羽状全裂，末回裂片线形，长 1~6cm，宽 0.5~1.0mm。下部茎生叶柄长 5~15cm，中部或上部叶柄部分或全部成鞘状，叶鞘边缘膜质。

（3）花：复伞形花序顶生与侧生，花序梗长 2~25cm。伞辐 6~29 条，不等长，长 1.5~10.0cm。小伞形花序有花 14~39 朵。花柄纤细，不等长。无萼齿。花瓣黄色，倒卵形或近倒卵圆形，长 0.5~1.0mm，先端有内折的小舌片，中脉 1 条。花丝略长于花瓣，花药卵圆形，淡黄色。花柱基圆锥形，花柱极短，向外叉开或贴伏在花柱基上。

（4）果实：长圆形，长 4~6mm，宽 1.5~2.0mm，主棱 5 条，尖锐。每棱槽内有油管 1 个，合生面油管 2 个。

（5）种子：胚乳腹面近平直或微凹。

生物学特性：花期 5—6 月，果期 7 – 9 月。

分布：原产于地中海地区。

保健功效：芳香植物。具杀菌、防止呼吸道感染、开胃消食等功效。嫩叶可作蔬菜食用或作调味用。果实入药，有祛痰、散寒、健胃和止痛之效。

园林应用：园林地被植物。

十一、锦葵科 Malvaceae

锦葵科具 244 属，4225 种。大多数为草本和灌木，一些为乔木和藤本。茎常具粗刺。单叶轮生，螺旋状，具叶柄；掌状分裂或掌状复叶，常具掌状脉、网状脉；常具托叶；具水孔或无；具黏液表皮，或无；两面具不规则气孔；具腺体毛或无腺体毛；有分泌腔或无。花常两性，稀雌雄异株或杂性。花单生，或集聚成聚伞花序。常无隐头花序。下位花无花盘。果实肉质或非肉质，或为分裂果。分果瓣 1~100 瓣，具毛囊或小坚果。也可为蒴果，或为浆果。蒴果室背开裂。种子富含胚乳，具毛或无毛。子叶 2 片。胚常弯曲。胚孔锯齿形。

1. 梧桐 *Firmiana simplex* (Linn.) W. Wight

英文名：Chinese parasol tree, Chinese parasoltree

分类地位：植物界（Plantae）

被子植物门（Angiosperms）

双子叶植物纲（Dicotyledoneae）

锦葵目（Malvales）

锦葵科（Malvaceae）

梧桐属（*Firmiana* Marsili.）

梧桐（*Firmiana simplex* (Linn.) W. Wight）

形态学特征：落叶乔木。

（1）茎：树皮青绿色，平滑。植株高 10~20m。

（2）叶：心形，掌状 3~5 裂，径 15~30cm，裂片三角形，顶端渐尖，基部心形，基生脉 7 条。叶柄与叶片等长。

（3）花：圆锥花序顶生，长 20~50cm，下部分枝长达 12cm。花淡黄绿色。萼 5 深裂，几达基部，萼片条形，向外卷曲，长 7~9mm。花梗与花几等长。雄花的雌雄蕊柄与萼等长，下半部较粗，花药 15 个，不规则地聚集在雌雄蕊柄的顶端，退化子房梨形，小。雌花的子房圆球形，被毛。

（4）果实：蓇葖果膜质，有柄，成熟前开裂成叶状，长 6~11cm，宽 1.5~2.5cm。每个蓇葖果有种子 2~4 粒。

（5）种子：圆球形，表面有皱纹，径 5~7mm。

生物学特性：花期 6 月，果期 11 月。

分布：原产于亚洲。中国南北各地有分布。

保健功效：听觉型园林保健植物。

园林应用：庭院观赏树木或行道树。

十二、美人蕉科　Cannaceae

1. 美人蕉 *Canna indica* Linn.

中文异名：红艳蕉、小花美人蕉、小芭蕉

英文名：Indian shot, African arrowroot, edible canna, purple arrowroot, Sierra Leone arrowroot

分类地位：植物界（Plantae）

被子植物门（Angiosperms）

单子叶植物纲（Monocotyledoneae）

姜目（Zingiberales）

美人蕉科（Cannaceae）

美人蕉属（*Canna* Linn.）

美人蕉（*Canna indica* Linn.）

形态学特征：植株全部绿色，植株无毛。

（1）根：有粗壮的根状茎。

（2）茎：植株高可达 1.5m。

（3）叶：卵状长圆形，长 10~30cm，宽达 10cm。

（4）花：总状花序疏花，略超出于叶片之上。花红色，单生。苞片卵形，绿色，长 1.0~1.2cm。萼片 3 片，披针形，长 0.7~1.0cm，绿色而有时染红。花冠管长不及 1cm，花冠裂片披针形，长 3.0~3.5cm，绿色或红色。外轮退化雄蕊 3 枚，鲜红色，其中 2 枚倒披针形，长 3.5~4.0cm，宽 5~7mm，另 1 枚如存在则特别小，长 1.5cm，宽仅 1mm。唇瓣披针形，长 2~3cm，弯曲。发育雄蕊长 2.0~2.5cm，花药长 5~6mm。花柱扁平，长 2~3cm，1/2 和发育雄蕊的花丝连合。

（5）果实：蒴果绿色，长卵形，有软刺，长 1.2~1.8cm。

生物学特性：花果期 3—12 月。

分布：原产于印度。

保健功效：听觉型园林保健植物。

园林应用：观赏草本植物。

十三、十字花科 Cruciferae

1. 荠 *Capsella bursa-pastoris* (Linn.) Medic.

中文异名：荠菜

英文名：shepherd's purse

分类地位：植物界（Plantae）

被子植物门（Angiosperms）

双子叶植物纲（Dicotyledoneae）

十字花目（Brassicales）

十字花科（Cruciferae）

荠属（*Capsella* Medic.）

荠（*Capsella bursa-pastoris* (Linn.) Medic.）

形态学特征：一年生或二年生草本。

（1）茎：直立，绿色，单一或基部分枝，具白色单一、叉状分枝或星状细茸毛。植株高 10~50cm。

（2）叶：基生叶丛生，平铺地面，莲座状，大头羽状分裂、深裂或不整齐羽裂，有时不分裂，长 2~8cm，宽 0.5~2.5cm，顶端裂片大，侧裂片 3~8 对，长三角状长圆形或卵形，向前倾斜，柄有狭翅。茎生叶片长圆形或披针形，长 1.0~3.5cm，宽 2~7mm，先端钝尖，基部箭形，抱茎，边缘具疏锯齿或近全缘。

（3）花：总状花序顶生和腋生，花后伸长可达 20cm。花小。萼片长卵形，膜质，近直立，长 1~2mm。花瓣白色，倒卵形，有短瓣柄。

（4）果实：短角果倒三角状心形，扁平，长 5~8mm，宽 4~6mm，果瓣无毛，具显著网纹，熟时开裂。内含种子多粒。

（5）种子：长椭圆形，长 1mm，淡褐色，表面具细小凹点。

生物学特性：花期 3—4 月，果期 6—7 月。

分布：广布于世界温暖地区。

保健功效：具冷血止血、清热利尿等功效。

园林应用：地被植物。

十四、车前科 Plantaginaceae

车前科具 94 属，1900 余种。以前的分类法仅含 3 个属，即 *Bougueria* Decne，*Littorella* (Linn.) Asch. 和车前属（*Plantago* Linn.），中国只有车前属。APG 分类系统将原属于玄参科（Scrophulariaceae）的一些属划入车前科，又将杉叶藻科（Hippuridaceae）和肾药花科或球花科（Globulariaceae）并入本科。

车前科植物在世界广布，主要分布于温带地区。常为草本、灌木，也含水生植物。叶螺旋状至对生，单叶至复叶。花序和花形态变化大。花 4 基数，或花萼 5 片，也有 5~8 基数。多数属的花为多对称性。花冠常二唇形。一些种的雄蕊较花冠形成早。蒴果，室间开裂。

1. 车前 *Plantago asiatica* Linn.

中文异名：车轮菜、车前子、车轱辘菜

英文名：Asiatic plantain

分类地位：植物界（Plantae）

被子植物门（Angiosperms）

双子叶植物纲（Dicotyledoneae）

唇形目（Lamiales）

车前科（Plantaginaceae）

车前属（*Plantago* Linn.）

车前（*Plantago asiatica* Linn.）

形态学特征：多年生草本。

（1）根：根茎短而肥厚，须根多数，簇生。

（2）茎：植株高 20~60cm。

（3）叶：基生，外展，卵形或宽卵形，长 4~12cm，宽 4~9cm，先端圆钝，基部楔形，边缘近全缘或有波状浅齿。两面无毛或有短柔毛，具弧形脉 5~7 条。叶柄长 5~10cm，基部扩大成鞘。

（4）花：穗状花序细圆柱形，多数小花密集着生或不紧密，长 20~30cm。小花的花梗极短或无。花序梗直立，长 20~50cm。苞片宽三角形，比萼片短。萼片革质。苞片和萼片均有绿色的龙骨状突起。花冠合瓣，4 浅裂，白色或浅绿色，裂片三角状长圆形，长 1mm。雄蕊 4 枚，着生于花筒内，与花冠裂片互生，花药"丁"字形。

（5）果实：蒴果卵形或纺锤形，果皮膜质，熟时近中部周裂，基部有不脱落的花萼。内有种子 4~8 粒。

（6）种子：卵形或椭圆状多角形，先端钝圆，基部截形，背面隆起，腹面平，中部具椭圆形种脐，长 1.2~1.7mm，宽 0.5~1.0mm，深棕褐色至黑色，表面具皱纹状小突起，无光泽。

生物学特性：春季出苗，花果期 4—9 月。

分布：原产于亚洲东部。

保健功效：具清热祛湿、利水通淋等功效。

园林应用：地被植物。

参考文献：

[1] Angiosperm Phylogeny Group. An update of the Angiosperm Phylogeny Group classification for the orders and families of flowering plants: APG Ⅲ. Botanical Journal of the Linnean Society, 2009, 161 (2): 105-121.

[2] Ronald K H, Paul J K, Mia M, et al. Broughton. Molecular systematics and biogeography of the amphibious genus Littorella (Plantaginaceae). American Journal of Botany, 2003, 90 (3): 429-435.

[3] Albach D C, Meudt H M, Oxelman B. Piecing together the "new" Plantaginaceae. American Journal of Botany, 2005, 92 (2): 297-315.

十五、棕榈科 Palmae

1. 棕榈 *Trachycarpus fortunei* (Hook.) H. Wendl.

中文异名：棕树

英文名：Chinese windmill palm, windmill palm

分类地位：植物界（Plantae）

　　　　　　被子植物门（Angiosperms）

　　　　　　　单子叶植物纲（Monocotyledoneae）

　　　　　　　　槟榔目（Arecales）

　　　　　　　　棕榈科（Palmae）

　　　　　　　　　棕榈属（*Trachycarpus* H. Wendl.）

　　　　　　　　　　棕榈（*Trachycarpus fortunei* (Hook.) H. Wendl.）

形态学特征：乔木状。

（1）茎：树干圆柱形，被老叶柄基部和密集的网状纤维，不能自行脱落，裸露树干径 10~15cm 或更粗。植株高 3~10m 或更高。

（2）叶：轮廓呈圆形，深裂成 30~50 片具皱褶的线状剑形，裂片长 60~70cm，宽 2.5~4.0cm，裂片先端具 2 短裂或 2 个齿，硬挺，顶端

下垂。柄长 75~80cm，两侧具细圆齿，顶端有明显的戟突。

（3）花：花序从叶腋抽出，多次分枝。雌雄异株。雄花序长 30~40cm，具 2~3 个分枝花序，下部的分枝花序长 15~17cm，常二回分枝。雄花无梗，2~3 朵集生于小穗轴，或单生，黄绿色，卵球形，具 3 条钝棱，花萼 3 片，卵状急尖，花冠 2 倍长于花萼，花瓣阔卵形，雄蕊 6 枚，花药卵状箭头形。雌花序长 80~90cm，花序梗长 35~40cm，其上有 3 个佛焰苞包着，具 4~5 个圆锥状的分枝花序，下部的分枝花序长 30~35cm，二回或三回分枝。雌花淡绿色，常 2~3 朵聚生，无梗，球形，生于短瘤突上，萼片阔卵形，3 裂，基部合生，花瓣卵状近圆形，比萼片长 1/3，退化雄蕊 6 枚，心皮被银色毛。

（4）果实：阔肾形，有脐，宽 11~12mm，高 7~9mm，成熟时由黄色变为淡蓝色，有白粉，柱头残留在侧面附近。

（5）种子：胚乳均匀，角质，胚侧生。

生物学特性：花期 4 月，果期 12 月。

分布：中国秦岭和长江以南地区有分布。印度、尼泊尔、不丹、缅甸和越南也有分布。

保健功效：具杀灭细菌、消除二氧化硫等功效。阻滞尘埃，清洁空气。

园林应用：庭院观赏树种，也可作行道树。

附　　录

附录1　视觉型园林保健植物

植物名	科属	观赏部位	保健功效	重点适宜人群
乔木类				
银杏	银杏科银杏属	叶、种子、植株	杀菌、抑菌	各类人群
南方红豆杉	红豆杉科红豆杉属	种子、植株	杀菌、抑菌	各类人群
香榧	红豆杉科榧树属	种子、植株	杀菌、抑菌	成人、老年人
金钱松	松科金钱松属	种子、叶、植株	杀菌、抑菌	成人、老年人
水杉	杉科水杉属	树干、植株	杀菌、抑菌	成人、老年人
柏木	柏科柏木属	树干、植株	芳香植物	老年人
江南油杉	松科油杉属	树干、种子、植株	杀菌、抑菌	成人、老年人
日本冷杉	松科冷杉属	树干、叶、种子、植株	杀菌、抑菌	成人、老年人
南洋杉	南洋杉科南洋杉属	叶、植株	杀菌、抑菌	成人、老年人
雪松	松科雪松属	树干、种子、植株	杀菌、抑菌	成人、老年人
日本五针松	松科松属	种子、植株	杀菌、抑菌	成人、老年人
马尾松	松科松属	树干、种子、植株	杀菌、抑菌	成人、老年人
黑松	松科松属	树干、种子、植株	杀菌、抑菌	成人、老年人
湿地松	松科松属	树干、种子、植株	杀菌、抑菌	成人、老年人
赤松	松科松属	树干、种子、植株	杀菌、抑菌	成人、老年人
侧柏	柏科侧柏属	树干、植株	杀菌、抑菌	成人、老年人
日本扁柏	柏科扁柏属	树干、植株	杀菌、抑菌	成人、老年人
圆柏	柏科圆柏属	树干、植株	杀菌、抑菌	成人、老年人
龙柏	柏科圆柏属	树干、植株	杀菌、抑菌	成人、老年人

续 表

植物名	科属	观赏部位	保健功效	重点适宜人群
刺柏	柏科刺柏属	树干、植株	杀菌、抑菌	成人、老年人
竹柏	罗汉松科竹柏属	树干、植株	杀菌、抑菌	成人、老年人
罗汉松	罗汉松科罗汉松属	树干、植株	杀菌、抑菌	成人、老年人
凹叶厚朴	木兰科木兰属	花、聚合果	芳香植物	各类人群
鹅掌楸	木兰科鹅掌楸属	叶、花、聚合果	芳香植物	各类人群
峨眉含笑	木兰科含笑属	叶、花、聚合果	芳香植物	各类人群
乐东拟单性木兰	木兰科拟单性木兰属	花、聚合果	芳香植物	各类人群
红毒茴	木兰科八角属	花、菁葖果	杀菌、抑菌	成人、老年人
木莲	木兰科木莲属	花、聚合果	芳香植物	各类人群
红花木莲	木兰科木莲属	花、聚合果	芳香植物	各类人群
荷花玉兰	木兰科木兰属	花、聚合果	芳香植物	成人、老年人
天目木兰	木兰科木兰属	花、聚合果	芳香植物	各类人群
二乔木兰	木兰科木兰属	花、聚合果	芳香植物	各类人群
紫玉兰	木兰科玉兰属	花、聚合果	芳香植物	各类人群
玉兰	木兰科玉兰属	花、聚合果	芳香植物	各类人群
望春玉兰	木兰科玉兰属	花、聚合果	芳香植物	各类人群
飞黄玉兰	木兰科玉兰属	花	芳香植物	各类人群
白兰	木兰科玉兰属	花、聚合果	芳香植物	各类人群
野含笑	木兰科含笑属	花、聚合果	芳香植物	各类人群
乐昌含笑	木兰科含笑属	花、聚合果	芳香植物	各类人群
深山含笑	木兰科含笑属	花、聚合果	芳香植物	各类人群
醉香含笑	木兰科含笑属	花、聚合果	芳香植物	各类人群
杂交马褂木	木兰科鹅掌楸属	叶、花、聚合果	芳香植物	各类人群
夏蜡梅	蜡梅科夏蜡梅属	花	特色植物	各类人群
蜡梅	蜡梅科蜡梅属	花、果	芳香植物	各类人群
响叶杨	杨柳科杨属	树干、枝叶、果	杀菌、抑菌	成人、老年人
杨梅	杨梅科杨梅属	核果	杀菌、抑菌	各类人群
樟	樟科樟属	树干、枝叶、花、果	芳香植物	成人、老年人
天竺桂	樟科樟属	树干、枝叶、花、果	芳香植物	成人、老年人

植物名	科属	观赏部位	保健功效	重点适宜人群
浙江樟	樟科樟属	树干、果、植株	杀菌、抑菌	成人、老年人
浙江楠	樟科楠属	树干、植株	杀菌、抑菌	成人、老年人
紫楠	樟科楠属	树干、果、植株	杀菌、抑菌	成人、老年人
红楠	樟科润楠属	树干、果、植株	杀菌、抑菌	成人、老年人
山鸡椒	樟科木姜子属	树干、果、植株	芳香植物	成人、老年人
月桂	樟科月桂属	树干、果、植株	杀菌、抑菌	成人、老年人
乌药	樟科山胡椒属	树干、果、植株	杀菌、抑菌	成人、老年人
山胡椒	樟科山胡椒属	树干、果、植株	杀菌、抑菌	成人、老年人
刨花润楠	樟科润楠属	树干、果、植株	杀菌、抑菌	成人、老年人
薄叶润楠	樟科润楠属	树干、果、植株	杀菌、抑菌	成人、老年人
檫木	樟科檫木属	树干、果、植株	杀菌、抑菌	成人、老年人
海滨木槿	锦葵科木槿属	花	杀菌、抑菌	各类人群
喜树	蓝果树科喜树属	树干、花、果、植株	杀菌、抑菌	各类人群
秤锤树	安息香科秤锤树属	花、果	芳香植物	各类人群
豆梨	蔷薇科梨属	花、果	芳香植物	各类人群
杜仲	杜仲科杜仲属	果	观赏植物	成人、老年人
山楂	蔷薇科山楂属	花、果	观赏植物	各类人群
石楠	蔷薇科石楠属	花、果、植株	观赏植物	各类人群
椤木石楠	蔷薇科石楠属	花、果、植株	观赏植物	成人、老年人
光叶石楠	蔷薇科石楠属	花、果、植株	观赏植物	成人、老年人
小叶石楠	蔷薇科石楠属	花、果、植株	观赏植物	成人、老年人
枇杷	蔷薇科枇杷属	花、果、植株	观赏植物	成人、老年人
木瓜	蔷薇科木瓜属	树干、花、果、植株	观赏植物	各类人群
皱皮木瓜	蔷薇科木瓜属	花、果、植株	观赏植物	各类人群
沙梨	蔷薇科梨属	花、果	观赏植物	各类人群
湖北海棠	蔷薇科苹果属	花、果	观赏植物	各类人群
垂丝海棠	蔷薇科苹果属	花、果	观赏植物	各类人群
海棠花	蔷薇科苹果属	花、果	观赏植物	各类人群
西府海棠	蔷薇科苹果属	花、果	观赏植物	各类人群

续　表

植物名	科属	观赏部位	保健功效	重点适宜人群
杏	蔷薇科杏属	树干、花、果、植株	观赏植物	各类人群
梅	蔷薇科李属	花、果	观赏植物	各类人群
迎春樱桃	蔷薇科李属	花、果	观赏植物	各类人群
樱桃	蔷薇科李属	花、果	观赏植物	各类人群
东京樱花	蔷薇科李属	花、果	观赏植物	各类人群
山樱	蔷薇科李属	花、果	观赏植物	各类人群
日本晚樱	蔷薇科李属	花、果	观赏植物	各类人群
合欢	豆科合欢属	花、果、植株	观赏植物	成人
枳	芸香科柑橘属	花、果、植株	观赏植物	成人、老年人
佛手	芸香科柑橘属	花、果、植株	观赏植物	各类人群
柚	芸香科柑橘属	花、果、植株	观赏植物	各类人群
柑橘	芸香科柑橘属	花、果、植株	观赏植物	各类人群
楝	楝科楝属	树干、花、果、植株	观赏植物	成人、老年人
浙江红山茶	山茶科山茶属	花、植株	观赏植物	各类人群
油茶	山茶科山茶属	花、果、种子、植株	观赏植物	各类人群
茶梅	山茶科山茶属	花、果	观赏植物	各类人群
秀丽四照花	山茱萸科山茱萸属	花、果、植株	观赏植物	各类人群
木樨	木樨科木樨属	花	观赏植物	各类人群
丹桂	木樨科木樨属	花	观赏植物	各类人群
金桂	木樨科木樨属	花	观赏植物	各类人群
银桂	木樨科木樨属	花	观赏植物	各类人群
珊瑚树	五福花科荚蒾属	花、果、植株	观赏植物	各类人群
灌木类				
含笑花	木兰科含笑属	花、聚合果	芳香植物	各类人群
薜荔	桑科榕属	果	杀菌、抑菌	各类人群
绣球	虎耳草科绣球属	花	观赏植物	各类人群
海桐	海桐花科海桐花属	花、果	芳香植物	各类人群
麦李	蔷薇科李属	花	观赏植物	各类人群
野山楂	蔷薇科山楂属	花、果	观赏植物	各类人群

植物名	科属	观赏部位	保健功效	重点适宜人群
单瓣李叶绣线菊	蔷薇科绣线菊属	花	观赏植物	各类人群
火棘	蔷薇科火棘属	花、果	观赏植物	各类人群
红叶石楠	蔷薇科石楠属	花、果、植株	观赏植物	成人、老年人
厚叶石斑木	蔷薇科石斑木属	花、果、植株	观赏植物	各类人群
日本木瓜	蔷薇科木瓜属	花、果、植株	观赏植物	各类人群
金樱子	蔷薇科蔷薇属	花、果	观赏植物	成人、老年人
月季花	蔷薇科蔷薇属	花、果	观赏植物	成人、老年人
紫荆	豆科紫荆属	花、果	观赏植物	儿童、成人
金橘	芸香科柑橘属	花、果、植株	观赏植物	各类人群
米仔兰	楝科米兰属	花、果、植株	观赏植物	各类人群
铁海棠	大戟科大戟属	花	观赏植物	成人、老年人
朱槿	锦葵科木槿属	花	观赏植物	各类人群
木芙蓉	锦葵科木槿属	花	观赏植物	各类人群
重瓣芙蓉	锦葵科木槿属	花	观赏植物	各类人群
木槿	锦葵科木槿属	花	观赏植物	各类人群
牡丹木槿	锦葵科木槿属	花	观赏植物	各类人群
山茶	山茶科山茶属	花	观赏植物	各类人群
茶	山茶科山茶属	花、果	观赏植物	各类人群
金丝桃	藤黄科金丝桃属	花	观赏植物	各类人群
结香	瑞香科结香属	花	观赏植物	各类人群
紫薇	千屈菜科紫薇属	花、果	观赏植物	各类人群
石榴	千屈菜科石榴属	花、果	观赏植物	各类人群
重瓣石榴	千屈菜科石榴属	花、果	观赏植物	各类人群
鹅掌藤	五加科鹅掌柴属	叶、植株	观赏植物	成人、老年人
花叶青木	丝樱花科桃叶珊瑚属	花	观赏植物	成人、老年人
杜鹃	杜鹃花科杜鹃属	花	观赏植物	各类人群
白花杜鹃	杜鹃花科杜鹃属	花	观赏植物	各类人群
锦绣杜鹃	杜鹃花科杜鹃属	花	观赏植物	各类人群
山矾	山矾科山矾属	花、果	观赏植物	各类人群
金钟花	木樨科连翘属	花	观赏植物	各类人群

续　表

植物名	科属	观赏部位	保健功效	重点适宜人群
日本女贞	木樨科女贞属	花、果、植株	观赏植物	各类人群
金叶女贞	木樨科女贞属	花、果、植株	观赏植物	各类人群
小蜡	木樨科女贞属	花、果、植株	观赏植物	各类人群
探春花	木樨科素馨属	花	观赏植物	各类人群
野迎春	木樨科素馨属	花	观赏植物	各类人群
栀子	茜草科栀子属	花、果	观赏植物	各类人群
玉荷花	茜草科栀子属	花	观赏植物	各类人群
小叶栀子	茜草科栀子属	花、果	观赏植物	各类人群
绣球荚蒾	五福花科荚蒾属	花、果、植株	观赏植物	各类人群
琼花	五福花科荚蒾属	花、果、植株	观赏植物	各类人群
粉团	五福花科荚蒾属	花、植株	观赏植物	各类人群
牡丹	芍药科芍药属	花	观赏植物	各类人群
光叶子花	紫茉莉科叶子花属	花	观赏植物	成人、老年人
藤本类				
藤本月季	蔷薇科蔷薇属	花、果	观赏植物	成人、老年人
紫藤	豆科紫藤属	花、果	观赏植物	各类人群
中华猕猴桃	猕猴桃科猕猴桃属	花、果	观赏植物	各类人群
厚萼凌霄	紫葳科凌霄属	花	观赏植物	各类人群
地被类				
芍药	芍药科芍药属	花	观赏花卉	各类人群
松果菊	菊科松果菊属	花	观赏花卉	各类人群
百合	百合科百合属	花	观赏花卉	各类人群
小萱草	日光花科萱草属	花	观赏花卉	各类人群
地涌金莲	芭蕉科地涌金莲属	花	观赏花卉	各类人群
蝴蝶兰	兰科蝴蝶兰属	花	观赏花卉	各类人群
大花马齿苋	马齿苋科马齿苋属	花	观赏花卉	各类人群
环翅马齿苋	马齿苋科马齿苋属	花	观赏花卉	各类人群
仙客来	报春花科仙客来属	花	观赏花卉	各类人群
广东万年青	天南星科广东万年青属	叶、植株	杀菌、抑菌	成人、老年人
万年青	天南星科万年青属	叶、植株	杀菌、抑菌	成人、老年人

植物名	科属	观赏部位	保健功效	重点适宜人群
蜘蛛抱蛋	天门冬科蜘蛛抱蛋属	叶、植株	杀菌、抑菌	成人、老年人
吊兰	天门冬科吊兰属	花	观赏花卉	成人、老年人
芦荟	日光兰科芦荟属	花	观赏花卉	成人、老年人
君子兰	石蒜科君子兰属	花、植株	观赏花卉	成人、老年人
水仙	石蒜科水仙属	花、植株	观赏花卉	成人、老年人
芭蕉	芭蕉科芭蕉属	花、果	观赏花卉	成人、老年人
水生类				
莲	睡莲科莲属	花、坚果	观赏花卉	各类人群
白睡莲	睡莲科睡莲属	花	观赏花卉	成人、老年人
红睡莲	睡莲科睡莲属	花	观赏花卉	成人、老年人

附录 2 嗅觉型园林保健植物

植物名	科属	嗅觉部位	保健功效	重点适宜人群
乔木类				
柏木	柏科柏木属	枝叶	芳香植物	老年人
日本五针松	松科松属	枝叶	杀菌、抑菌	成人、老年人
马尾松	松科松属	枝叶	杀菌、抑菌	成人、老年人
黑松	松科松属	枝叶	杀菌、抑菌	成人、老年人
湿地松	松科松属	枝叶	杀菌、抑菌	成人、老年人
赤松	松科松属	枝叶	杀菌、抑菌	成人、老年人
侧柏	柏科侧柏属	枝叶	杀菌、抑菌	成人、老年人
日本扁柏	柏科扁柏属	枝叶	杀菌、抑菌	成人、老年人
圆柏	柏科圆柏属	枝叶	杀菌、抑菌	成人、老年人
凹叶厚朴	木兰科木兰属	花	芳香植物	各类人群
鹅掌楸	木兰科鹅掌楸属	花	芳香植物	各类人群
杂交马褂木	木兰科鹅掌楸属	花	芳香植物	各类人群
乐东拟单性木兰	木兰科拟单性木兰属	花	芳香植物	各类人群
木莲	木兰科木莲属	花	芳香植物	各类人群
红花木莲	木兰科木莲属	花	芳香植物	各类人群
荷花玉兰	木兰科木兰属	花	芳香植物	成人、老年人
紫玉兰	木兰科玉兰属	花	芳香植物	各类人群
玉兰	木兰科玉兰属	花	芳香植物	各类人群
天目木兰	木兰科玉兰属	花	芳香植物	各类人群
二乔木兰	木兰科玉兰属	花	芳香植物	各类人群
望春玉兰	木兰科玉兰属	花	芳香植物	各类人群
飞黄玉兰	木兰科玉兰属	花	芳香植物	各类人群
白兰	木兰科玉兰属	花	芳香植物	各类人群
野含笑	木兰科含笑属	花	芳香植物	各类人群
乐昌含笑	木兰科含笑属	花	芳香植物	各类人群
深山含笑	木兰科含笑属	花	芳香植物	各类人群

植物名	科属	嗅觉部位	保健功效	重点适宜人群
醉香含笑	木兰科含笑属	花	芳香植物	各类人群
蜡梅	蜡梅科蜡梅属	花	芳香植物	各类人群
樟	樟科樟属	树干、枝叶、花、果	芳香植物	成人、老年人
天竺桂	樟科樟属	树干、枝叶、花、果	芳香植物	成人、老年人
山鸡椒	樟科木姜子属	树干、果、植株	芳香植物	成人、老年人
秤锤树	安息香科秤锤树属	花、果	芳香植物	各类人群
海桐	海桐花科海桐花属	花、果	芳香植物	各类人群
豆梨	蔷薇科梨属	花、果	芳香植物	各类人群
枇杷	蔷薇科枇杷属	花、果、植株	芳香植物	成人、老年人
沙梨	蔷薇科梨属	花、果	芳香植物	各类人群
木瓜	蔷薇科木瓜属	花	芳香植物	各类人群
皱皮木瓜	蔷薇科木瓜属	花	芳香植物	各类人群
杏	蔷薇科杏属	树干、花、果、植株	芳香植物	各类人群
梅	蔷薇科李属	花	芳香植物	各类人群
枳	芸香科柑橘属	花、果、植株	芳香植物	成人、老年人
佛手	芸香科柑橘属	花、果、植株	芳香植物	各类人群
柚	芸香科柑橘属	花、果、植株	芳香植物	各类人群
柑橘	芸香科柑橘属	花、果、植株	芳香植物	各类人群
楝	楝科楝属	花	芳香植物	成人、老年人
木樨	木樨科木樨属	花	芳香植物	各类人群
丹桂	木樨科木樨属	花	芳香植物	各类人群
金桂	木樨科木樨属	花	芳香植物	各类人群
银桂	木樨科木樨属	花	芳香植物	各类人群
珊瑚树	五福花科荚蒾属	花	观赏植物	各类人群
金边瑞香	瑞香科瑞香属	花	芳香植物	成人、老年人
灌木类				
含笑花	木兰科含笑属	花	芳香植物	各类人群
金樱子	蔷薇科蔷薇属	花	芳香植物	成人、老年人

续　表

植物名	科属	嗅觉部位	保健功效	重点适宜人群
月季花	蔷薇科蔷薇属	花	芳香植物	成人、老年人
金橘	芸香科柑橘属	花、果	芳香植物	各类人群
米仔兰	楝科米兰属	花	芳香植物	各类人群
结香	瑞香科结香属	花	芳香植物	各类人群
栀子	茜草科栀子属	花	芳香植物	各类人群
藤本类				
藤本月季	蔷薇科蔷薇属	花	芳香植物	成人、老年人
紫藤	豆科紫藤属	花、果	芳香植物	各类人群
中华猕猴桃	猕猴桃科猕猴桃属	花	芳香植物	各类人群
地被类				
百合	百合科百合属	花	芳香花卉	各类人群
香叶天竺葵	牻牛儿苗科天竺葵属	花、植株	芳香花卉	成人、老年人
藿香	唇形科藿香属	花	芳香花卉	成人、老年人
万寿菊	菊科万寿菊属	花	芳香花卉	各类人群
孔雀菊	菊科万寿菊属	花	芳香花卉	各类人群
菊花	菊科茼蒿属	花、植株	芳香花卉	各类人群
风信子	天门冬科风信子属	花	芳香花卉	成人、老年人
向日葵	菊科向日葵属	瘦果	食用	各类人群
水生类				
莲	睡莲科莲属	花、坚果	观赏花卉	各类人群
白睡莲	睡莲科睡莲属	花	观赏花卉	成人、老年人
红睡莲	睡莲科睡莲属	花	观赏花卉	成人、老年人

附录3　味觉型园林保健植物

植物名	科属	食用部位	保健功效	重点适宜人群
乔木类				
杨梅	杨梅科杨梅属	核果	食用	各类人群
豆梨	蔷薇科梨属	果	芳香植物、食用	各类人群
桑	桑科桑属	聚花果	食用	各类人群
野山楂	蔷薇科山楂属	果	观赏、食用	各类人群
枇杷	蔷薇科枇杷属	果	食用	成人、老年人
沙梨	蔷薇科梨属	果	观赏植物	各类人群
杏	蔷薇科杏属	果	食用	各类人群
柚	芸香科柑橘属	果	食用	各类人群
柑橘	芸香科柑橘属	果	食用	各类人群
油茶	山茶科山茶属	种子	食用油	各类人群
石榴	千屈菜科石榴属	果	食用	各类人群
灌木类				
含笑花	木兰科含笑属	果	食用	各类人群
金橘	芸香科柑橘属	果	食用	各类人群
茶	山茶科山茶属	叶	饮用	成人、老年人
藤本类				
葡萄	葡萄科葡萄属	果	食用	各类人群
中华猕猴桃	猕猴桃科猕猴桃属	果	食用	各类人群
地被类				
蕉芋	美人蕉科美人蕉属	根茎	食用	各类人群
咖啡黄葵	锦葵科秋葵属	果	食用	各类人群
旱芹	伞形科芹属	嫩茎	食用	各类人群
苦瓜	葫芦科苦瓜属	果	食用	各类人群
栝楼	葫芦科栝楼属	果	食用	各类人群
向日葵	菊科向日葵属	瘦果	食用	各类人群
洋葱	石蒜科葱属	鳞茎	食用	各类人群
葱	石蒜科葱属	叶	调料	各类人群

续　表

植物名	科属	食用部位	保健功效	重点适宜人群
蒜	石蒜科葱属	茎叶	食用	各类人群
韭	石蒜科葱属	叶	食用	各类人群
姜	姜科姜属	根茎	调料	各类人群
水生类				
莲	睡莲科莲属	坚果、根状茎	食用	各类人群
莼菜	睡莲科莼属	叶	食用	各类人群

索　引

索引 1　拉丁学名索引

A

Abies firma Sieb. et Zucc. 日本冷杉　/ 18

Acorus calamus Linn. 菖蒲　/ 32

Actinidia chinensis Planch. 中华猕猴桃　/ 234

Agave americana Linn. 龙舌兰　/ 158

Albizia julibrissin Durazz. 合欢　/ 243

Allium cepa Linn. 洋葱　/ 260

Allium fistulosum Linn. 葱　/ 261

Allium sativum Linn. 蒜　/ 262

Allium tuberosum Rottl. ex Spreng. 韭　/ 263

Aloe vera (Linn.) Burm. f. 芦荟　/ 162

Ardisia crenata Sims 朱砂根　/ 182

Asparagus cochinchinensis (Lour.) Merr. 天门冬　/ 160

Asparagus setaceus (Kunth) Jessop 文竹　/ 152

Aspidistra elatior Blume 蜘蛛抱蛋　/ 153

Asplenium nidus Linn. 巢蕨　/ 142

Aucuba japonica 'Variegata' 花叶青木　/ 251

B

Bassia scoparia (Linn.) A. J. Scott 地肤　/ 245

Begonia semperflorens-cultorum Hort. 四季秋海棠　/ 184

Bellis perennis Linn. 雏菊　/ 173

C

Calycanthus chinensis Cheng et S. Y. Chang 夏蜡梅　/ 43

Camellia chekiangoleosa Hu 浙江红山茶　/ 79

Camellia fraterna Hance 毛花连蕊茶　/ 78

Camellia hiemalis Nakai 冬红短柱茶　/ 84

Camellia japonica Linn. 山茶　/ 80

Camellia oleifera Abel. 油茶　/ 82

Camellia sasanqua Thunb. 茶梅　/ 83

Camellia sinensis (Linn.) O. Ktze. 茶　/ 81

Camellia uraku Kitamura 单体红山茶　/ 85

Campsis grandiflora (Thunb.) K. Schum. 凌霄　/ 123

Campsis radicans Seem. 厚萼凌霄　/ 124

Canna edulis Ker 蕉芋　/ 203

Canna indica Linn. 美人蕉　/ 273

Capsella bursa-pastoris (Linn.) Medic. 荠　/ 274

Cedrus deodara (Roxb.) G. Don 雪松　/ 228

Cephalotaxus fortunei Hook. 三尖杉　/ 252

Cercis chinensis Bunge 紫荆　/ 196

Chaenomeles speciosa (Sweet) Nakai 皱皮木瓜　/ 205

Chamaecyparis obtusa (Sieb. et Zucc.) Endl. 日本扁柏　/ 25

Chamaedorea elegans Mart. 袖珍椰子　/ 145

Chimonanthus praecox (Linn.) Link 蜡梅　/ 44

Chlorophytum comosum (Thunb.) Baker 吊兰　/ 154

Chrysanthemum morifolium Ramat. 菊花　/ 171

Chrysopogon zizanioides (Linn.) Roberty 香根草　/ 3

Cinnamomum camphora (Linn.) Presl 樟　/ 46

Citrus japonica Thunb. 金橘　/ 140

Citrus limon (Linn.) Osbeck 柠檬　/ 139

Citrus maxima Merr. 柚　/ 74

Citrus medica Linn. var. *sarcodactylis* (Siebold ex Hoola van Nooten) Swingle 佛手　/ 141

Citrus reticulata Blanco 柑橘　/ 75

Citrus trifoliata Linn. 枳　/ 73

Cleyera japonica Thunb. 红淡比　/ 88

Clivia miniata (Lindl.) Verschaff. 君子兰　/ 226

Coreopsis lanceolata Linn. 剑叶金鸡菊　/ 219

Coriandrum sativum Linn. 芫荽　/ 221

Cornus officinalis Sieb. et Zucc. 山茱萸　/ 95

Cornus wilsoniana Wangerin 光皮梾木　/ 97

Crassula arborescens (Mill.) Willd. 景天树　/ 180

Cryptomeria japonica (Linn. f.) D. Don 日本柳杉　/ 21

Cupressus funebris Endl. 柏木　/ 230

Cycas revoluta Thunb. 苏铁　/ 144

Cyclamen persicum Mill. 仙客来　/ 181

Cymbidium ensifolium (Linn.) Sw. 建兰　/ 136

Cymbidium faberi Rolfe 蕙兰　/ 134

Cymbidium goeringii (Rchb. f.) Rchb. f. 春兰　/ 135

Cymbopogon citratus (DC.) Stapf 柠檬草　/ 2

Cyperus rotundus Linn. 香附子　/ 5

D

Dianthus caryophyllus Linn. 康乃馨　/ 36

Dianthus chinensis Linn. 石竹　/ 236

Diospyros kaki Thunb. 柿　/ 103

Diospyros rhombifolia Hemsl. 老鸦柿　/ 102

Dracaena braunii Engl. 富贵竹　/ 155

Dracaena fragrans (Linn.) Ker Gawl. 巴西铁树　/ 157

Dypsis lutescens (H.Wendl.) Beentje et Dransf. 散尾葵　/ 146

E

Edgeworthia chrysantha Sieb. et Zucc. 结香　/ 92

Ensete lasiocarpa (Franch.) Cheesman 地涌金莲　/ 202

Epipremnum aureum (Linden et André) G. S. Bunting 绿萝　/ 148

Eriobotrya japonica (Thunb.) Lindl. 枇杷　/ 55

Eurya emarginata (Thunb.) Makino 滨柃　/ 90

Eurya hebeclados L. K. Ling 微毛柃　/ 89

F

Ficus carica Linn. 无花果　/ 166

Ficus elastica Roxb. ex Hornem. 印度榕　/ 165

Firmiana simplex (Linn.) W. Wight 梧桐　/ 272

Foeniculum vulgare Mill. 茴香　/ 271

Forsythia suspensa (Thunb.) Vahl 连翘　/ 110

Forsythia viridissima Lindl. 金钟花　/ 109

G

Gardenia jasminoides J. Ellis 栀子　/ 125

Gerbera jamesonii Bolus ex Hooker f. 非洲菊　/ 172

Ginkgo biloba Linn. 银杏　/ 238

H

Hedera helix Linn. 洋常春藤　/ 169

Hemerocallis dumortieri Morr. 小萱草　/ 249

Hemerocallis fulva (Linn.) Linn. 萱草　/ 250

Hosta plantaginea (Lam.) Aschers. 玉簪　/ 158

Hydrangea macrophylla (Thunb.) Ser. 绣球　/ 187

I

Ilex cornuta Lindl. et Paxt. 枸骨　/ 246

Ilex cornuta Lindl. var. *fortunei* S. Y. Hu 无刺枸骨　/ 247

Ilex crenata Thunb. cv. *convexa* Makino 龟甲冬青　/ 248

J

Jasminum floridum Bunge 探春花　/ 120

Jasminum mesnyi Hance 野迎春　/ 118

Jasminum nudiforum Lindl. 迎春花　/ 119

Jasminum sambac (Linn.) Ait. 茉莉花　/ 192

Juniperus formosana Hayata 刺柏　/ 28

K

Kalanchoe blossfeldiana Poelln. 长寿花　/ 180

Kerria japonica (Linn.) DC. 棣棠花　/ 208

Keteleeria cyclolepis Flous 江南油杉　/ 17

L

Laurus nobilis Linn. 月桂　/ 48

Lavandula angustifolia Mill. 薰衣草　/ 194

Ligustrum lucidum W. T. Aiton 女贞　/ 114

Ligustrum quihoui Carr. 小叶女贞　/ 115

Ligustrum sinense Lour. 小蜡　/ 117

Ligustrum × vicaryi Hort. 金叶女贞　/ 116

Lilium brownii F. E. Brown ex Miellez var. *viridulum* Baker 百合　/ 132

Lindera glauca (Sieb. et Zucc.) Blume 山胡椒　/ 49

Linnaea chinensis (R. Br.) A. Braun ex Vatke 糯米条　/ 130

Litsea cubeba (Lour.) Pers. 山鸡椒　/ 47

Lonicera japonica Thunb. 忍冬　/ 129

Lonicera maachii (Rupr.) Maxim. 金银忍冬　/ 128

Lycium chinense Mill. 枸杞　/ 235

M

Magnolia denudata Desr. 玉兰　/ 39

Magnolia figo (Lour.) DC. 含笑花　/ 41

Magnolia grandiflora Linn. 荷花玉兰　/ 232

Magnolia lilliflora Desr. 紫玉兰　/ 38

Magnolia officinalis Rehd. et Wils. subsp. *biloba* (Rehd. et Wils.) Law 凹叶厚朴　/ 37

Magnolia soulangeana Soul.-Bod. 二乔木兰　/ 40

Malus spectabilis (Aiton) Borkh. 海棠花　/ 206

Matthiola incana (Linn.) W. T. Aiton 紫罗兰　/ 188

Melia azedarach Linn. 楝树　/ 77

Mentha canadensis Linn. 薄荷　/ 200

Metasequoia glyptostroboides Hu et W. C. Cheng 水杉　/ 23

Mimosa pudica Linn. 含羞草　/ 242

Mirabilis jalapa Linn. 紫茉莉　/ 199

Momordica charantia Linn. 苦瓜　/ 267

Monstera deliciosa Liebm. 龟背竹　/ 149

Musa basjoo Sieb. et Zucc. ex Iinuma 芭蕉　/ 258

N

Narcissus tazetta subsp. *chinensis* (M. Roem.) Masam. et Yanagih. 水仙　/ 163

Nelumbo nucifera Gaertn. 莲　/ 254

Nepenthes mirabilis (Lour.) Rafarin 猪笼草　/ 167

Nymphaea alba Linn. 白睡莲　/ 256

Nymphaea rubra Roxb. ex. Andrews 红睡莲　/ 257

O

Oenothera biennis Linn. 月见草　/ 268

Oenothera rosea L'Hér. ex Aiton 粉花月见草　/ 269

Opuntia monacantha Haw. 单刺仙人掌　/ 190

Osmanthus fragrans Lour. 木樨　/ 111

Osmanthus fragrans Lour. cv. Aurantiacus 丹桂　/ 112

Osmanthus fragrans Lour. cv. Latifoliu 银桂　/ 113

Osmanthus fragrans Lour. cv. Semperflorens 四季桂　/ 113

Osmanthus fragrans Lour. cv. Thunbergii 金桂　/ 112

P

Paeonia lactiflora Pall. 芍药　/ 138

Paeonia suffruticosa Andr. 牡丹　/ 215

Pelargonium graveolens L'Hér. 香叶天竺葵　/ 177

Pelargonium × hortorum L. H. Bailey 天竺葵　/ 175

Pelargonium zonale (Linn.) L'Hér. ex Aiton 马蹄纹天竺葵　/176

Perilla frutescens (Linn.) Britton 紫苏　/265

Phoenix roebelenii O. Brien 江边刺葵　/147

Pinus armandii Franch. 华山松　/14

Pinus bungeana Zucc. et Endi 白皮松　/227

Pinus eliottii Engelm. 湿地松　/7

Pinus massoniana Lamb. 马尾松　/8

Pinus parviflora Sieb. et Zucc. 日本五针松　/16

Pinus tabuliformis Carr. 油松　/13

Pinus taiwanensis Hayata 黄山松　/10

Pinus thunbergii Parl. 黑松　/11

Pittosporum tobira (Thunb.) W. T. Aiton 海桐　/51

Plantago asiatica Linn. 车前　/276

Platycladus orientalis (Linn.) Franco 侧柏　/231

Plectranthus scutellarioides (Linn.) R. Br. 五彩苏　/241

Podocarpus macrophyllus (Thunb.) Sweet 罗汉松　/224

Populus adenopoda Maxim. 响叶杨　/225

Portulaca oleracea Linn. 马齿苋　/259

Prunus armeniaca Linn. 杏　/60

Prumus cerasifera Ehrhart cv. Atropurpurea 紫叶李　/64

Prunus mume Sieb. et Zucc. 梅　/61

Prunus persica 'Albo-plena' 千瓣白桃　/210

Prunus persica 'Atropurpurea' 紫叶桃　/211

Prunus persica 'Camelliaeflora' 绛桃　/213

Prunus persica 'Densa' 寿星桃　/214

Prunus persica 'Duplex' 碧桃　/211

Prunus persica (Linn.) Batsch 桃　/209

Prunus persica 'Magnifica' 绯桃　/214

Prunus persica 'Rubro-plena' 红花碧桃　/212

Prunus persica 'Versicolor' 撒金碧桃　/212

Prunus pseudocerasus Lindl. 樱桃　/65

Prunus salicina Lindl. 李　/63

Prunus serrulata Lindl. 山樱花　/68

Prunus serrulata Lindl. var. *lannesiana* (Carr.) Makino 日本晚樱　/69

Prunus × *yedoensis* Matsum. 东京樱花　/67

Pseudolarix kaempferi (Lindl.) Gord. 金钱松　/19

Punica granatum Linn. 石榴　/93

Punica granatum Linn. cv. Pleniflora 重瓣红石榴　/94

Pyracantha crenatoserrata (Hance) Rehder 火棘　/ 54

R

Rhododendron mariesii Hemsl. et E. H. Wilson 满山红　/ 98

Rhododendron pulchrum Sweet 锦绣杜鹃　/ 100

Rhododendron simsii Planch. 杜鹃　/ 99

Robinia pseudoacacia cv. Idaho 香花槐　/ 70

Rohdea japonica (Thunb.) Roth 万年青　/ 159

Rosa chinensis Jacq. 月季花　/ 58

Rosa multiflora Thunb. 野蔷薇　/ 59

Rosa rugosa Thunb. 玫瑰　/ 56

Rosmarinus officinalis Linn. 迷迭香　/ 240

S

Sabina chinensis (Linn.) Ant. 圆柏　/ 26

Sabina chinensis（Linn.）Ant. 'Kaizuca' 龙柏　/ 27

Sansevieria trifasciata Prain 虎尾兰　/ 156

Schefflera arboricola (Hayata) Kanehira 鹅掌藤　/ 169

Schima superba Gardn. et Champ. 木荷　/ 86

Serissa jaoponica (Thunb.) Thunb. 六月雪　/ 126

Sinojackia xylocarpa Hu 秤锤树　/ 107

Solanum pseudocapsicum Linn. 珊瑚樱　/ 185

Spathiphyllum kochii Engl. et Krause 白鹤芋　/ 150

Spiraea salicifolia Linn. 绣线菊　/ 52

Styrax confusus Hemsl. 赛山梅　/ 106

Syngonium podophyllum Schott 合果芋　/ 151

T

Tagetes erecta Linn. 万寿菊　/ 217

Tagetes patula Linn. 孔雀草　/ 218

Taxodium ascendens Brongn. 池杉　/ 24

Taxodium distichum (Linn.) Rich. 落羽杉　/ 22

Telosma cordata (Burm. f.) Merr. 夜来香　/ 121

Ternstroemia gymnanthera (Wight et Arn.) Beddome 厚皮香　/ 87

Trachycarpus fortunei (Hook.) H. Wendl. 棕榈　/ 277

Tropaeolum majus Linn. 旱金莲　/ 178

Tulipa gesneriana Linn. 郁金香　/ 34

Typha orientalis C. Presl. 香蒲　/ 30

W

Wisteria sinensis (Sims) Sweet 紫藤　/ 197

Z

Zanthoxylum armatum DC. 竹叶椒　/ 72
Zephyranthes candida (Lindl.) Herb. 葱兰　/ 35
Zingiber officinale Roscoe 姜　/ 265

索引 2　中文名索引

A

凹叶厚朴 *Magnolia officinalis* Rehd. et Wils. subsp. *biloba* (Rehd. et Wils.) Law　/ 37

B

巴西铁树 *Dracaena fragrans* (Linn.) Ker Gawl.　/ 157

芭蕉 *Musa basjoo* Sieb. et Zucc. ex Iinuma　/ 258

白鹤芋 *Spathiphyllum kochii* Engl. et Krause　/ 150

白皮松 *Pinus bungeana* Zucc. et Endi　/ 227

白睡莲 *Nymphaea alba* Linn.　/ 256

百合 *Lilium brownii* F. E. Brown ex Miellez var. *viridulum* Baker　/ 132

柏木 *Cupressus funebris* Endl.　/ 230

碧桃 *Prunus persica* 'Duplex'　/ 211

滨柃 *Eurya emarginata* (Thunb.) Makino　/ 90

薄荷 *Mentha canadensis* Linn.　/ 200

C

侧柏 *Platycladus orientalis* (Linn.) Franco　/ 231

茶 *Camellia sinensis* (Linn.) O. Ktze.　/ 81

茶梅 *Camellia sasanqua* Thunb.　/ 83

菖蒲 *Acorus calamus* Linn.　/ 32

长寿花 *Kalanchoe blossfeldiana* Poelln.　/ 180

巢蕨 *Asplenium nidus* Linn.　/ 142

车前 *Plantago asiatica* Linn.　/ 276

秤锤树 *Sinojackia xylocarpa* Hu　/ 107

池杉 *Taxodium ascendens* Brongn.　/ 24

重瓣红石榴 *Punica granatum* Linn. cv. Pleniflora　/ 94

雏菊 *Bellis perennis* Linn.　/ 173

春兰 *Cymbidium goeringii* (Rchb. f.) Rchb. f.　/ 135

刺柏 *Juniperus formosana* Hayata　/ 28

葱 *Allium fistulosum* Linn.　/ 261

葱兰 *Zephyranthes candida* (Lindl.) Herb.　/ 35

D

丹桂 *Osmanthus fragrans* Lour. cv. Aurantiacus　/ 112

单刺仙人掌 *Opuntia monacantha* Haw.　/ 190

单体红山茶 *Camellia uraku* Kitamura　/ 85
地肤 *Bassia scoparia* (Linn.) A. J. Scott　/ 245
地涌金莲 *Ensete lasiocarpa* (Franch.) Cheesman　/ 202
棣棠花 *Kerria japonica* (Linn.) DC.　/ 208
吊兰 *Chlorophytum comosum* (Thunb.) Baker　/ 154
东京樱花 *Prunus* × *yedoensis* Matsum.　/ 67
冬红短柱茶 *Camellia hiemalis* Nakai　/ 84
杜鹃 *Rhododendron simsii* Planch.　/ 99

E

鹅掌藤 *Schefflera arboricola* (Hayata) Kanehira　/ 169
二乔木兰 *Magnolia soulangeana* Soul.-Bod.　/ 40

F

非洲菊 *Gerbera jamesonii* Bolus ex Hooker f.　/ 172
绯桃 *Prunus persica* 'Magnifica'　/ 214
粉花月见草 *Oenothera rosea* L'Hér. ex Aiton　/ 269
佛手 *Citrus medica* Linn. var. *sarcodactylis* (Siebold ex Hoola van Nooten) Swingle　/ 141
富贵竹 *Dracaena braunii* Engl.　/ 155

G

柑橘 *Citrus reticulata* Blanco　/ 75
枸骨 *Ilex cornuta* Lindl. et Paxt.　/ 246
枸杞 *Lycium chinense* Mill.　/ 235
光皮梾木 *Cornus wilsoniana* Wangerin　/ 97
龟背竹 *Monstera deliciosa* Liebm.　/ 149
龟甲冬青 *Ilex crenata* Thunb. cv. *convexa* Makino　/ 248

H

海棠花 *Malus spectabilis* (Aiton) Borkh.　/ 206
海桐 *Pittosporum tobira* (Thunb.) W. T. Aiton　/ 51
含笑花 *Magnolia figo* (Lour.) DC.　/ 41
含羞草 *Mimosa pudica* Linn.　/ 242
旱金莲 *Tropaeolum majus* Linn.　/ 178
合果芋 *Syngonium podophyllum* Schott　/ 151
合欢 *Albizia julibrissin* Durazz.　/ 243
荷花玉兰 *Magnolia grandiflora* Linn.　/ 232
黑松 *Pinus thunbergii* Parl.　/ 11

红淡比 *Cleyera japonica* Thunb.　/ 88

红花碧桃 *Prunus persica* 'Rubro-plena'　/ 212

红睡莲 *Nymphaea rubra* Roxb. ex. Andrews　/ 257

厚萼凌霄 *Campsis radicans* Seem.　/ 124

厚皮香 *Ternstroemia gymnanthera* (Wight et Arn.) Beddome　/ 87

虎尾兰 *Sansevieria trifasciata* Prain　/ 156

花叶青木 *Aucuba japonica* 'Variegata'　/ 251

华山松 *Pinus armandii* Franch.　/ 14

黄山松 *Pinus taiwanensis* Hayata　/ 10

茴香 *Foeniculum vulgare* Mill.　/ 271

蕙兰 *Cymbidium faberi* Rolfe　/ 134

火棘 *Pyracantha crenatoserrata* (Hance) Rehder　/ 54

J

荠 *Capsella bursa-pastoris* (Linn.) Medic.　/ 274

建兰 *Cymbidium ensifolium* (Linn.) Sw.　/ 136

剑叶金鸡菊 *Coreopsis lanceolata* Linn.　/ 219

江边刺葵 *Phoenix roebelenii* O. Brien　/ 147

江南油杉 *Keteleeria cyclolepis* Flous　/ 17

姜 *Zingiber officinale* Roscoe　/ 265

绛桃 *Prunus persica* 'Camelliaeflora'　/ 213

蕉芋 *Canna edulis* Ker　/ 203

结香 *Edgeworthia chrysantha* Sieb. et Zucc.　/ 92

金桂 *Osmanthus fragrans* Lour. cv. Thunbergii　/ 112

金橘 *Citrus japonica* Thunb.　/ 140

金钱松 *Pseudolarix kaempferi* (Lindl.) Gord.　/ 19

金叶女贞 *Ligustrum* × *vicaryi* Hort.　/ 116

金银忍冬 *Lonicera maachii* (Rupr.) Maxim.　/ 128

金钟花 *Forsythia viridissima* Lindl.　/ 109

锦绣杜鹃 *Rhododendron pulchrum* Sweet　/ 100

景天树 *Crassula arborescens* (Mill.) Willd.　/ 180

韭 *Allium tuberosum* Rottl. ex Spreng.　/ 263

菊花 *Chrysanthemum morifolium* Ramat.　/ 171

君子兰 *Clivia miniata* (Lindl.) Verschaff.　/ 226

K

康乃馨 *Dianthus caryophyllus* Linn.　/ 36

孔雀草 *Tagetes patula* Linn.　/ 218

苦瓜 *Momordica charantia* Linn. / 267

L

蜡梅 *Chimonanthus praecox* (Linn.) Link / 44

老鸦柿 *Diospyros rhombifolia* Hemsl. / 102

李 *Prunus salicina* Lindl. / 63

连翘 *Forsythia suspensa* (Thunb.) Vahl / 110

莲 *Nelumbo nucifera* Gaertn. / 254

楝树 *Melia azedarach* Linn. / 77

凌霄 *Campsis grandiflora* (Thunb.) K.Schum. / 123

六月雪 *Serissa jaoponica* (Thunb.) Thunb. / 126

龙柏 *Sabina chinensis* （Linn.） Ant. 'Kaizuca' / 27

龙舌兰 *Agave americana* Linn. / 158

芦荟 *Aloe vera* (Linn.) Burm. f. / 162

罗汉松 *Podocarpus macrophyllus* (Thunb.) Sweet / 224

落羽杉 *Taxodium distichum* (Linn.) Rich. / 22

绿萝 *Epipremnum aureum* (Linden et André) G. S. Bunting / 148

M

马齿苋 *Portulaca oleracea* Linn. / 259

马蹄纹天竺葵 *Pelargonium zonale* (Linn.) L'Hér. ex Aiton / 176

马尾松 *Pinus massoniana* Lamb. / 8

满山红 *Rhododendron mariesii* Hemsl. et E. H. Wilson / 98

毛花连蕊茶 *Camellia fraterna* Hance / 78

玫瑰 *Rosa rugosa* Thunb. / 56

梅 *Prunus mume* Sieb. et Zucc. / 61

美人蕉 *Canna indica* Linn. / 273

迷迭香 *Rosmarinus officinalis* Linn. / 240

茉莉花 *Jasminum sambac* (Linn.) Ait. / 192

牡丹 *Paeonia suffruticosa* Andr. / 215

木荷 *Schima superba* Gardn. et Champ. / 86

木樨 *Osmanthus fragrans* Lour. / 111

N

柠檬 *Citrus limon* (Linn.) Osbeck / 139

柠檬草 *Cymbopogon citratus* (DC.) Stapf / 2

糯米条 *Linnaea chinensis* (R. Br.) A. Braun ex Vatke / 130

女贞 *Ligustrum lucidum* W. T. Aiton / 114

P

枇杷 *Eriobotrya japonica* (Thunb.) Lindl.　/ 55

Q

千瓣白桃 *Prunus persica* 'Albo-plena'　/ 210

R

忍冬 *Lonicera japonica* Thunb.　/ 129

日本扁柏 *Chamaecyparis obtusa* (Sieb. et Zucc.) Endl.　/ 25

日本冷杉 *Abies firma* Sieb. et Zucc.　/ 18

日本柳杉 *Cryptomeria japonica* (Linn. f.) D. Don　/ 21

日本晚樱 *Prunus serrulata* Lindl. var. *lannesiana* (Carr.) Makino　/ 69

日本五针松 *Pinus parviflora* Sieb. et Zucc.　/ 16

S

撒金碧桃 *Prunus persica* 'Versicolor'　/ 212

赛山梅 *Styrax confusus* Hemsl.　/ 106

三尖杉 *Cephalotaxus fortunei* Hook.　/ 252

散尾葵 *Dypsis lutescens* (H. Wendl.) Beentje et Dransf.　/ 146

山茶 *Camellia japonica* Linn.　/ 80

山胡椒 *Lindera glauca* (Sieb. et Zucc.) Blume　/ 49

山鸡椒 *Litsea cubeba* (Lour.) Pers.　/ 47

山樱花 *Prunus serrulata* Lindl.　/ 68

山茱萸 *Cornus officinalis* Sieb. et Zucc.　/ 95

珊瑚樱 *Solanum pseudocapsicum* Linn.　/ 185

芍药 *Paeonia lactiflora* Pall.　/ 138

湿地松 *Pinus eliottii* Engelm.　/ 7

石榴 *Punica granatum* Linn.　/ 93

石竹 *Dianthus chinensis* Linn.　/ 236

柿 *Diospyros kaki* Thunb.　/ 103

寿星桃 *Prunus persica* 'Densa'　/ 214

水杉 *Metasequoia glyptostroboides* Hu et W. C. Cheng　/ 23

水仙 *Narcissus tazetta* subsp. *chinensis* (M. Roem.) Masam. et Yanagih.　/ 163

四季桂 *Osmanthus fragrans* Lour. cv. Semperflorens　/ 113

四季秋海棠 *Begonia semperflorens-cultorum* Hort.　/ 184

苏铁 *Cycas revoluta* Thunb.　/ 144

蒜 *Allium sativum* Linn.　/ 262

T

探春花 *Jasminum floridum* Bunge　/ 120

桃 *Prunus persica* (Linn.) Batsch　/ 209

天门冬 *Asparagus cochinchinensis* (Lour.) Merr.　/ 160

天竺葵 *Pelargonium × hortorum* L. H. Bailey　/ 175

W

万年青 *Rohdea japonica* (Thunb.) Roth　/ 159

万寿菊 *Tagetes erecta* Linn.　/ 217

微毛柃 *Eurya hebeclados* L. K. Ling　/ 89

文竹 *Asparagus setaceus* (Kunth) Jessop　/ 152

无刺枸骨 *Ilex cornuta* Lindl. var. *fortunei* S. Y. Hu　/ 247

无花果 *Ficus carica* Linn.　/ 166

梧桐 *Firmiana simplex* (Linn.) W. Wight　/ 272

五彩苏 *Plectranthus scutellarioides* (Linn.) R. Br.　/ 241

X

夏蜡梅 *Calycanthus chinensis* Cheng et S. Y. Chang　/ 43

仙客来 *Cyclamen persicum* Mill.　/ 181

香附子 *Cyperus rotundus* Linn.　/ 5

香根草 *Chrysopogon zizanioides* (Linn.) Roberty　/ 3

香花槐 *Robinia pseudoacacia* cv. Idaho　/ 70

香蒲 *Typha orientalis* C. Presl.　/ 30

香叶天竺葵 *Pelargonium graveolens* L'Hér.　/ 177

响叶杨 *Populus adenopoda* Maxim.　/ 225

小蜡 *Ligustrum sinense* Lour.　/ 117

小萱草 *Hemerocallis dumortieri* Morr.　/ 249

小叶女贞 *Ligustrum quihoui* Carr.　/ 115

杏 *Prunus armeniaca* Linn.　/ 60

袖珍椰子 *Chamaedorea elegans* Mart.　/ 145

绣球 *Hydrangea macrophylla* (Thunb.) Ser.　/ 187

绣线菊 *Spiraea salicifolia* Linn.　/ 52

萱草 *Hemerocallis fulva* (Linn.) Linn.　/ 250

雪松 *Cedrus deodara* (Roxb.) G. Don　/ 228

薰衣草 *Lavandula angustifolia* Mill.　/ 194

Y

芫荽 *Coriandrum sativum* Linn.　/ 221

洋常春藤 *Hedera helix* Linn.　/ 169

洋葱 *Allium cepa* Linn.　/ 260

野蔷薇 *Rosa multiflora* Thunb.　/ 59

野迎春 *Jasminum mesnyi* Hance　/ 118

夜来香 *Telosma cordata* (Burm. f.) Merr.　/ 121

银桂 *Osmanthus fragrans* Lour. cv. Latifoliu　/ 113

银杏 *Ginkgo biloba* Linn.　/ 238

印度榕 *Ficus elastica* Roxb. ex Hornem.　/ 165

樱桃 *Prunus pseudocerasus* Lindl.　/ 65

迎春花 *Jasminum nudiforum* Lindl.　/ 119

油茶 *Camellia oleifera* Abel.　/ 82

油松 *Pinus tabuliformis* Carr.　/ 13

柚 *Citrus maxima* Merr.　/ 74

玉兰 *Magnolia denudata* Desr.　/ 39

玉簪 *Hosta plantaginea* (Lam.) Aschers.　/ 158

郁金香 *Tulipa gesneriana* Linn.　/ 34

圆柏 *Sabina chinensis* (Linn.) Ant.　/ 26

月桂 *Laurus nobilis* Linn.　/ 48

月季花 *Rosa chinensis* Jacq.　/ 58

月见草 *Oenothera biennis* Linn.　/ 268

Z

樟 *Cinnamomum camphora* (Linn.) Presl　/ 46

浙江红山茶 *Camellia chekiangoleosa* Hu　/ 79

栀子 *Gardenia jasminoides* J. Ellis　/ 125

蜘蛛抱蛋 *Aspidistra elatior* Blume　/ 153

枳 *Citrus trifoliata* Linn.　/ 73

中华猕猴桃 *Actinidia chinensis* Planch.　/ 234

皱皮木瓜 *Chaenomeles speciosa* (Sweet) Nakai　/ 205

朱砂根 *Ardisia crenata* Sims　/ 182

猪笼草 *Nepenthes mirabilis* (Lour.) Rafarin　/ 167

竹叶椒 *Zanthoxylum armatum* DC.　/ 72

紫荆 *Cercis chinensis* Bunge　/ 196

紫罗兰 *Matthiola incana* (Linn.) W. T. Aiton　/ 188

紫茉莉 *Mirabilis jalapa* Linn.　/ 199

紫苏 *Perilla frutescens* (Linn.) Britton　/ 265

紫藤 *Wisteria sinensis* (Sims) Sweet　/ 197

紫叶李 *Prumus cerasifera* Ehrhart cv. Atropurpurea　/ 64

紫叶桃 *Prunus persica* 'Atropurpurea' / 211

紫玉兰 *Magnolia lilliflora* Desr. / 38

棕榈 *Trachycarpus fortunei* (Hook.) H. Wendl. / 277